文法の基礎から
論理回路設計，論理合成，実装まで

改訂新版

わかる
Verilog HDL 入門

木村 真也 著

JN234772

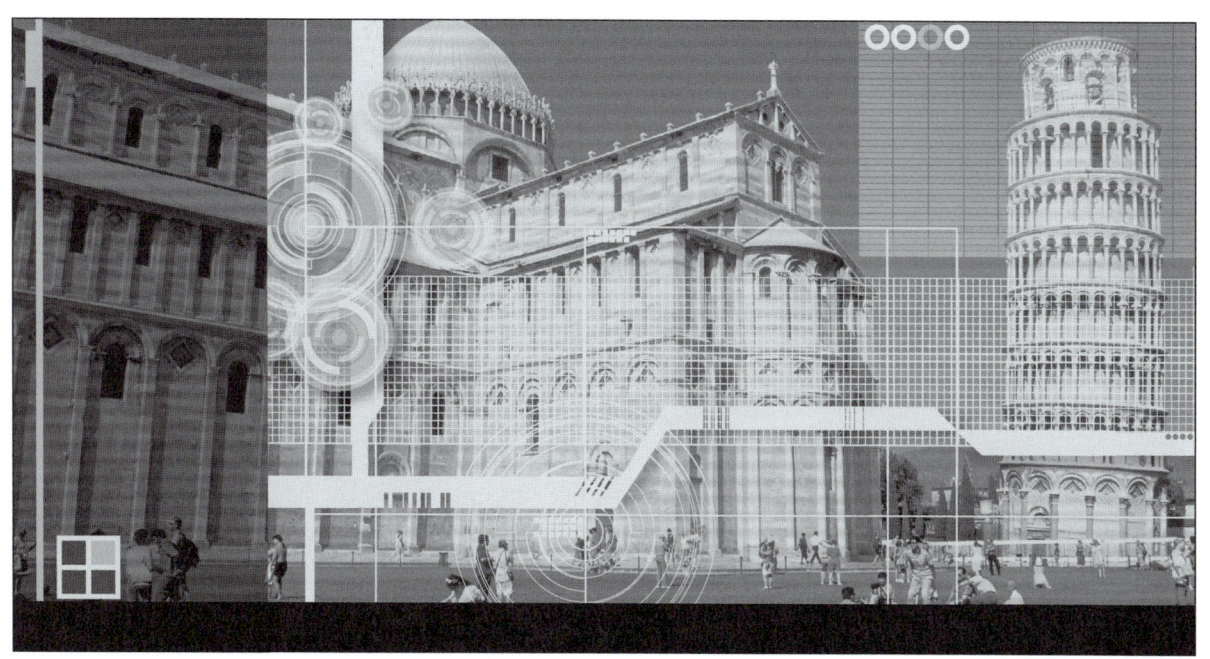

まえがき

　ハードウェア記述言語(Hardware Description Language, 略してHDL)を用いたディジタル・システムの設計は，ANDゲートやORゲート，フリップフロップなどを用いて論理回路図を描く従来の設計と比較して次のようなメリットがあります．
　　(1) 「どのような動作をするか」という「抽象的な回路動作」を記述すれば，論理合成・配置配線ツールで自動的に「具体的な論理回路」が生成できるので，設計作業の大幅な効率化ができる．
　　(2) 何段にもわたるゲートを信号が伝わる「論理回路の動作」より，HDLで記述された「抽象的な回路動作」をシミュレーションするほうが高速なので，大幅な時間短縮ができる．
　　(3) 実装対象デバイスに依存しない記述(＝抽象的な表現)なので，ある設計で作成したHDLファイルを別の設計に流用することが容易．
　すなわち，従来の回路図を描く設計法と比較すると抽象度の高い記述が可能であり，ICや装置の開発期間を大幅に短縮することができます．
　Verilog HDLは，ゲートウェイ・デザイン・オートメーション社がシミュレータ用の回路記述言語として開発したものですが，同社はケイデンス・デザイン・システムズ社によって買収されました．そのため，Verilog HDLはケイデンス社が大本という位置づけにあります．Verilog HDLは，1995年にIEEE1364として標準化され(Verilog-1995)，さらにその後大幅な改定が行われ，2001年にIEEE1364-2001として発表されました(Verilog-2001)．
　本書の前身である「実習Verilog HDL論理回路設計」ではVerilog-1995をベースに解説していましたが，現在ではVerilog-2001に対応したツールが普及してきたため，本書では前書から大幅な改訂作業を進めました．
　Verilog HDLは，文法がC言語に似ていて比較的簡単であり，ほかのHDLに比べると修得しやすいという特徴があります．論理回路の基礎知識とC言語などのプログラミング言語の経験があれば，容易にVerilog HDLを利用したハードウェア設計を始めることができます．

● すぐに設計作業に入れるように配慮

　本書は，Verilog HDLを使用したハードウェアの設計について，
　　(1) 設計対象のモデリング
　　(2) シミュレータによる設計・検証
　　(3) 論理合成・配置配線作業から実際のデバイスに記述した回路を実装
という一連の作業を実例で示す入門書です．文法の解説が中心ではなく，実際にハードウェア設計を行って実装することにより，
　　「基本記述スタイルはどのようになるか」

「設計対象をどのようにとらえるか」
　「注意点は何か」
といった実用面を中心にしてVerilog HDLを解説しています．

　前書も本書も，単なるVerilog HDLの解説書ではなく，「実習して習得する」ことを柱として執筆・改訂作業を進めてきました．さらに，本書で解説した例題を，実際の回路として動作させるためのCPLD(Complex Programmable Logic Device)を使用した実習ボードを用意しました．このボードの入手方法や回路図は本書のサポート・サイトから入手可能であり，自作することもできます．

　したがって，パソコンがあれば，すぐにVerilog HDLを用いた設計作業を始めることができます．実際に，シミュレータや論理合成・配置配線ツールを使用して設計作業を行い，実習ボードで試しながら本書を読んでいただくことで，一層理解が深まり効果的にVerilog HDLを習得することができます．

● 回路を実装するための知識や経験も重要

　技術はすべて，頭の中や紙の上だけの理解では，実際に通用するレベルに達することはできません．苦労しても，実際にやってみることが重要です．そう言った意味でも，ぜひ，Verilog HDLで記述した論理回路を実装できる装置を用意して実習を行っていただきたいと思います．

　冒頭で述べたように，HDLを使用した開発は従来の回路図ベースの設計と比較して優れた点が多いのですが，前もって頭に留めておきたい事項がいくつかあります．

　Verilog HDLをはじめとするHDLは，論理合成を前提として設計された言語ではないため，シミュレーションでは正しく動作した記述が，論理合成する段階でエラーになることがあります．つまり，文法的に問題がなくても，論理合成できない記述があるわけです．プログラミング言語ではこのようなことはないので，プログラミング経験者がHDLを修得する場合に，難しさを感じる一因にもなっています．しかし，ある程度経験を積めば克服することができます．本書では，この点にとくに配慮して解説をしています．

　また，HDLを使った設計は，簡単にファイルを修正して論理合成を行い論理回路化することができます．初心者の場合，論理合成した後の論理回路を想定することが難しいため，安易に記述に変更を加えたり，少し慣れてくると大雑把に設計してしまうという傾向が出てきます．その結果，回路規模がどんどん増えて目標のチップ規模に納まらなくなったり，動作速度の遅い回路になってしまうことがあります．

　とくに，HDLを使用した設計では，データ転送経路(データ・パス部)に関して，簡単に追加・変更ができてしまいます．ところが，データ・パス部は論理合成ツールによる最適化が難しい部分であるため，論理合成して生成される回路規模が相当大きくなることがあります．回路図ベースで論理回路を設計した経験があれば，簡単に記述を変更してデータ転送経路を増やしたり延長したりするとどのような影響がでるのか判断できますが，初心者にとっては難しい

ところです．この点に関しては，ただ機能や文法だけを頭においてVerilog HDLの記述を作成するのではなく，「どのような回路が合成されるかを想定して記述すること」を少しずつ心がけていただきたいと考えています．本書では，そのような視点に立って解説をしています．

他方，回路図ベースの設計経験が長いと，HDLによる設計ではデータ・パス部が見えにくいという不満を聞くことがあります．筆者の場合も，回路図を用いた設計の経験が長く，Verilog HDLでの設計作業を始めたときに，多少のとまどいがありました．

しかし，Verilog HDLでは抽象度の高い記述から，論理機能の接続関係を定義する記述までいろいろな記述スタイルが可能で，種々の記述スタイルを混在させることもできます．もちろん，記述スタイルによって論理合成の結果に差が出てきますが，最初は自分の好みの記述スタイルから始め，わかりやすい記述や回路規模の小さくなる記述など，目的に合った記述スタイルへ徐々に移行していけばよいと思います．

まえがきとしては少々長くなりましたが，何はさておき，HDLを使用した設計を始めてみてください．多くの分野に共通することですが，HDLの修得も「習うより慣れろ」であると言えます．文法の解説を読んだだけではなかなか身につきませんが，作成した記述をシミュレーションしてみたり，論理合成して実際の回路として動作させてみることで，短期間にマスタすることができます．本書をきっかけにして，多くの方にHDLを使用した設計にチャレンジしていただくことを願っています．

最後になりましたが，本書を執筆するにあたり，CQ出版社の山岸誠仁氏，上村剛士氏には大変お世話になりました．ここに記して厚く御礼申しあげます．また，本書の前身である「実習Verilog HDL論理回路設計」の出版に際しお世話になりましたCQ出版社の蒲生良治氏にも深く感謝いたします．

Practice makes perfect!

2006年6月 著者

目 次

まえがき ……………………………………………………………………………………3

第1章　Verilog HDLの基本文法 ……………………………………………11
1.1　識別子と予約語 …………………………………………………………11
- 識別子 ……………………………………………………………………11
- 予約語 ……………………………………………………………………14

1.2　論理値と数値の表現 ……………………………………………………15
- 論理値の表現と扱い ……………………………………………………15
- 数値表現 …………………………………………………………………15

1.3　データ型と信号の定義 …………………………………………………16
- wire宣言する信号 ………………………………………………………16
- reg宣言する信号 ………………………………………………………17

1.4　演算子 ……………………………………………………………………18
- 算術演算子 ………………………………………………………………20
- 関係演算子と等号/不等号演算子 ………………………………………20
- 論理演算子 ………………………………………………………………20
- ビット演算子 ……………………………………………………………20
- シフト演算子 ……………………………………………………………20
- リダクション演算子 ……………………………………………………21
- 連結演算子 ………………………………………………………………21
- 条件演算子 ………………………………………………………………21

1.5　書式とコメント …………………………………………………………22
- 書式 ………………………………………………………………………22
- コメント …………………………………………………………………22

1.6　モジュールの基礎 ………………………………………………………23
- モジュール定義の骨格 …………………………………………………23
- 4ビット加算回路の記述例 ……………………………………………25

【コラム1.A】 ハードウェア記述言語による論理回路設計 ………………………12

第2章　組み合わせ回路の記述 …………………………………………………26
2.1　組み合わせ回路とは ……………………………………………………26
2.2　組み合わせ回路の基本 …………………………………………………27
- 4ビットの加算回路のVerilog HDLによる記述 ……………………27
- 組み合わせ回路機能の定義…assign文 ………………………………29
- 組み合わせ回路の記述例 ………………………………………………29

2.3　組み合わせ回路のファンクション化 …………………………………31
- ファンクションとは ……………………………………………………31
- ファンクションによる7セグメントLEDデコーダ …………………35

- ファンクションの使用上の注意 ·· 37
2.4　if文，case文，ループ制御文 ·· 39
- if文の記述のしかた ·· 39
- case文の記述のしかた ·· 41
- casex文 ·· 42
- ループ制御(推奨しませんが) ·· 45
2.5　組み合わせ回路の具体例 ·· 48
- バレル・ローテータの記述例 ·· 48
- ALU(アリスメティック・ロジック・ユニット) ·· 52
- 3ステート・バッファの記述 ·· 52

第3章　フリップフロップと応用回路の記述 ·· 56
3.1　フリップフロップ…記憶機能の記述 ·· 56
- フリップフロップとは ·· 56
- always @()構文による記憶機能の記述 ·· 57
- イベント式で動作の起点を指定する ·· 60
3.2　レジスタの記述 ·· 61
- エッジ・トリガ型レジスタ ·· 61
- 同期リセット付きエッジ・トリガ型レジスタ ·· 61
- 非同期リセット付きエッジ・トリガ型レジスタ ·· 64
- 非同期リセット/書き込みイネーブル付きエッジ・トリガ型レジスタ ·· 65
- レベル・トリガ型レジスタ(レベル・センシティブ・ラッチ) ·· 65
- 非同期リセット/非同期プリセット付きエッジ・トリガ型レジスタ ·· 66
3.3　カウンタの記述 ·· 67
- カウンタ＝レジスタ＋インクリメント回路 ·· 67
- カウント・イネーブル付き同期式カウンタ ·· 69
- ローダブル同期式カウンタ ·· 72
- 同期式アップ/ダウン・カウンタ(10進1桁) ·· 73
3.4　メモリの記述 ·· 75
3.5　always @()構文の基本スタイルのまとめ ·· 77
- always @()構文の基本型 ·· 77
- 論理合成できないalways @()構文 ·· 77
- always @()が組み合わせ回路になってしまう例 ·· 77
- 組み合わせ回路にはalways @*を使う ·· 78
- ブロッキング代入とノン・ブロッキング代入 ·· 80
- シミュレーションに見るブロッキング代入 ·· 80
- ノン・ブロッキング代入では ·· 83
- どちらがよいか…シフトレジスタによる比較 ·· 84
- 代入式の右辺のファンクション化 ·· 87

【コラム3.B】各種フリップフロップと動作タイプ ·· 58
【コラム3.C】信号の型と動作の違い ·· 81
【コラム3.D】begin～endとfork～join ·· 84

第4章　同期式順序回路の記述 ·· 88
4.1　順序回路とは ·· 88
4.2　順序回路…ステート・マシン/シーケンサの基本 ·· 91

目次

- ● ミーリ・タイプとムーア・タイプ ……………………………………………………91
- ● Verilog HDLの記述から合成される回路をイメージしよう ……………………93

4.3　種々の順序回路の実装方法とVerilog HDLによる記述 ……………………94

- ● シリアル・データ入力型可変長符号デコーダの仕様 …………………………94
- ● 1状態1フリップフロップ法…個別フリップフロップ実装タイプ ……………96
- ● 1状態1フリップフロップ法…レジスタ実装タイプ ……………………………100
- ● レジスタ・デコーダ法 ……………………………………………………………101

4.4　拡張シーケンサ記述 ……………………………………………………………104

- ● 拡張シーケンサ記述とは …………………………………………………………104
- ● 乗算のアルゴリズム ………………………………………………………………107
- ● 乗算アルゴリズムの基本部分の記述 ……………………………………………108
- ● 乗算回路の外部インターフェースの記述 ………………………………………110
- ● 動作タイミングの検討 ……………………………………………………………111

【コラム4.E】ステート・マシン/シーケンサって何？ ………………………………92

第5章　Verilog HDLで複雑なシステムを表記する方法 …………………114

5.1　モジュールによる複雑なシステムの表記 ……………………………………114

- ● 別モジュールの組み込み…インスタンス化 ……………………………………114
- ● モジュール間の信号接続の定義 …………………………………………………115
- ● モジュール間インターフェース信号の型 ………………………………………117
- ● モジュール内で定義した信号の有効範囲(スコープ・ルール) ………………118

5.2　コンパイラ指示子とパラメータ宣言を有効に使う …………………………119

- ● C言語に類似したコンパイラ指示子… " ` " を使う ……………………………119
- ● 定数を定義する… `define文 ……………………………………………………120
- ● 共通情報のファイル化… `include文 ……………………………………………120
- ● 複数のターゲットに対応させるとき… `ifdef, `else, `endif文 ………………121
- ● 可変部分をパラメータ化して記述量を減らす …………………………………122

5.3　さまざまな記述のバリエーションとテクニック ……………………………123

- ● ポート属性と信号属性の結合定義 ………………………………………………123
- ● ANSI C形式のポート・リストの定義 ……………………………………………125
- ● デフォルトのネット宣言 …………………………………………………………126
- ● 複雑な信号の定義と取り扱い方 …………………………………………………126
- ● generate文によるVerilog HDLコードの自動生成 ……………………………128
- ● インスタンスの配列宣言 …………………………………………………………131
- ● ROMの記述と初期化 ……………………………………………………………132

5.4　タスク ……………………………………………………………………………135

- ● タスクとは …………………………………………………………………………135
- ● タスクの記述方法 …………………………………………………………………136
- ● 順序回路記述のタスク化…交通信号制御 ………………………………………136

第6章　Verilog HDLとシミュレーション …………………………………141

6.1　シミュレーションとは …………………………………………………………141

6.2　シミュレーションの準備 ………………………………………………………142

- ● Verilogシミュレータ ………………………………………………………………142
- ● テスト・ベンチとは ………………………………………………………………142
- ● テスト・ベンチの構成と骨格 ……………………………………………………143

6.3	テスト・ベンチの作成例	145
●	テスト・ベンチのモジュール宣言と作成例	145
●	被テスト・モジュールのインスタンス化	146
●	シミュレーションのスタートと終了	147
●	観測する信号の指定	147
●	被テスト・モジュールへの信号供給	148
●	モジュール内の信号の観測	149
●	adder4のシミュレーション結果	149
●	always文によるクロック信号の自動発振	150
●	自動発振クロックとの同期の取り方	151
●	その他のシステム・タスク	152
●	シミュレーション結果の保存とファイル操作	154
6.4	シミュレーションの実際	155
●	7セグメントLEDデコーダのシミュレーション	155
●	加算回路と7セグメントLEDデコーダの結合とシミュレーション	158
●	カウンタのシミュレーション	158
●	可変長符号デコーダのシミュレーション	165
●	乗算回路のシミュレーション	172

第7章　論理合成・配置配線とCPLD実装テスト … 178

7.1	CPLD論理回路実習システムの構成	178
●	CPLD論理回路実習システムの概要	178
●	XILINX社のXC9500ファミリ	182
7.2	トップ・モジュールを用意する	184
●	トップ・モジュールとコア・モジュールの関係	185
●	トップ・モジュールのVerilog HDLによる記述	185
7.3	記述例の論理合成・配置配線・実装テスト	188
●	加算回路の実装テスト	188
●	7セグメントLEDデコーダの実装テスト	191
●	ローダブル・カウンタの実装テスト	191
●	7セグメントLEDデコーダ付き10進2桁アップ/ダウン・カウンタ	192
●	可変長符号デコーダの実装テスト(1)…ミーリ・タイプ	194
●	可変長符号デコーダの実装テスト(2)…文字表示デコーダ付きムーア・タイプ	195
●	乗算回路の実装テスト	195

第8章　Verilog HDLによる記述の注意点とノウハウ … 198

8.1	シミュレーションと論理合成のための記述スタイル	198
●	Verilog HDLによる記述全般の注意点	198
●	組み合わせ回路の記述…ビット幅の異なる信号の演算	200
●	組み合わせ回路におけるその他の注意点	201
●	順序回路の記述	202
●	複数のalways @()構文によるreg型信号への代入	203
●	マルチ・ビットのレジスタへの信号値の設定	205
●	#は使用しない	208
8.2	FPGA/CPLDに対応したVerilog HDLの記述	208
●	FPGA/CPLDの端子部の構成	208
●	内部構造にマッチしないVerilog HDLの記述	209

目次

8.3　Verilog HDLの記述と論理合成・配置配線の結果　……………………………210
- シーケンサの記述スタイルと論理合成結果　………………………………………210
- レジスタALUのVerilog HDLによる記述と論理合成の結果　……………………212

第9章　本格的な応用回路の記述と実装　……………………218

9.1　スロット・マシン・ゲーム　…………………………………………………218
- スロット・マシン・ゲームの仕様　…………………………………………………218
- システム構成の検討　…………………………………………………………………219
- モジュール設計とVerilog HDL記述　………………………………………………221
- テスト・ベンチとシミュレーション　………………………………………………229
- 論理合成，配置配線，コンフィギュレーション，実装テスト　…………………232

9.2　ステッピング・モータの制御　…………………………………………………232
- ステッピング・モータ制御の仕様　…………………………………………………232
- 二つのalways文による並列動作の記述　……………………………………………233
- 励磁パターン制御部　…………………………………………………………………234
- スピード制御部　………………………………………………………………………235
- 励磁パターン制御部とスピード制御部を一つのモジュールで記述　……………236
- 二つのalways文を別モジュールに分割　……………………………………………238
- テスト・ベンチとシミュレーション　………………………………………………238
- 実装テスト　……………………………………………………………………………238
- ソフトウェア制御との比較　…………………………………………………………242

9.3　赤外線通信　………………………………………………………………………244
- 赤外線通信のデータ・フォーマット　………………………………………………244
- 赤外線の発光と受光モジュール　……………………………………………………245
- 赤外線送信部の仕様　…………………………………………………………………245
- 赤外線送信部のモジュール構成　……………………………………………………246
- 赤外線受信部の仕様　…………………………………………………………………249
- 赤外線受信部のモジュール構成　……………………………………………………250

9.4　TVゲーム──セルフ・スカッシュ　…………………………………………258
- テレビの原理　…………………………………………………………………………259
- 基本クロックと同期信号の発生　……………………………………………………262
- ゲーム・エリアと表示要素の関係　…………………………………………………266
- ゲーム・コア部（squash）のVerilog HDLによる記述　……………………………266
- TVゲームのトップ・モジュール　…………………………………………………273
- 論理合成と配置配線　…………………………………………………………………273
- ゲーム機能の拡張　……………………………………………………………………274

参考・関連文献　………………………………………………………………………………276
索　引　…………………………………………………………………………………………277

第1章 Verilog HDLの基本文法

本章では，ハードウェア記述言語（Hardware Description Language，以下HDLと略）の一つであるVerilog HDLの文法の基礎について解説します．誤解を恐れずに言うと，システムを集積回路〔FPGA（Field Programmable Gate Array）やCPLD（Complex Programmable Logic Device）〕化するために，論理合成可能なモデルとして記述したり，それをシミュレーションする場合，Verilog HDLの文法をすべて知っている必要はありません．

本書は，Verilog HDLの文法を網羅しているわけではなく，論理合成可能な範囲で，かつ，よく使用される記述スタイルを中心に解説しています．

本章では，Verilog HDLで記述する際の基本事項である識別子，予約語，論理値，数値表現，データ型，演算子，コメントについて解説します．また，Verilog HDLでシステム構成を記述する際の基本単位であるモジュールについても概略を解説します．また，Verilog HDLにはシミュレーションのための記述機能が用意されていますが，それらについては第6章で解説します．

 1.1 識別子と予約語

● 識別子

Verilog HDLにおける識別子とは，信号や定数，モジュール（機能的にまとめたブロック）名，パラメータなどに付ける名前のことです．C言語などのプログラミング言語の変数名や関数名に対応するもので，名前の付け方もプログラミング言語と似ています．

使用できる文字はアルファベット，数字，それにアンダ・スコア（_）とダラー（$）です．識別子の先頭の文字は，アルファベットまたはアンダ・スコアでなければなりません．それ以降は，どのような文字並びでも許されます．ただし，後述する予約語は除きます．また，大文字と小文字は別の文字と

第1章 Verilog HDLの基本文法

して区別されます．なお，識別子の長さはシミュレータにおいて最大1024文字となっています．

識別子の例

▶正しい識別子
　　a　clock　clock_　_abc$　a1

▶不正な識別子
　12abc　…数字が先頭にある
　sig@　……使用できない文字(@)がある
　case　……予約語

●●● ハードウェア記述言語による論理回路設計 ●●●

　ハードウェア記述言語(HDL)を使用してFPGAやCPLD，ASIC(Application Specific Integrated Circuit)などのICチップを開発する際，その開発フローは**図1.A**のようになります．

　従来の論理回路図を描く設計法と比較すると，HDLを用いた論理回路の設計は，データの処理に視点を当てた抽象度の高い表現が可能です．また，その記述から実際の論理回路に変換するには，論理合成ツールを使用して自動的に行うことができます．従来の論理回路設計では，これらの作業は長時間かけてエンジニアが頭の中で行ってきました．したがって，HDLを用いた論理回

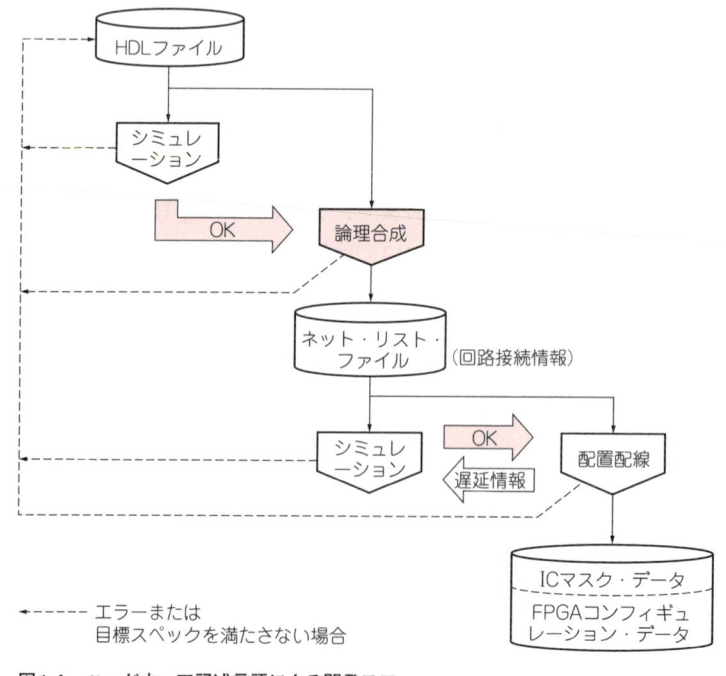

図1.A　ハードウェア記述言語による開発フロー

ただし，文法規則に準拠した識別子を使用しても問題が発生する場合があります．Verilog HDLで記述したシステムをシミュレータで設計検証した後，集積回路（たとえば，FPGAやCPLDなど）として実装する場合，論理合成や配置配線のためのさまざまなツールを使用することになります．そのようなとき，使用するツールによってはVerilog HDLの識別子の規則と違いがあり，トラブルが発生することがあります．

Verilogシミュレータのみを使用している場合には，上記の規則を遵守して命名すればよいのですが，Verilog HDLの記述を元にさまざまなツールを使用する場合には注意が必要です．

主な注意点は，次のとおりです．

コラム 1.A

路設計では，装置やICチップの開発期間を大幅に短縮することが可能になります．

次に，HDLを用いた論理回路設計の手順を示します．

(1) はじめにHDLによるモデルを作成する

まず，開発するシステムの仕様を決定します．すなわち，どのような機能を持たせ，どのような性能を目標とするかを決め，そのために必要なアルゴリズムや制御方法を検討し，HDLで記述します．

(2) ツールでシミュレーションを行う

作成したHDLによる記述を元に，シミュレーションを行います．必要に応じて，モデルに与えるテスト信号の発生や観測信号など，シミュレーションのための環境や周辺回路もHDLで記述します．HDLを使うことで，周辺回路なども簡単に用意することができます．

また，この段階で基本動作の確認を行います．問題があれば，修正とシミュレーションを繰り返します．

(3) ツールで論理合成する

シミュレーションで動作を確認した後，HDLによる記述を論理回路へ変換します．この作業を論理合成と言います．この際，論理合成用ライブラリ（回路を構成する基本部品）は，ツールやターゲット・デバイス用としてあらかじめ用意されたものを使用します．合成された論理回路情報は，ネット・リストと呼ぶファイルとして出力されます．また，これは回路図として参照することもできます．

さらに，合成された回路は論理合成用ライブラリが持つ遅延情報を考慮してシミュレーションすることも可能です．もし，目標性能（回路規模やクロック速度）を満たさないような場合には，前に戻って仕様やHDLによる記述の再検討を行うことになります．

(4) ツールで配置配線を行う

FPGAやCPLD，セミ・カスタムICなど，設計した回路を実装する対象によって多少違いはありますが，論理合成された回路を実装するために，部品（合成用ライブラリ部品）の配置と配線作業を行います．

配置配線処理を行った結果として得られる情報を元に，FPGAのコンフィギュレーション（FPGAに対する回路情報の設定）やASICなどのマスク作成が可能になります．

また，この段階まで進むと，配線長まで考慮した詳細な遅延情報を元にしてシミュレーションを行うことができます．

第1章　Verilog HDLの基本文法

識別子の命名の注意点

▶ 名前の文字数
　　信号などに長い名前を付けると，エラーになる場合がある
▶ アンダ・スコアとダラー
　　名前の先頭や最後に，これらの文字をつけると受け付けられない場合がある
▶ 大文字と小文字
　　大文字と小文字を区別しないツールもある

　大規模なシステム設計を行う場合には，前もって使用する各種ツールの制限事項を確認し，また簡単な記述を作成してツールを試しておくとよいでしょう．ツールによっては，バージョンが変わったことによってトラブルが発生することもあります．前のバージョンでは問題がなかったのに，同じVerilog HDLファイルを新しいバージョンのツールで処理したらエラーになったこともありました．

● 予約語

　Verilog HDLの予約語の一覧を**表1.1**に示します．これらは，ユーザが決める識別子には使用できな

表1.1　Verilog HDLの予約語

本書で解説する予約語	always
	assign
	begin
	case
	casex
	casez
	default
	else
	end
	endcase
		endfunction
		endgenerate
		endmodule
		endtask
		for
		function
		generate
		genvar
		if
		include
			initial
			inout
			input
			integer
			module
			negedge
			or
			output
			parameter
			posedge
				real
				reg
				repeat
				signed
				task
				wait
				while
				wire

本書で解説しない予約語	and automatic buf bufif0 bufif1 cell cmos config deassign defparam design disable edge endconfig endprimitive endspecify endtable event force forever fork	highz0 highz1 ifnone incdir instance join large liblist library localparam macromodule medium nand nmos nor noshowcancelled not notif0 notif1 pmos primitive	pull0 pull1 pullup pulldown pulsestyle_ondetect pulsestyle_onevent rcmos realtime release rnmos rpmos rtran rtranif0 rtranif1 scalared showcancelled small specify specparam strong0 strong1	supply0 supply1 table time tran tranif0 tranif1 tri tri0 tri1 triand trior trireg use vectored wand weak0 weak1 wor xor xnor

いので注意してください．

1.2 論理値と数値の表現

● 論理値の表現と扱い

　Verilog HDLで扱う信号の値は，四つあります．論理回路なので"1"と"0"の2種類でよいのですが，Verilog HDLではこれら以外にハイ・インピーダンス値(Zまたはz)と不定値(Xまたはx)があります．これは，実際の論理回路との対応やデバッグのしやすさを配慮したものです．
　このほか，Verilog HDLには信号の強度という概念がありますが，本書では説明を省略します．

```
┌─ Verilog HDLの論理値 ──────────────────────┐
│  0 ……………論理0                              │
│  1 ……………論理1                              │
│  Zまたはz ……ハイ・インピーダンス              │
│  Xまたはx ……不定値                           │
└──────────────────────────────────────┘
```

● 数値表現

　数値を表現する方法には2進数，8進数，10進数，16進数の4種類があります．いずれも共通していることは，その数が何ビットの数値であるかを明記することです．

```
┌─ 数値の記述例 ─────────────────────────────┐
│  1'b0         ……………1ビット 2進数で0                      │
│  4'b1100      ……………4ビット 2進数で1100                   │
│  4'sb1100     ……………4ビット 2進数で1100(符号付き扱い)      │
│  8'bZZZZ_ZZZZ ………8ビット ハイ・インピーダンス              │
│  4'bXXXX      ……………4ビット 不定値                        │
│  16'h12AB     ……………16ビット 16進数で12AB                 │
│  16'sh12AB    ……………16ビット 16進数で12AB(符号付き扱い)    │
│  123          ……………32ビット 10進数で123                  │
└──────────────────────────────────────┘
```

　図1.1に，数値表現の構文図を示します．先頭で，何ビットの数値であるかを10進数で規定します．次に，シングル・クォーテーション・マークを置き，数値表現の基数を示す文字を続けます．基数は，2進数の場合はB(またはb)，8進数はO(またはo)，10進数はD(またはd)，16進数はH(またはh)で表現します．基数の前に文字sを付けると，その数値は符号付き扱いとなります(Verilog-2001での拡張機能．1.3項も参照)．
　基数の文字に続いて数値を書きます．16進数表記の場合，C言語と同じように10〜15の値はA〜F(またはa〜f)を使用します．

第1章　Verilog HDLの基本文法

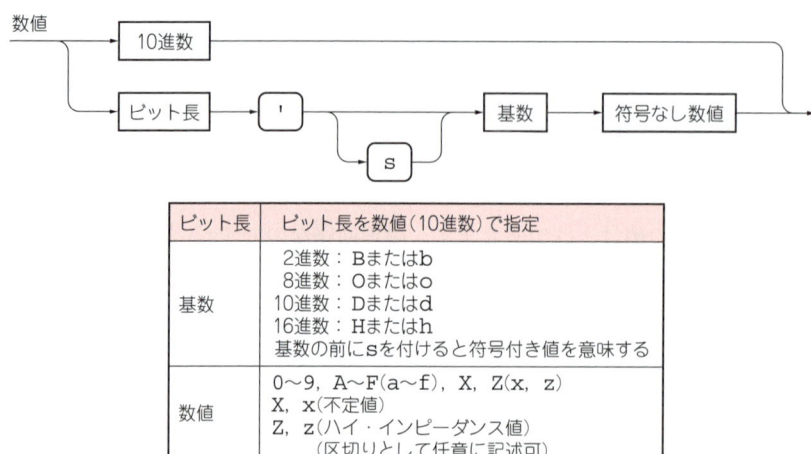

図1.1　数値表現の構文図

　10進数を除く数値表現では，全体または一部にハイ・インピーダンス値や不定値を含むことができます．

　10進数を表現する場合には，通常の数字列による表記方法もあります．その場合には，32ビット長の数値を意味します．10進数では，不定値やハイ・インピーダンスの指定はできません．

　また，数値の読みやすさを向上させるため，数字（A～Fも含む）の間にアンダ・スコアを挿入することができます．2進数表現などで，数字の並びが多くなると読みにくくなるので，適当な数字の間にアンダ・スコアを入れて表記することで読みやすくなります．

　また，数値の表現でビット長を明記しない記述も文法的には許されています．その場合，ビット長は32ビットとして処理されます．

1.3　データ型と信号の定義

　Verilog HDLでは，データ型は大きく分けて物理データ型と抽象データ型の2種類があります[注1]．また，それぞれのデータ型には複数の型があります．しかし，当面使用する重要な型は，レジスタ型（reg）とネット型（そのうちのwire）です．ここでの説明はこの2種類の定義方法にとどめ，両者の違いや使い分けについては，具体的なVerilog HDLによる記述方法の解説部に譲ります．

● wire宣言する信号

　ネット型のデータ（信号）は，論理回路における「単なる配線」に対応するものととらえてよいでしょう．

　ネット型信号は，予約語wireに続けて記述して宣言します．複数の信号は，コンマ（,）で区切って並べて宣言できます．

注1：本書では，抽象データ型のうち，integer, time, parameterについては後で簡単に解説するが，物理データ型のwand, wor, tri, triand, trior, supply0, supply1と抽象データ型のrealとeventについては省略する．

また，バス・ラインのように，複数の本数からなる信号（ビット・ベクタと呼んでいる）は，信号名の前にそのビット幅（レンジ）を指定して定義します．レンジは，[ ]内にMSB側のビット番号とLSB側のビット番号をコロン（:）で区切って並べて指定します．その際，ビット幅が異なる信号は，別々のwire宣言が必要になります．また，ビット幅の指定は昇順でも降順でもできますが，システム全体として統一する必要があります．

次に，wire型信号の定義例を示します．

```
ネット型信号(wire)の定義
  wire reset;                        // 1本のwire型信号
  wire sign, zero, carry;            // 三つの異なる名前のwire型信号
  wire [7:0] data_bus;               // 8本からなるバス状のwire型信号
  wire [31:0] bus0, bus1, bus2;      // 32本の信号からなるバス状のwire型信号が3組
  wire [0:15] adrs_bus;              // レンジは逆でもよいが，システム全体で統一

（注）// より右側部分はコメント
```

上記のように，wire宣言した信号は「符号なしの数値」として扱われます．これに対し，Verilog-2001では符号付きのネット型信号も用意されました．宣言は，予約語signedを付けて次のようになります．この符号付きの信号は，2の補数表現となります．

```
符号付きネット型信号(wire)の定義
  wire signed [7:0] inst_bus;
  wire signed [31:0] bus3, bus4, bus5;
  wire signed [0:15] indx_bus;
```

ビット幅のある信号については参照や代入の際，特定の1本の信号や部分的な指定（ビット・フィールド），全信号の一括指定の記述ができます．

```
ネット型信号の参照と代入時の指定
  wire [15:0] data;       // と宣言されているとして

    data[0]  ……………………dataの最下位ビットの1本の信号
    data[15:8] ……………………dataの上位バイトの8本の信号
    data[5:2] ……………………dataのビット番号5～2の4本の信号
    data    ……………………16ビットの信号全体
```

● reg宣言する信号

reg宣言する信号は，レジスタ型と呼んでいます．この型の信号は，wire宣言した信号と扱いや動

作が異なります．多少厳密ではないのですが，当面はregから予想される「論理回路のレジスタ」のように，信号値を保持する機能を持った信号と考えて差し支えありません．本書では，レジスタ型信号をこの見方に基づいて解説しています[注2]．

レジスタ型信号は，予約語regに続けて記述して宣言します．それ以外の部分は，wire型信号の定義方法と同じです．

次に，reg型信号の定義例を示します．

```
レジスタ型信号(reg)の定義
reg bus_ack;                    // 1本のreg型信号
reg mem_rd, mem_wr, rd_wr;      // 三つの異なる名前のreg型信号
reg [7:0] accumulator;          // 8本からなるバス状のreg型信号
reg [31:0] R0, R1, R2;          // 32本の信号からなるバス状のreg型信号が3組
```

上記のように，reg宣言した信号も「符号なしの数値」として扱われます．また，レジスタ型信号にも符号付きの信号があります(Verilog-2001で追加された機能)．宣言は同様に，予約語signedを使い，2の補数表現となります．

```
符号付きレジスタ型信号の定義
reg signed [7:0] inst_bus;
reg signed [31:0] bus3, bus4, bus5;
reg signed [0:15] indx_bus;
```

ビット幅のあるレジスタ型信号についての参照や代入も，特定の1本の信号や部分的な指定，全信号の一括指定の記述が可能です．

```
レジスタ型信号の参照と代入時の指定
reg [15:0] adrs;        // と宣言されているとして

  adrs[0]    ……………adrsの最下位ビットの1本の信号
  adrs[7:0]  ……………adrsの下位バイトの8本の信号
  adrs[13:10]…………adrsのビット番号13～10の4本の信号
  adrs       ……………16ビットの信号全体
```

 ## 1.4 演算子

Verilog HDLでは，算術演算や論理演算など，さまざまな式を記述できます．その式で使用できる演

注2：reg宣言した信号でも，記述によっては信号値を保持するとは限らない．これについては第3章の3.5項で解説しているが，現時点では「記憶機能がある信号」と考えて差し支えない．

1.4 演算子

算子の大半は，C言語と同じです（**表1.2**）．また，演算の優先順位を**表1.3**に示します．

演算の順序は，プログラミング言語と同様に，( ) を使って変更することができます．Verilog HDL にはたくさんの演算子があり，優先順位をすべて記憶するのは大変ですし，他人が読むことも考えて，適当に ( ) を使って理解しやすく書くことを心がけましょう．

表1.2 Verilog HDL の演算子

記号	演算	論理合成
+	加算	○
-	減算	○
*	乗算	△
/	除算	△
%	剰余	△
**	べき乗	△※

(a) 算術演算

記号	演算	論理合成
<	小なり	○
<=	小なりイコール	○
>	大なり	○
>=	大なりイコール	○

(b) 関係演算

記号	演算	論理合成
==	一致	○
!=	不一致	○
===	一致(X,Zも含む)	×
!==	不一致(X,Zも含む)	×

(c) 等号/不等号演算

記号	演算	論理合成
<<	論理左シフト	○
>>	論理右シフト	○
<<<	算術左シフト	○※
>>>	算術右シフト	○※

(d) シフト演算

記号	演算	論理合成
!	論理否定	○
&&	論理積	○
||	論理和	○

(e) 論理演算

記号	演算	論理合成
~	NOT	○
&	AND	○
|	OR	○
^	EXOR	○
~^	EXNOR	○

(f) ビット演算

記号	演算	論理合成
&	AND	○
~&	NAND	○
|	OR	○
~|	NOR	○
^	EXOR	○
~^	EXNOR	○

(g) リダクション演算

記号	演算	論理合成
?:	条件演算	○
{ }	連結演算	○

(h) その他

(注)
○：論理合成可能
△：論理合成可能（要注意）
×：論理合成不可
※：Verilog-1995 では使用できない．

表1.3 Verilog HDL の演算子の優先順位

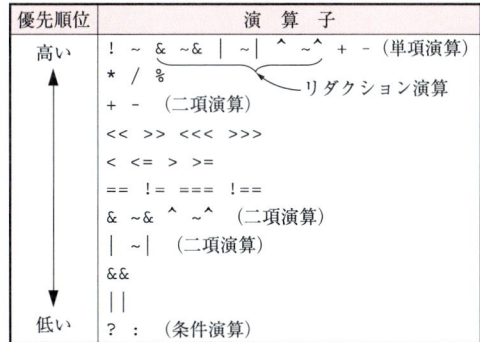

● 算術演算子

　算術演算は，C言語と同じ表記方法を用います．ただし，乗算，除算，剰余，べき乗は，論理合成すると規模が大きな論理回路になる傾向があります．また，特殊なケース（2のべき乗に限定など）しかサポートしない論理合成ツールもありますので，使用する場合には注意が必要です．なお，べき乗演算子はVerilog-1995にはなかった演算子です．また，C言語にある便利なインクリメント演算子（++）とデクリメント演算子（--）はありません．

　演算元のデータや信号に，不定値やハイ・インピーダンス値が含まれている場合にシミュレーションすると，演算結果は不定値となります．

● 関係演算子と等号/不等号演算子

　関係演算子はC言語と同じで，二つのデータや信号の値の大小関係を判断する演算子です．等号/不等号演算子も同様に，二つのデータや信号の値の一致，不一致を判断する演算子です．また，C言語にはない演算子として，不定値やハイ・インピーダンス値も含めて一致，不一致を判定する===や!==演算子もあります．ただし，これらは論理合成できません．このような回路は実現できないので，当然のことです．論理合成ツールによっては，==や!=として解釈して論理回路を合成する場合もあります．

　いずれも演算した結果は1ビットの値を持ち，成立すると"1"に，不成立の場合は"0"になります．その結果を式の中で使用したり，別の信号へ設定（代入）することも可能です．ただし，===と!==を除いて，データや信号に不定値やハイ・インピーダンス値があると演算結果は不定値になります．

● 論理演算子

　論理演算子は，関係演算子や等号/不等号演算子で判定した結果を複合化する場合に使用する演算子で，論理積，論理和，論理否定があります．Verilog HDLでもC言語に類似したif文があり，その条件を規定する場合などに使用します．

● ビット演算子

　ビット演算子もC言語と同様で，多ビットからなる信号同士の演算はビットごと（同じビット位置同士）の演算になります．

　ただし，不定値やハイ・インピーダンス値との演算は，一概に不定値になるわけではないので注意が必要です．シミュレータの演算結果は，表1.4のように規定されています．

● シフト演算子

　多ビットのデータや信号に対して使用するシフト演算子も，C言語と同様の記法になっています．>>は論理右シフト演算，<<は論理左シフト演算になります．また，Verilog-2001では算術シフト演算用記号（>>>と<<<）が追加されました．

　表1.5に，符号なし/符号付きのデータと各シフト演算結果を示します．

1.4 演算子

表1.4 演算の真理値表

AND	0	1	X	Z
0	0	0	0	0
1	0	1	X	X
X	0	X	X	X
Z	0	X	X	X

(a) AND演算

OR	0	1	X	Z
0	0	1	X	X
1	1	1	1	1
X	X	1	X	X
Z	X	1	X	X

(b) OR演算

NOT	0	1	X	Z
	1	0	X	X

(c) NOT演算

EXOR	0	1	X	Z
0	0	1	X	X
1	1	0	X	X
X	X	X	X	X
Z	X	X	X	X

(d) EXOR演算

EXNOR	0	1	X	Z
0	1	0	X	X
1	0	1	X	X
X	X	X	X	X
Z	X	X	X	X

(e) EXNOR演算

表1.5 シフト演算子と演算結果

データ型	値(2進数)	演算結果(シフト=2)			
		<<	>>	<<<	>>>
符号なし	0011_0101	1101_0100	0000_1101	1101_0100	0000_1101
	1100_1010	0010_1000	0011_0010	0010_1000	0011_0010
符号付き	0011_0101	1101_0100	0000_1101	1101_0100	0000_1101
	1100_1010	0010_1000	0011_0010	0010_1000	1111_0010

　符号付きのデータに対する算術右シフト演算は，符号ビット（MSB）が保存されます．それ以外は，論理/算術の差異はありません．

● リダクション演算子

　多ビット信号に対して同じビット演算を行う場合，長い式になってしまいます．たとえば，8ビット幅の信号Aの全ビットが1であることをチェックするためには，次のようなAND演算の式になります．
　　A[7] & A[6] & A[5] & A[4] & A[3] & A[2] & A[1] & A[0]
このような場合，次のようなリダクション演算子を使うとシンプルに記述することが可能です．
　　& A
リダクション演算子にはビット演算子と同じ記号を使用しますが，文脈から判断されます．

● 連結演算子

　連結演算子は，演算というより名前の異なった信号をまとめて扱うための記法と言ったほうがよいものです．連結演算子は，信号名をコンマで区切り，全体を{ }で囲むことによりひとまとまりの信号とするもので，一括して参照や代入ができるようになります．

● 条件演算子

　Verilog HDLには各種の演算子があり，複雑な算術演算機能や論理演算機能を記述することができま

す．しかし，論理式を導く手間がかかったり，論理式にしてしまうとVerilog HDLの記述を見ても何をする回路なのかすぐにはわからないことがあります．

とくに，条件によって異なる働きをする回路を記述する場合は，?と:を使った条件演算子を使うと簡単に可読性のよい式を書くことができます注3．

この演算子の働きですが，?の左側にある式や信号（条件部）を評価し，1ビットでも1があれば条件が成立して?と:の間に記述した式や信号の値をとり，条件部が全ビット0であれば:の後に記述した式や信号の値をとります．また，条件部に0とXあるいはZが含まれる場合（0X, Z0, XX, ZZ, XZなど）には，演算結果として選択される側の両者の同位置ビットの値が0または1で一致しているビットはその値となり，それ以外の組み合わせのビット位置の値は不定値となります．

具体的な例で演算結果を説明します．条件演算子を使用した演算

　　cond ? A : B

において，A，Bを16ビットの信号とし，それぞれの値を

　　A = 16'b00001111XXXXZZZZ
　　B = 16'b01XZ01XZ01XZ01XZ

とします．また，条件部のcondが4ビットの信号で，

　　4'b10XZ,4'b0000,4'b00XZ

とした場合，それぞれの演算結果は次のようになります．

　　cond = 10XZの場合　　00001111XXXXZZZZ　（=A）
　　cond = 0000の場合　　01XZ01XZ01XZ01XZ　（=B）
　　cond = 00XZの場合　　0XXXX1XXXXXXXXXX

条件部が複数ビットの式や信号の場合，全ビットのORゲートの出力値が判定されると考えるとわかりやすいでしょう．

1.5　書式とコメント

● 書式

Verilog HDLの記述は，フリー・フォーマットです．構造や制御フローがわかりやすいように，スペースやタブ，改行を使ってVerilog HDLファイルを作成するように心がけましょう．

● コメント

コメントの表記は，C言語やC++言語と同じ記法を使用しています．一つはショート・コメントで，//から始まり，任意の文字列が続き，改行までがコメントとなります．

もう一つはロング・コメントで，/* で始まり，任意の文字列が続き最後は */ で終了するものです．複数の行にわたってコメントを記述することができます．コメントの構文図を図1.2に示します．なお，

注3：Verilog HDLには，プログラミング言語でおなじみのif文のような構文もある．詳しくは第2章2.3項で解説する．

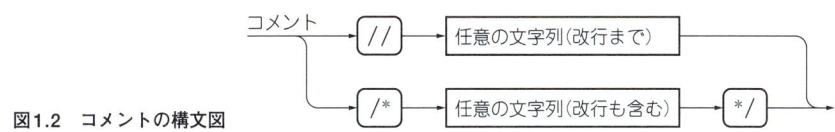

図1.2 コメントの構文図

ロング・コメントのネスティング（コメント中にコメントがあるような記述）はできません．

> **コメントの記述例**
> ```
> // comment to the end of this line
> /* comment line 1
>    comment line 2 */
> ```

1.6 モジュールの基礎

● モジュール定義の骨格

次に，Verilog HDLでシステムを記述する場合の基本的な枠組みであるモジュールについて概略を解説します．

モジュールは，システム全体を構成する基本単位となるものです．システムの構成方法には分割構成や階層構造などがありますが，Verilog HDLではモジュールを使ってこれらの構成を定義します．また，システム全体も一つのモジュールとなります．

ここでは，モジュールの概略について説明します．モジュールを用いた大規模なシステムの構成方法については，第5章の5.1項で解説します．

まず，モジュールの骨格を示します．

> **モジュールの骨格**
> ```
> module モジュール名(ポート・リスト);
>    input     入力信号名;
>    output    出力信号名;
>    wire      内部信号名;
>    reg       内部信号名;
>               〈
>         回路機能定義
>               〉
> endmodule
> ```

モジュールの定義は予約語moduleで始まり，次にモジュール名，モジュールへ接続する信号名を規定します．モジュールへ接続する信号はポート・リストと呼んでおり，識別子名のみコンマで区切って並べ，全体を( )でくくります．ポート・リストにおいて信号を記述する順序は任意です．また，ポ

第1章 Verilog HDL の基本文法

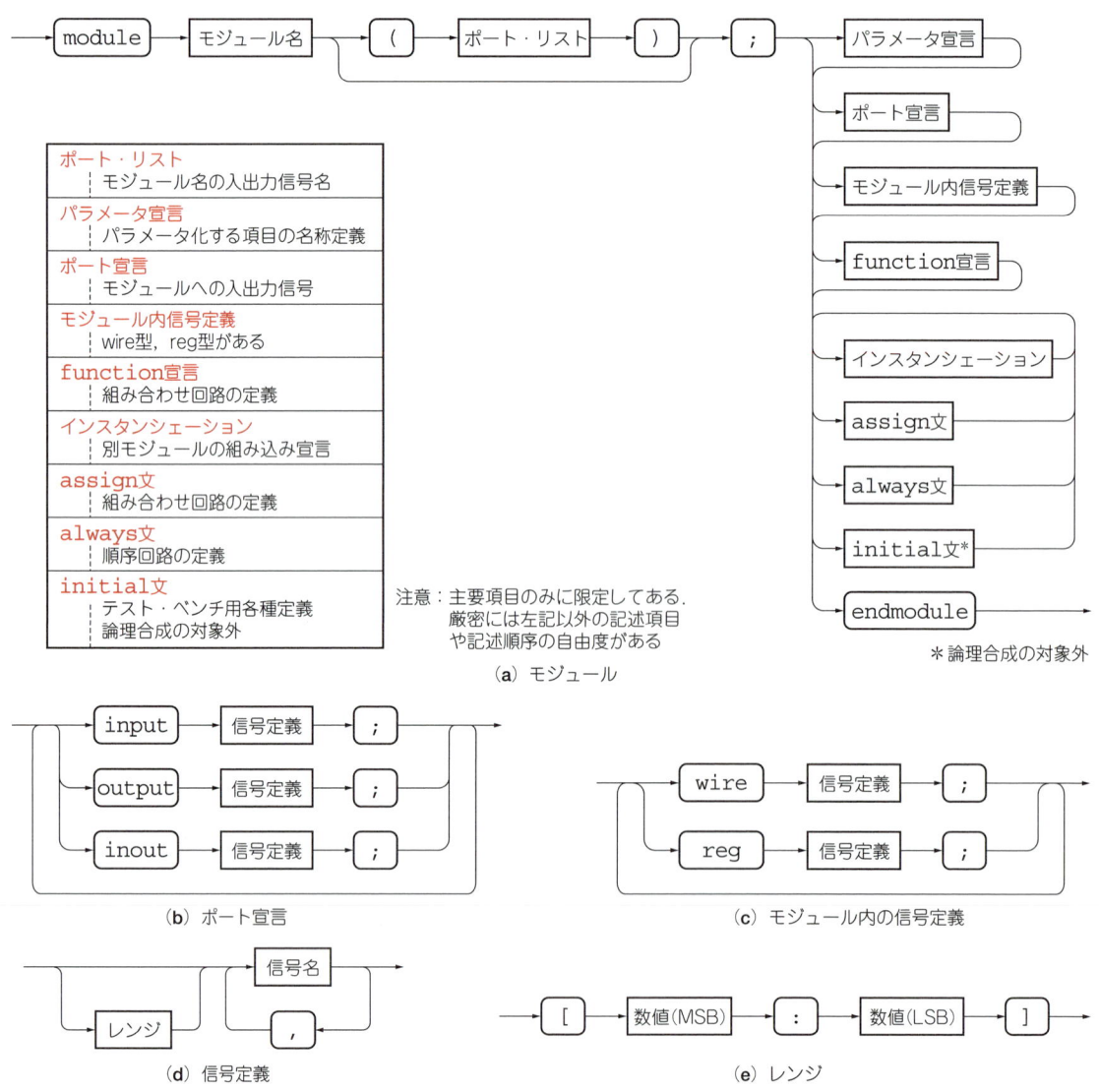

図1.3 モジュール定義の構文図

ート・リストの) の後にはセミコロン(;)が必要です．

次いで，接続信号の属性(入出力の区別やビット幅)の定義を行います．モジュールへ入力する信号は予約語 input に続いて，出力信号は予約語 output に続いて宣言します．なお，双方向信号は予約語 inout に続いて宣言します．これらの信号名の定義の順序は，ポート・リストの順序と一致させる必要はありません．

また，モジュール内の内部信号(ローカル信号)があれば，その定義をします．予約語 wire や reg に続いて定義します．ローカル信号の定義を一部省略できるルール(第5章5.3項参照)もありますが，基本的にすべての信号を定義すると考えたようがよいでしょう．

リスト1.1　4ビット加算回路のVerilog HDLによる記述例

```
 1: /* -----------------------------------
 2:  * 4-bit adder
 3:  *     (adder4.v)     designed by Shinya KIMURA
 4:  * ----------------------------------- */
 5:
 6: module adder4(in_data1, in_data2, out_data, cy);
 7:     input   [3:0] in_data1, in_data2;
 8:     output  [3:0] out_data;
 9:     output        cy;
10:
11:     wire    [4:0] rslt;
12:
13:     assign rslt     = in_data1 + in_data2;
14:     assign cy       = rslt[4];
15:     assign out_data = rslt[3:0];
16:
17: endmodule
```

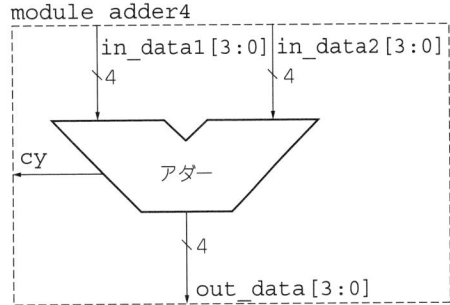

図1.4　4ビット加算回路のモジュール

以上，モジュールの骨格を定義した後，モジュールの内部の回路機能（構造や動作）を定義していきます．モジュールの最後は，予約語endmoduleで締めくくります．

モジュール内部の構造や動作の定義については，後の章で順次，詳細に解説しますので，まずはモジュールの骨格の定義をマスタしてください．

図1.3に，モジュール定義の文法要約を示します．正確には，この他にも定義できる項目や記述順序の柔軟性があります．それらは，必要に応じて解説します．

● 4ビット加算回路の記述例

リスト1.1に，図1.4に示す4ビット加算回路をVerilog HDLで記述した例を示します．この例は，論理合成ツールを使って論理回路化できる記述です．なお，現実的には，このような小規模な機能をモジュール化することはありません．あくまでもモジュールの記述例としてみてください．

モジュール名は，adder4となっています．モジュールへ接続する信号はin_data1，in_data2，out_data，cyの4種類です．次いで，接続信号の属性（入出力の区別やビット幅）の定義を行っています．

モジュールへの入力信号であるin_data1，in_data2はinputに続いて定義します．ここで，in_data1，in_data2は共に4ビット長の信号であるため，信号名の前にビット幅の範囲を規定します．同じビット幅の信号は，コンマ(,)で区切って並べて定義できます．

出力信号のout_dataとcyは，予約語outputに続いて宣言します．out_dataは4ビットの信号で，cyは1ビットの信号です．このように，ビット幅の異なる信号は個別にoutput宣言します．

また，モジュール内のローカル信号として，5ビット長のrslt信号をwire型として定義しています．

続いて，回路機能本体を三つのassign文で定義しています．assign文については第2章で詳細に説明しますが，式の関係から入力信号のin_data1とin_data2を加算して，結果をcyとout_dataとしてモジュール外部へ出力していることが読み取れると思います．

モジュールの最後は，endmoduleで終了します．

第 2 章
組み合わせ回路の記述

　本章では，最初に組み合わせ回路の概略を説明し，その後Verilog HDLで組み合わせ回路を記述する方法を解説します．

　記述サンプルとして挙げた例題は，標準のTTLやCMOSファミリに用意されているような基本的なものが中心になっています．しかし，Verilog HDLではそのような単純な機能しか記述できないわけではありません．導入部として，比較的簡単でなじみのある例を挙げただけです．

　Verilog HDLでは，より高度で抽象的な記述が可能で，さらにそのような記述を論理合成ツールによって論理回路化することができます．大規模なシステムを設計する場合，どのような回路構成になるかといった具体的な記述をする前に，「どのような動作をするか」といった抽象的なモデルが重要になってきています．抽象的なモデルの記述手法については，第4章において解説しています．本章だけで，Verilog HDLの記述能力を判断しないように注意してください．

2.1　組み合わせ回路とは

　組み合わせ回路とは，「出力がその時点の入力信号の値のみで定まる論理回路」のことで，論理式（ブール関数）として定義できます．また，その論理式をAND，OR，NOTといった基本ゲート素子を使って論理回路として構成することができます．「その時点の入力信号の値のみ」とは，それ以前の入力信号による回路の状態に影響を受けないということを強調しているものです．別の言い方をすると「記憶機能を含んでいない論理回路」ということになります．

　従来の回路図ベースの設計では，組み合わせ回路は次のような手順を経て求めていました．
①入力信号と出力信号の関係から真理値表を作成する．
②真理値表から論理式を求める．

③可能であれば，論理式の簡単化を行う．
④求まった論理式から論理回路を構成する．
⑤必要に応じて，ゲート変換を行う．

これに対して，ハードウェア記述言語による設計では，上記の作業のうちベースとなる①に相当する部分を記述することで終了となります．その後の作業は論理合成ツールが担当し，論理回路へ変換してくれます．また，ハードウェア記述言語による設計では，①の「入力信号と出力信号の関係」を真理値表に類似した形式だけにとどまらず，さまざまな形式で表現することができます．

ハードウェア記述言語を用いて組み合わせ回路を設計する場合，上記の設計手順について熟知・熟練している必要はありません．しかし，合成される論理回路について基本的な事項を知っておくことが，記述の良し悪しを左右します．具体的には，次のキーワードを説明できれば十分でしょう．

組み合わせ回路の基礎項目

▶ ブール代数の基礎
  ● 元(要素)と基本演算(AND，OR，NOT演算)
  ● 基本定理(吸収，結合，分配，交換，ド・モルガンなど)
▶ 標準形
  ● 積和標準形，和積標準形
▶ 論理式の簡単化
  ● カルノ図，クワイン・マクラスキ法などの原理と手法
  ● ドント・ケア条件

2.2　組み合わせ回路の基本

それでは，Verilog HDLを用いて組み合わせ回路を記述する方法を解説します．一般に，組み合わせ回路は論理式として表現することができます．Verilog HDLでは，論理式で表現する方法以外に，算術式や if 文，case 文といったプログラミング言語でおなじみの構文を使って表現することができます．そのため，読みやすさ(可読性)の向上と設計作業の効率化が可能となります．

● 4ビットの加算回路のVerilog HDLによる記述

まず，ごく簡単な組み合わせ回路のVerilog HDLによる記述例を示し，どのような記述になるのか全体像を示します．サンプルは，第1章でも示した4ビットの加算回路です．**図2.1**に再度，4ビットの加算回路の外部インターフェース仕様を示します．

この回路(部品)を一つのモジュールとしてVerilog HDLで記述すると，**リスト2.1**のようになります．**リスト2.1**の内容は，以下のとおりです．

(1)モジュールの定義

6行目は，4ビット加算回路を一まとまりのブロックとして定義するためのモジュール宣言部です．

第2章 組み合わせ回路の記述

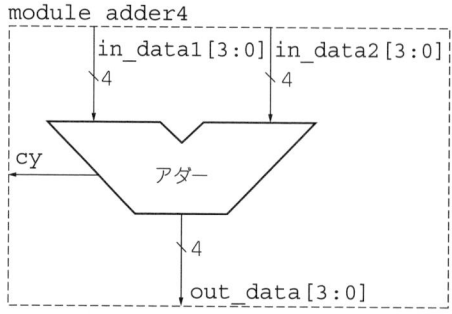

図2.1 4ビット加算回路の外部インターフェース仕様

リスト2.1 4ビット加算回路のVerilog HDLによる記述例(adder4.v)

```
 1: /* -----------------------------------------------------
 2:  *  4-bit adder
 3:  *      (adder4.v)              designed by Shinya KIMURA
 4:  * ----------------------------------------------------- */
 5:
 6: module adder4(in_data1, in_data2, out_data, cy);
 7:     input   [3:0] in_data1, in_data2;
 8:     output  [3:0] out_data;
 9:     output        cy;
10:
11:     wire    [4:0] rslt;
12:
13:     assign rslt     = in_data1 + in_data2;
14:     assign cy       = rslt[4];
15:     assign out_data = rslt[3:0];
16:
17: endmodule
```

モジュール名はadder4で，外部と接続する信号(ポート・リスト)として，入力信号のin_data1，in_data2と出力信号のout_data，cyの4種類を宣言しています．out_dataは加算結果で，cyはキャリ信号を意味しています．モジュールの最後は，endmoduleで締めくくります(17行目)．

(2) 入出力信号の定義

7～9行目で，入出力信号の属性の定義をしています．

in_data1とin_data2は入力信号で，それぞれ4ビット(正確にはビット・ベクトルと呼ぶ)からなります．この場合，各信号は3から0の番号が付きます．ビット範囲の指定は[　]で囲まれた中に記述します．

out_dataは4ビットの出力信号で，cy信号は1本の出力信号です．同じ出力信号ですが，ビット幅が異なるため，別のoutput宣言が必要です．

(3) モジュール内ローカル信号の定義

11行目は，このモジュール内部のローカルな信号を定義しています．C言語のローカル変数と同様で，

2.2 組み合わせ回路の基本

他のモジュールで同じ名前の信号を定義しても，別のものとして区別されます．ここでは，5ビットの信号rsltを定義しています．

(4) モジュールの回路機能定義

13～15行目では，このモジュールの回路機能を定義しています．13行目は入力信号in_data1とin_data2の加算を行い，その結果をrslt信号とすることを意味しています．また，14行目は演算結果の5ビット目(rslt[4])をcy信号とすることを表しています．同様に，15行目は演算結果の下位4ビット(rslt[3]～rslt[0])をout_data信号とすることを表しています．

● 組み合わせ回路機能の定義…assign文

先の4ビット加算回路の例では，モジュール内の具体的な回路機能はassign文を使って定義しています．assign文は継続代入文とも呼び，左辺の信号に対して右辺の論理式や算術式を評価し値を設定することを定義するものです．

一般の手続き型プログラム言語と異なり，シミュレーションを行うとassign文は記述順(上から順)に実行されるのではなく，右辺側のいずれかの信号の値が変われば，即座に式が評価され，左辺の信号が変化します．見方を変えると，assign文による定義は論理機能の接続関係を表していることになります．

この点は重要ですので，頭にしっかりと留めておいてください．

> assign文(継続代入文，continuous assignment)
> ● 右辺の式中の信号のいずれかに変化があると，式が評価され左辺の信号の値を更新する．
> ● 実行順序は記述順序に影響されない．

assign文の右辺で使用できる演算子は，第1章で説明したとおりです．さまざまな演算子を使って機能を表現することができます．重要なのは，いちいち「論理式に変換しなくてもよい」ことです．回路図ベースの設計では，たとえば加算回路では，「フル・アダーを設計して，それを必要な個数だけ並べて接続する」ことになりますが，Verilog HDLでは「+記号を使って式を書くだけ」でできあがります．

● 組み合わせ回路の記述例

リスト2.1と同じ加算機能を，連結演算子を使って記述した例をリスト2.2に示します．連結演算子を用いることで，簡潔に記述することができます．

次に，条件演算子を使った例としてマルチプレクサ(選択回路)を示します．図2.2に，2本の1ビット信号から1本を選択するマルチプレクサと，4ビット入力信号が4セットあるマルチプレクサの入出力信号の対応を示します．Verilog HDLで記述すると，リスト2.3のようになります．

リスト2.3の最初のモジュールmux1_2では，選択信号selが論理1ならば出力信号outはin1となり，selが論理0ならばout信号がin0となるマルチプレクサ(データ・セレクタ)を記述したものです．

また，同リストの後のモジュールmux4_4は2本の選択信号sel[1:0]で，4組の4ビット信号を選択するマルチプレクサを記述したものです．出力の4本の信号を個別に定義する必要はなく，まとめて定

29

第2章　組み合わせ回路の記述

リスト2.2　連結演算子を用いた加算回路(adder4i.v)

```
 1: /* -------------------------------------------------------
 2:  *    4-bit adder
 3:  *       (adder4i.v)              designed by Shinya KIMURA
 4:  * ------------------------------------------------------- */
 5:
 6: module adder4(in_data1, in_data2, out_data, cy);
 7:     input   [3:0] in_data1, in_data2;
 8:     output  [3:0] out_data;
 9:     output        cy;
10:
11:     assign {cy, out_data} = in_data1 + in_data2;
12:
13: endmodule
```

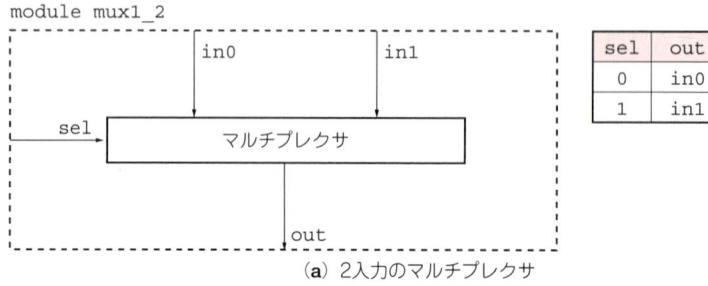

(a) 2入力のマルチプレクサ

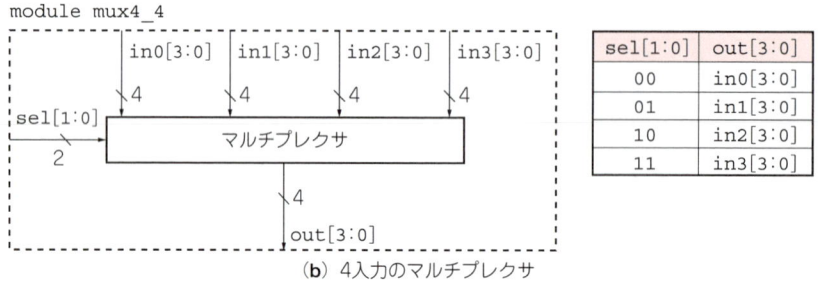

(b) 4入力のマルチプレクサ

図2.2　マルチプレクサの外部インターフェース仕様

義することができます．選択信号selが0ならば出力信号outはin0，selが1ならばoutはin1，selが2ならばoutはin2，selが3ならばoutはin3となります．選択信号が上記以外の場合，たとえば不定値になった場合，出力信号は不定値となります．

では，mux4_4と同じ機能の回路を条件演算子を使用しないで論理式で定義すると，どのような記述になるでしょうか．このときの記述例が**リスト2.4**です．全体として長いリストとなり，よく式を調べないと何をしているのかわかりにくい記述となっています．

このように，条件演算子は機能を記述する上で便利な演算子です．

リスト2.3　条件演算子を用いたマルチプレクサ(mltplx.v)

```
 1: /* ------------------------------------------------------
 2:  *  multplexer
 3:  *      (mltplx.v)              designed by Shinya KIMURA
 4:  * ------------------------------------------------------ */
 5:
 6: // 1-bit two input multiplexer
 7: module mux1_2(sel, in0, in1, out);
 8:     input  sel, in0, in1;
 9:     output out;
10:
11:     assign out = sel ? in1 : in0;
12:
13: endmodule
14:
15: // 4-bit four input multiplexer
16: module mux4_4(sel, in0, in1, in2, in3, out);
17:     input  [1:0] sel;
18:     input  [3:0] in0, in1, in2, in3;
19:     output [3:0] out;
20:
21:     assign out = (sel==0) ? in0 :
22:                  (sel==1) ? in1 :
23:                  (sel==2) ? in2 :
24:                  (sel==3) ? in3 : 4'bx;
25:
26: endmodule
```

2.3　組み合わせ回路のファンクション化

　先に，条件演算子を使うことで，どのような機能を記述してあるのか読みやすくなる例を示しました．しかし，さらに条件が複雑になると条件演算子を使用してもやはり分かりにくくなってしまうことがあります．

　C言語ではそのような場合，if～else～構文や，条件が多岐に渡る場合にはswitch～case構文を用いて記述します．Verilog HDLでもif文やcase文が用意されており，可読性のよい記述ができます．ただし，assign文の右辺に直接if文やcase文を書くことはできません．

　Verilog HDLで組み合わせ回路を記述するのにif文やcase文を使用する場合，ファンクションとして別に定義する必要があります．ファンクションは，C言語でいう関数に相当すると考えてよいものです．

● ファンクションとは

　ファンクションは一言でいうと，assign文の右辺を切り取って独立させて記述するものです．右辺

第2章　組み合わせ回路の記述

リスト2.4　論理式によるマルチプレクサ(mltplx2.v)

```
 1: /* ------------------------------------------------------
 2:  *   multplexer (logic equation version)
 3:  *      (mltplx2.v)           designed by Shinya KIMURA
 4:  * ------------------------------------------------------ */
 5:
 6: // 1-bit two input multiplexer
 7: module mux1_2(sel, in0, in1, out);
 8:     input  sel, in0, in1;
 9:     output out;
10:
11:     assign out = sel & in1 | ~sel & in0;
12:
13: endmodule
14:
15: // 4-bit four input multiplexer
16: module mux4_4(sel, in0, in1, in2, in3, out);
17:     input  [1:0] sel;
18:     input  [3:0] in0, in1, in2, in3;
19:     output [3:0] out;
20:
21:     assign out[0] = ~sel[1] & ~sel[0] & in0[0] |
22:                     ~sel[1] &  sel[0] & in1[0] |
23:                      sel[1] & ~sel[0] & in2[0] |
24:                      sel[1] &  sel[0] & in3[0] ;
25:
26:     assign out[1] = ~sel[1] & ~sel[0] & in0[1] |
27:                     ~sel[1] &  sel[0] & in1[1] |
28:                      sel[1] & ~sel[0] & in2[1] |
29:                      sel[1] &  sel[0] & in3[1] ;
30:
31:     assign out[2] = ~sel[1] & ~sel[0] & in0[2] |
32:                     ~sel[1] &  sel[0] & in1[2] |
33:                      sel[1] & ~sel[0] & in2[2] |
34:                      sel[1] &  sel[0] & in3[2] ;
35:
36:     assign out[3] = ~sel[1] & ~sel[0] & in0[3] |
37:                     ~sel[1] &  sel[0] & in1[3] |
38:                      sel[1] & ~sel[0] & in2[3] |
39:                      sel[1] &  sel[0] & in3[3] ;
40:
41: endmodule
```

の論理機能(組み合わせ回路)をファンクション化することで，assign文の右辺をファンクションの呼び出しに変更し，C言語の関数のように引き数に相当する信号値を与え，ファンクションからの出力(返却値)を得て左辺の信号に設定する形式で記述します．ファンクションは，Verilogシミュレータでは時間経過を伴わない手続きとして評価され値を返却し，論理合成ツールでは組み合わせ回路を生成します．

2.3 組み合わせ回路のファンクション化

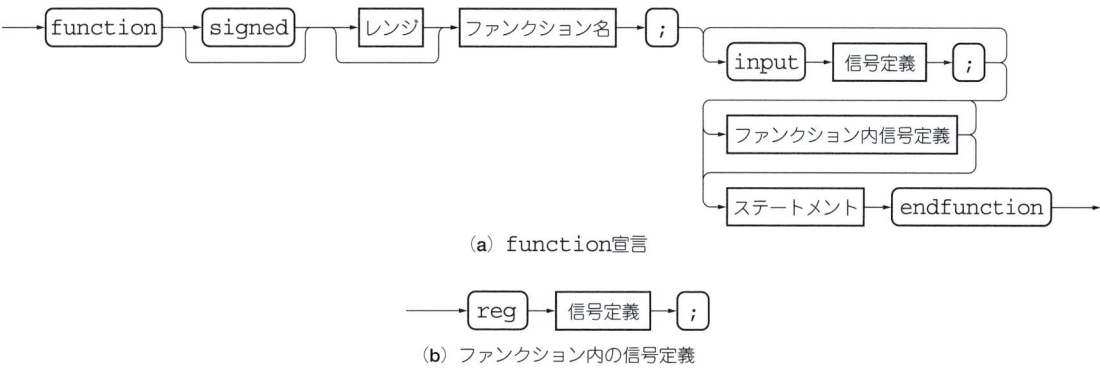

(a) function宣言

(b) ファンクション内の信号定義

レンジ
functionの出力信号レンジ

ステートメント
代入文，if文，case文など
複数の文となる場合には；で切って並べ，全体をbeginとendで囲む

注意：主要項目のみに限定してある．
　　　厳密には上記以外の記述項目や記述順序の
　　　自由度がある．
　　　ここの代入文はassign文ではない．

図2.3 ファンクション宣言の構文図

　ファンクション本体を定義するときは，単に演算式を用いる以外に，if文やcase文（C言語のswitch文）を使用することができ，複雑な条件を簡便に記述することができます．図2.3にファンクションの構文図を示します．

ファンクション定義と呼び出しの例
```
// ファンクション定義
function [3:0] func;
   input       sel;
   input [3:0] in0, in1;
   reg   [3:0] seled;
   begin
        if (sel==1) begin
          seled = in1;
        end else begin
          seled = in0;
        end
        func = seled;
   end
endfunction
// 呼び出し側
assign out = func (select, data1, data2);
```

第2章　組み合わせ回路の記述

　予約語functionに続き，ファンクション名を定義します．ファンクションからの出力信号は，このファンクション名になります．もし，複数の信号値(ビット・ベクトル)を返却したい場合には，functionとファンクション名の間にビット幅の規定([a:b])をします．上の例では，4ビットの信号値を返却するように定義しています．

　また，ファンクションからの返却値が符号付きの場合，functionとビット幅の間にsignedと記述します．次いで，入力信号の定義を行います．ファンクションに接続する信号は，ここで定義する信号順に記述する必要があります(呼び出し側参照)．

　続いて，beginとendの間にファンクションの機能本体を記述します．この中には，代入文，if文，case文を記述します．代入文はassign文ではなく，単なる代入式を記述します．ファンクション定義の最後は，予約語endfunctionになります．

　ファンクションの評価は，assign文の実行と同じように，ファンクションへ与える信号に変化があったときに呼び出されます．記述順序で呼び出されるわけではないので注意してください．

　また，ファンクション定義した機能は，論理合成すると組み合わせ回路となります．

▶ファンクション内ローカル信号

　ファンクション内で一時的に使用するローカル信号が必要な場合には，ファンクション内部においてreg宣言したものを使用します(ファンクション定義と呼び出しの例のsel ed信号)．

▶複文はbeginとendで囲む

　上の説明でファンクションの機能本体はbeginとendで囲むと述べましたが，単文の場合は省略できます．しかし，区切りを明確にする意味で，いつもbeginとendで囲むほうがよいでしょう．後の修正で複文になったときも混乱を少なくできます．

　複文は，C言語では{ }で囲みますが，この記号をVerilog HDLでは連結演算子に使用しているため，Pascal式にbeginとendで囲むようになっています．C言語で書いたプログラムでVerilog HDLで記述した論理回路を制御しようとすると，Verilog HDLの複文を{ }で囲んでしまい，エラー・メッ

表2.1　7セグメントLEDデコーダの真理値表

入力信号	文字形状	出力信号 seg[6:0]						
bcd[3:0]		a	b	c	d	e	f	g
0000	⊡	1	1	1	1	1	1	0
0001	l	0	1	1	0	0	0	0
0010	己	1	1	0	1	1	0	1
0011	∃	1	1	1	1	0	0	1
0100	⊿	0	1	1	0	0	1	1
0101	5	1	0	1	1	0	1	1
0110	Ƅ	1	0	1	1	1	1	1
0111	¬	1	1	1	0	0	0	0
1000	日	1	1	1	1	1	1	1
1001	9	1	1	1	1	0	1	1

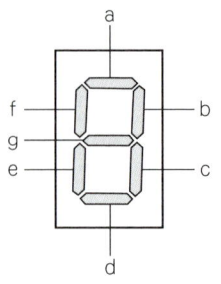

図2.4　7セグメントLEDのセグメント端子対応

2.3 組み合わせ回路のファンクション化

セージに悩むことになるので要注意です.

シミュレーションにおけるfunction内の複文の実行順序は,記述された順になります.この点は,assign文と異なるので要注意です.

● **ファンクションによる7セグメントLEDデコーダ**

では,ファンクションの具体的な使用例として,7セグメントLEDデコーダを記述する方法について説明します.まず,**表2.1**に真理値表を,**図2.4**にセグメント端子の対応を示します.

回路図ベースの設計では,各セグメント(a～g)について,発光させる(あるいは発光させない)条件を論理式化し,可能ならば論理式の簡単化を行って論理回路を求めることになります.

Verilog HDLで記述する場合も,同様に求めた論理式をassign文を使って表す方法もあります.しかし,論理式を求めなくても,どのような場合に発光させるかを簡単に記述でき,かつそれを論理合成ツールによって論理回路化することができます.

▶ **if文による7セグメントLEDデコーダの記述例**

まず,if文を使用した記述例を**リスト2.5**に示します.ここでは,デコーダの出力が1のときに発光

リスト2.5　if文による7セグメントLEDデコーダの記述(bcd7seg1.v)

```verilog
 1: /* -------------------------------------------------------
 2:  *  bcd to 7-seg LED decoder (function文, if文バージョン)
 3:  *      (bcd7seg1.v)           designed by Shinya KIMURA
 4:  * ------------------------------------------------------- */
 5:
 6: module bcd7seg(bcd, seg);
 7:     input  [3:0] bcd;
 8:     output [6:0] seg; // = [a, b, c, d, e, f, g]
 9:
10:     assign seg = bcd7segdec(bcd);
11:
12:     function [6:0] bcd7segdec;
13:         input [3:0] bcd;
14:         begin
15:             if(bcd==0)      bcd7segdec = 7'b1111110;
16:             else if(bcd==1) bcd7segdec = 7'b0110000;
17:             else if(bcd==2) bcd7segdec = 7'b1101101;
18:             else if(bcd==3) bcd7segdec = 7'b1111001;
19:             else if(bcd==4) bcd7segdec = 7'b0110011;
20:             else if(bcd==5) bcd7segdec = 7'b1011011;
21:             else if(bcd==6) bcd7segdec = 7'b1011111;
22:             else if(bcd==7) bcd7segdec = 7'b1110000;
23:             else if(bcd==8) bcd7segdec = 7'b1111111;
24:             else if(bcd==9) bcd7segdec = 7'b1111011;
25:             else            bcd7segdec = 7'b0110111; // X
26:         end
27:     endfunction
28: endmodule
```

第2章 組み合わせ回路の記述

するものとして記述しています．

　リスト2.5は，表2.1に示した真理値表をそのままif文で記述した内容になっており，C言語のif文を知っていれば簡単に理解できる記述になっています．

　モジュールからの出力信号seg（各セグメントの信号）は，10行目のassign文でファンクションbcd7segdecにより返される信号値を設定しています．

　ファンクションbcd7segdecに与える信号は，モジュールへの入力信号（4ビット）となっています．ファンクションbcd7segdec本体は12行目から定義され，if文で入力信号の値を判定し，発光させるセグメントを1にするようにファンクションからの戻り値（信号名はファンクション名そのもの）を設定しています．

　このように，組み合わせ回路は入力と出力の関係を記述するだけで完成します．

▶ case文による7セグメントLEDデコーダの記述例

　次に，同じ7セグメントLEDデコーダをcase文を使用して記述してみます．

リスト2.6　case文による7セグメントLEDデコーダの記述 (bcd7seg2.v)

```verilog
 1: /* -------------------------------------------------------
 2:  * bcd to 7-seg LED decoder (function文，case文バージョン)
 3:  *    (bcd7seg2.v)           designed by Shinya KIMURA
 4:  * ------------------------------------------------------- */
 5:
 6: module bcd7seg(bcd, seg);
 7:     input  [3:0] bcd;
 8:     output [6:0] seg; // = [a, b, c, d, e, f, g]
 9:
10:     assign seg = bcd7segdec(bcd);
11:
12:     function [6:0] bcd7segdec;
13:         input [3:0] bcd;
14:         begin
15:             case (bcd)
16:                 4'b0000: bcd7segdec = 7'b1111110;
17:                 4'b0001: bcd7segdec = 7'b0110000;
18:                 4'b0010: bcd7segdec = 7'b1101101;
19:                 4'b0011: bcd7segdec = 7'b1111001;
20:                 4'b0100: bcd7segdec = 7'b0110011;
21:                 4'b0101: bcd7segdec = 7'b1011011;
22:                 4'b0110: bcd7segdec = 7'b1011111;
23:                 4'b0111: bcd7segdec = 7'b1110000;
24:                 4'b1000: bcd7segdec = 7'b1111111;
25:                 4'b1001: bcd7segdec = 7'b1111011;
26:                 default: bcd7segdec = 7'b0110111; // X
27:             endcase
28:         end
29:     endfunction
30:
31: endmodule
```

Verilog HDLのcase文は，プログラミング言語（C言語のswitch文やPascalのcase文）とほぼ同様の形式をしているので，容易に意味を理解できると思います．

先のif文における条件判定部を並べ，被判定信号（caseの直後に書く信号）と一致した場合，ファンクションから返却する値をファンクション名に設定する記述となっています．

case文による7セグメントLEDデコーダの記述例を**リスト2.6**に示します．

● **ファンクションの使用上の注意**

▶ファンクション入力信号を省略すると…危険

ファンクションでは，定義する機能への入力信号を省略した記述も可能です．ただし，これはバグを誘発する危険性を多く含んでいます．

ファンクションの中で，入力信号として定義していない信号名を使用した場合，その信号はファンクションを定義したモジュール内にある同じ名前の信号を参照します．また，ファンクションの評価は，ファンクションを定義した際に入力信号として明記した信号のいずれかに変化があった場合に限定されます．

したがって，もし入力信号として定義しなかった信号に変化があってもファンクションの評価は行われず，期待する動作をしないことになります．

具体例を次に示します．**リスト2.7**は，4ビット信号の4入力マルチプレクサをファンクションを使って記述したものです．選択信号は入力信号として定義していますが，選択される4セットの入力信号はファンクションの入力信号になっていません．**リスト2.8**がシミュレーション結果です．

シミュレーションしてみるとわかりますが，選択信号（sel）に変化がなく，選択された入力信号に変化があった場合，出力信号に変化が現れないことになります．シミュレーション結果において，時刻20で，入力信号in0が9から0に変化しています．しかし，マルチプレクサの出力信号には変化がありません．これは，マルチプレクサの入力として選択信号しか定義していないため，選択信号に変化がない限りファンクションmuxの評価が行われないために起きた結果です．

このようなことを避けるため，筆者はどのような場合でもすべて入力信号をファンクションの入力にするようにしています．

ファンクションを用いて，正しく動作するマルチプレクサを記述したものを**リスト2.9**に示します．

ファンクションにおいて入力信号を省略できることは文法的なエラーではないため，発見しにくいバグにつながる可能性が高くなります．記述する際にはとくに注意が必要です．

▶入力信号と返却値のビット幅…要注意

ファンクションへの入力信号とファンクションからの返却値のビット幅違いも，発見しにくいバグになります．

シミュレータや論理合成ツールは一応ワーニング・メッセージを出しますが，見落としてしまうと期待する動作をしないので注意が必要です．

第2章　組み合わせ回路の記述

リスト2.7　問題のあるファンクションの記述をしたマルチプレクサ(muxfuncx.v)

```
 1: /* ----------------------------------------------------
 2:  *   multiplexer (function入力信号記載もれ)
 3:  *         (muxfuncx.v)           designed by Shinya KIMURA
 4:  * ---------------------------------------------------- */
 5:
 6: // 4-bit four input multiplexer
 7: module mux4_4(sel, in0, in1, in2, in3, out);
 8:    input  [1:0] sel;
 9:    input  [3:0] in0, in1, in2, in3;
10:    output [3:0] out;
11:
12:   // multilpexer function
13:    function [3:0] mux;
14:        input [1:0] sl;
15:        begin
16:           case(sl)
17:              0       : mux = in0;
18:              1       : mux = in1;
19:              2       : mux = in2;
20:              3       : mux = in3;
21:              default: mux = 4'bxxxx;
22:           endcase
23:        end
24:    endfunction
25:
26:    assign out = mux(sel);
27:
28: endmodule
```

リスト2.8　リスト2.7のシミュレーション結果(muxfuncx.log)

```
 1: GPLCVER_2.11a of 07/05/05 (Cygwin32).
 2: Copyright (c) 1991-2005 Pragmatic C Software Corp.
 3: Compiling source file "muxfuncsim.v"
 4: Compiling source file "muxfuncx.v"
 5: Highest level modules:
 6: mltplxsim
 7:
 8:                      sel  --in data--    selected
 9:              TIME:  [10]  0  1  2  3       data
10: ------------------------------------------------
11:                 0: [xx]  x, x, x, x  ->  x
12:                10: [00]  9, 1, 2, 3  ->  9
13:                20: [00]  0, 1, 2, 3  ->  9
14:                30: [01]  0, 1, 2, 3  ->  1
15:                40: [10]  0, 1, 2, 3  ->  2
16:                50: [11]  0, 1, 2, 3  ->  3
17:                60: [11]  0, 1, 2, f  ->  3
18:                70: [xx]  0, 1, 2, f  ->  x
19: Halted at location **muxfuncsim.v(40) time 80 from call to $finish.
20:   There were 0 error(s), 0 warning(s), and 5 inform(s).
```

リスト2.9　正常に動作するファンクションの記述をしたマルチプレクサ(muxfunc.v)

```verilog
 1: /* -------------------------------------------------------
 2:  *   multiplexer (function入力信号全記載)
 3:  *      (muxfunc.v)           designed by Shinya KIMURA
 4:  * ------------------------------------------------------- */
 5:
 6: // 4-bit four input multiplexer
 7: module mux4_4(sel, in0, in1, in2, in3, out);
 8:     input  [1:0] sel;
 9:     input  [3:0] in0, in1, in2, in3;
10:     output [3:0] out;
11:
12:   // multilpexer function
13:   function [3:0] mux;
14:       input [1:0] sl;
15:       input [3:0] d0, d1, d2, d3;
16:       begin
17:           case(sl)
18:               0       : mux = d0;
19:               1       : mux = d1;
20:               2       : mux = d2;
21:               3       : mux = d3;
22:               default: mux = 4'bxxxx;
23:           endcase
24:       end
25:   endfunction
26:
27:     assign out = mux(sel, in0, in1, in2, in3);
28:
29: endmodule
```

2.4　if文，case文，ループ制御文

　次に，ファンクション内で記述できるif文やcase文，それにループ制御文について詳しく説明します．これらの文は，後述するalways文やinitial文，またタスクにおいても使用できます．ただし，C言語とは異なり，モジュール内でいきなりif文やcase文，ループ制御文を書くことはできないので注意してください．

● if文の記述のしかた

　指定した条件が成立か不成立かによって異なった動作をさせたいような場合にif文を使用します．プログラミング言語ではおなじみの構文です．

　判定条件として，式や信号を指定できます．条件判定もC言語の場合と同じで，（　）内に指定された

第2章　組み合わせ回路の記述

式の評価結果や信号が非0の場合に成立，0の場合に不成立と判断されます．図2.5に，if文の構文図を示します．

> **if文の記述例**
> ```
>   if (cy) a = 1;
>   if (rslt[3:0]==4'b0000) begin
>     z_flag = 1'b1 ;
>     opr1   = 3'b010 ;
>   end else begin
>     z_flag = 1'b0 ;
>     opr2   = 3'b011 ;
>   end
> ```

条件が成立した場合や成立しなかった場合に実行するステートメントとして記述できる主なものは，次の3種類です．
(1) 代入文
(2) if文
(3) case文，casex文，casez文

代入にはassign文は使用せず，単に=記号を使用した右辺から左辺への代入式（手続き代入）を書きます．もし，複数のステートメントを記述したい場合は，文全体をbeginとendで囲んで記述します．

▶ **条件の成立と不成立の詳細**

条件部の式や信号の値に，不定値やハイ・インピーダンス値が含まれることもあります．このような場合，シミュレータでは次に示すような判断がなされます．

　　条件成立　　⇒　判定部に一つでも1がある場合
　　条件不成立　⇒　判定部が0, X, Zのいずれかのみの場合

合成される条件判断回路の最終段には，条件部の式や信号の各ビットのORが想定されます．第1章1.4項に示したように，OR演算の結果は「入力信号に一つでも1があれば1」となります．よって，OR

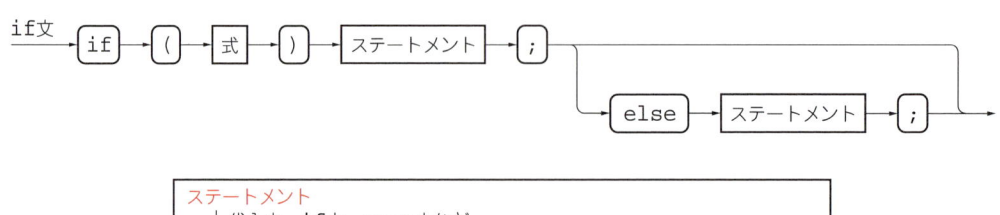

```
if文 ─[if]─[(]─[式]─[)]─[ステートメント]─[;]─┬────────────────────────┐
                                              └─[else]─[ステートメント]─[;]─┘
```

> **ステートメント**
> 　代入文，if文，case文など
> 　複数の文となる場合には；で区切って並べ，全体をbeginとendで囲む
> 注意：ここの代入文はassign文ではない

図2.5　if文の構文図

▶else節は省略しない

また，if文ではelse節を省略して記述することも可能です．しかし，この記述スタイルはあまり推奨されません．

ファンクションにおいてelse節のないif文があり，返却値の設定がなされない場合，返却値は前の値のまま変化しないことになります．そのような場合は設計対象の仕様ではありえないのかもしれませんが，不定値xを返却するようにしておきましょう．そうすることでバグの発見もしやすくなります．

● case文の記述のしかた

Verilog HDLでは，複数の条件分けをする構文として，case文があります．C言語でいうswitch文に相当します．図2.6に，case文の構文図を示します．

```
case文の例
  case(data)
    4'b0001: encoder = 3'b000;
    4'b0010: encoder = 3'b001;
    4'b0100: encoder = 3'b010;
    4'b1000: encoder = 3'b011;
    default: encoder = 3'b100;
  endcase
```

動作は，予約語caseの後に( )付きで示す被判定式の値と，その後に記述する条件の値と一致するものを見つけ，対応するステートメントを実行します．一致のチェックは記述順に上から行われます．

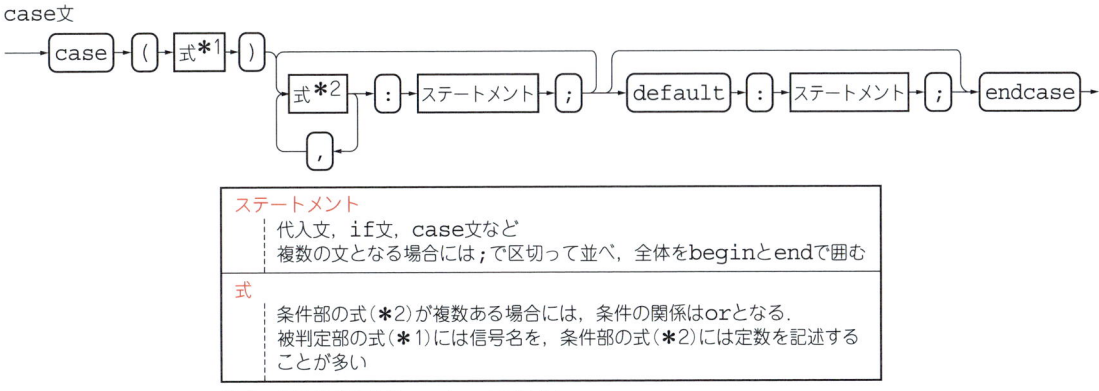

case文

```
──→case─(─式*1─)─┬─式*2─:─ステートメント─;─┐─default─:─ステートメント─;─endcase─→
                 └─,────────────────────┘
```

> **ステートメント**
> 代入文，if文，case文など
> 複数の文となる場合には；で区切って並べ，全体をbeginとendで囲む
>
> **式**
> 条件部の式(*2)が複数ある場合には，条件の関係はorとなる．
> 被判定部の式(*1)には信号名を，条件部の式(*2)には定数を記述することが多い

注意：ここの代入文はassign文ではない

図2.6　case文の構文図

リスト2.10に，4入力のエンコーダの記述例を示します．入力信号は，いずれか1本のみが"1"となるように限定しています．エンコードされた信号は2本で済みますが，3本の信号を用意し，万一，複数の入力信号が"1"になった場合を想定して，出力の最上位を"1"とする機能を追加しています．

case文の被判定式や条件部には式を書きますが，不定値やハイ・インピーダンス値を含んだ記述ができます．シミュレータでは，不定やハイ・インピーダンスの一致も判定します．

しかし，そのような記述は実際の回路として作成できないので，論理合成できない記述になります．論理合成ツールによっては，そのような行に対して，ワーニング・メッセージを出して無視してしまいます．case文の条件部には，不定値やハイ・インピーダンス値を記述しない方がよいでしょう．

複数の条件において同じ動作をする場合は，条件をコンマで区切って並べ対応するステートメントを書きます．

また，条件として「それ例外の場合」をまとめて簡単に記述するために，defaultが用意されています．すべての条件を指定しない場合には，このdefaultを必ず書いて条件のもれがないようにすると，後で問題の発生を少なくできます．

● casex文

Verilog HDLには，case文を拡張したcasex文があります．これは，条件部にドント・ケアの記述

リスト2.10　エンコーダ(encoder.v)

```
 1: /* -------------------------------------------------------
 2:  *   encoder
 3:  *       (encoder.v)              designed by Shinya KIMURA
 4:  * ------------------------------------------------------- */
 5: 
 6: module encoder4(insig, outsig);
 7:     input  [3:0] insig;
 8:     output [2:0] outsig;
 9: 
10:     assign outsig = encoder(insig);
11: 
12:     function [2:0] encoder;
13:        input [3:0] data;
14: 
15:        begin
16:            case (data)
17:                4'b0001: encoder = 3'b000;
18:                4'b0010: encoder = 3'b001;
19:                4'b0100: encoder = 3'b010;
20:                4'b1000: encoder = 3'b011;
21:                default: encoder = 3'b100;
22:            endcase
23:        end
24:     endfunction
25: 
26: endmodule
```

ができるようにしたものです．ドント・ケアの指定はx，z，?のいずれかを使用します[注1]．

リスト2.11に，casexを使用したプライオリティ・エンコーダの記述例を示します．入力信号4ビットの信号insigで，MSB側を優先としてエンコードする機能です．

ただし，casex文でx，z，?を指定した場合，シミュレーション上は本来の意味のドント・ケアとして扱うのではなく，条件部におけるx，z，?のビット以外に，被判定式の値に含まれるx，zのビットも比較の対象から除いて判定動作をします．したがって，被判定式の値にx，zがあると条件部の対応するビットは無視されてしまいます．

次に，エンコーダの3種類のcase記述をシミュレーションした結果を示します（シミュレーションの方法は，第6章で解説）．

リスト2.12がcaseとcasexの動作を比較するための記述例で，**リスト2.13**にシミュレーション結果を示します．

三つのモジュールに同じ信号を与えても，出力が異なる結果になっているのがわかります．三つ目のモジュールtest_casex_qでは，条件部の該当ビット以外をドント・ケアにしていますが，casex文の比較順序を考慮してMSBが"1"である判定が最優先になるようにしています．シミュレーショ

リスト2.11 ドント・ケア条件を含むcasex文によるプライオリティ・エンコーダ(pencoder.v)

```
 1: /* -------------------------------------------------
 2:  *   priority encoder
 3:  *       (pencoder.v)          designed by Shinya KIMURA
 4:  * ------------------------------------------------- */
 5:
 6: module pencoder4(insig, outsig);
 7:     input  [3:0] insig;
 8:     output [2:0] outsig;
 9:
10:     assign outsig = pencoder(insig);
11:
12:     function [2:0] pencoder;
13:         input [3:0] data;
14:
15:         begin
16:             casex (data)
17:                 4'b1xxx: pencoder = 3'b011;
18:                 4'b01xx: pencoder = 3'b010;
19:                 4'b001x: pencoder = 3'b001;
20:                 4'b0001: pencoder = 3'b000;
21:                 default: pencoder = 3'b100;
22:             endcase
23:         end
24:     endfunction
25:
26: endmodule
```

注1：zのみドント・ケア扱いにするcasez文もある．

第2章　組み合わせ回路の記述

リスト2.12　caseとcasexの動作比較(`case.v`)

```verilog
 1: /* -------------------------------------------------------
 2:  *   case and casex statement test
 3:  *       (casetest.v)            designed by Shinya KIMURA
 4:  * ------------------------------------------------------- */
 5:
 6: module test_case(data, encode);
 7:     input [3:0] data;
 8:     output [2:0] encode;
 9:
10:     assign encode = encoder(data);
11:
12:     function [2:0] encoder;
13:         input [3:0] indata;
14:
15:         case(indata)
16:             4'b0001 : encoder = 3'b000;
17:             4'b0010 : encoder = 3'b001;
18:             4'b0100 : encoder = 3'b010;
19:             4'b1000 : encoder = 3'b011;
20:             4'bxxxx : encoder = 3'b111;
21:             default : encoder = 3'b100;
22:         endcase
23:     endfunction
24:
25: endmodule
26:
27:
28: module test_casex(data, encode);
29:     input [3:0] data;
30:     output [2:0] encode;
31:
32:     assign encode = encoder(data);
33:
34:     function [2:0] encoder;
35:         input [3:0] indata;
36:
37:         casex(indata)
38:             4'b0001 : encoder = 3'b000;
39:             4'b001x : encoder = 3'b001;
40:             4'b01xx : encoder = 3'b010;
41:             4'b1xxx : encoder = 3'b011;
42:             default : encoder = 3'b100;
43:         endcase
44:     endfunction
45:
46: endmodule
47:
48:
49: module test_casex_q(data, encode);
50:     input [3:0] data;
51:     output [2:0] encode;
52:
53:     assign encode = encoder(data);
54:
55:     function [2:0] encoder;
56:         input [3:0] indata;
57:
58:         casex(indata)
59:             4'b1??? : encoder = 3'b011;
60:             4'b?1?? : encoder = 3'b010;
61:             4'b??1? : encoder = 3'b001;
62:             4'b???1 : encoder = 3'b000;
63:             default : encoder = 3'b100;
64:         endcase
65:     endfunction
66:
67: endmodule
```

リスト2.13　シミュレーション結果(case.log)

```
 1: GPLCVER_2.11a of 07/05/05 (Cygwin32).
 2: Copyright (c) 1991-2005 Pragmatic C Software Corp.
 3: Compiling source file "casesim.v"
 4: Compiling source file "case.v"
 5: Highest level modules:
 6: casesim
 7:
 8:            TIME: [IN] -> case  casex casex_?
 9: ------------------------------------------------
10:              0: xxxx -> 111   000   011
11:             10: 0000 -> 100   100   100
12:             20: 0001 -> 000   000   000
13:             30: 0010 -> 001   001   001
14:             40: 0100 -> 010   010   010
15:             50: 1000 -> 011   011   011
16:             60: 1111 -> 100   011   011
17:            160: xxx1 -> 100   000   011
18:            170: xx1x -> 100   001   011
19:            180: x1xx -> 100   010   011
20:            190: 1xxx -> 100   011   011
21:            200: 0010 -> 001   001   001
22:            210: xx10 -> 100   001   011
23:            220: 001x -> 100   001   001
24:            230: xx1x -> 100   001   011
25: Halted at location **casesim.v(52) time 240 from call to $finish.
26:   There were 0 error(s), 0 warning(s), and 3 inform(s).
```

ン結果を見ると，被判定信号dataの各ビットの信号値が"0"か"1"のいずれかの場合は，casexを使った二つのモジュールにおいて同じ結果を得ています．しかし，dataに"X"や"Z"が含まれている場合は，異なる結果になります．

　実際の回路において，比較判定する信号に"X"や"Z"が含まれることはまずないと考えられますが，シミュレーション時には注意が必要です．

　シミュレーションの結果はこのようになりますが，論理合成ツールではcasex文の条件部だけを見てドント・ケアを考慮した回路を合成します．これは，論理合成ツールでは，被判定式の値は判別しようがないためです．

　ドント・ケアを使用することで，簡単に記述できるようになりますが，ややもすると条件が重複してしまうことがあります．シミュレーション上は記述順に判定が行われるので注意が必要です．

　なお，論理合成ツールによっては，判定作業を逐次的に行う回路にするのか，同時に行う回路にするかを指定できるようになっています．

● ループ制御(推奨しませんが)

　プログラミング言語では，if文やcase文以外にも繰り返しを制御するループ文があります．

第2章 組み合わせ回路の記述

Verilog HDLでも for 文，while 文，repeat 文が用意されています．ただし，論理合成ツールによっては，使用制限(ループ回数が固定など)がありますので注意してください．

また，これらのループ制御を使った記述を論理合成すると，できあがる論理回路が直列的な構成になり，回路の動作速度に問題が発生する可能性があります．さらに，論理回路をイメージしにくいといったことも挙げられるので，組み合わせ回路の記述にはあまり推奨できません[注2]．よって，説明は「このような記述もできます」程度にとどめておきます．

▶ **for 文**

for 文の記述例を次に示します．C言語の for 文と同様の記述スタイルになります．for に続く(　)内にループ変数(ここでは i)の初期化，ループ条件，ループ変数の更新(ループ内の実行後の処理)をセミコロン(;)で区切って記述します．

ループ制御変数は，integer として定義した変数を用いています．integer で定義された変数は，符号付きの32ビット整数になります．また，この i は4ビットの reg として定義することもできます．

for 文の例

```
function parity;
    input [7:0] data;
    reg   [3:0] sum;
    integer     i;
    begin
        sum = 0;
        for(i=0; i<8; i=i+1) begin
            sum = sum + data[i];
        end
        parity = sum[0];
    end
endfunction
```

上記の for 文の記述例では，8ビット・データ中の1の数をカウントし，奇数なら"1"を偶数なら"0"を返却しています．つまり，パリティ・チェックを行っています．この記述はシミュレーションも論理合成も可能ですが，合成された論理回路は非常に難解で複雑なものになる可能性があります．よって，このような回路記述は推奨できません．単純に，排他的論理和演算を使用した記述にすべきでしょう．

▶ **while 文**

while 文もC言語と類似した記述スタイルになっています．while に続く(　)内にループ条件を記述します．

注2：ループ制御は「構成が繰り返し構造になっている」場合には有効な記述手段である．

2.4 if文, case文, ループ制御文

while文の例

```
function parity;
    input [7:0] data;
    reg   [3:0] sum;
    integer i;
    begin
        sum = 0;
        i = 0;
        while(i<8) begin
            sum = sum + data[i];
            i = i + 1;
        end
        parity = sum[0];
    end
endfunction
```

▶repeat文

repeat文は，C言語と少々異なります．repeatに続く（ ）内には，ループする回数を指定します．ループ条件ではないので，注意が必要です．

repeat文の例

```
function parity;
    input [7:0] data;
    reg   [3:0] sum;
    integer i;
    begin
        sum = 0;
        i = 0;
        repeat(8) begin
            sum = sum + data[i];
            i = i + 1;
        end
        parity = sum[0];
    end
endfunction
```

2.5 組み合わせ回路の具体例

● バレル・ローテータの記述例

一般に，シフト量が固定されたシフタやローテータは，配線のつなぎ換えで構成することができます．これに対して，任意のシフト量を指定できるバレル・シフタやバレル・ローテータの場合は，マルチプレクサを使用してつなぎ換えのパターンを選択する回路になります．

ここでは，図2.7に示すように，8ビット・データに対してローテーション方向を指定する`l_r`信号とローテーション量を指定する信号`s[2:0]`があるバレル・ローテータを，Verilog HDLで記述してみます．

▶ シフト演算を用いた8ビット・バレル・ローテータ

Verilog HDLにはシフト演算子があるので，それを用いればローテーションも簡単に記述することができます．考え方は，図2.8に示すように，シフト演算で空きができた部分に逆方向にシフトした値を接続（OR演算）すれば，ローテーション演算ができます．

この演算方法を利用して，8ビット長データのバレル・ローテータを記述したのが**リスト2.14**です．

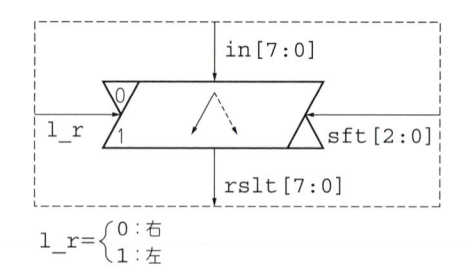

sft[2:0]	ローテート量
000	0
001	1
010	2
011	3
100	4
101	5
110	6
111	7

$$l\_r = \begin{cases} 0 : 右 \\ 1 : 左 \end{cases}$$

図2.7　8ビット・バレル・ローテータの端子機能

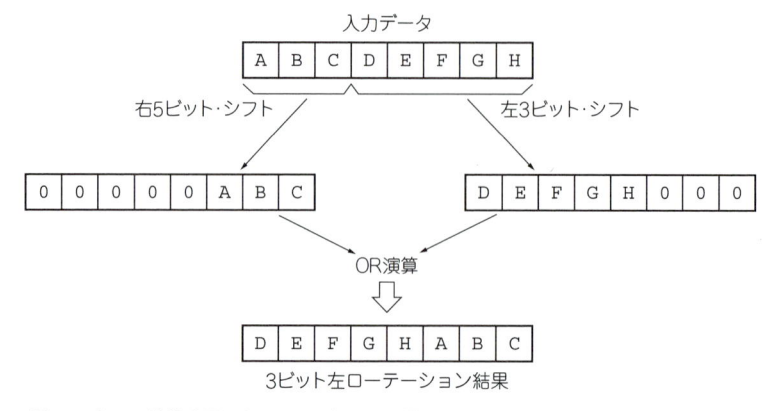

図2.8　シフト演算を用いたローテーションの原理

左右方向を指定する信号l_rで条件分けをして，**図2.7**の演算を行っています．

▶**マルチプレクサの接続を明示した8ビット・バレル・ローテータ**

　先に，バレル・シフタやローテータはマルチプレクサで構成できると述べましたが，単純に全シフト・パターンを選択するような回路にすると，配線がかなり入り組んだ回路になってしまいます．そこで，通常は単純なマルチプレクサを多段構成にすることで配線の混雑を緩和する回路構成をとります．

　原理は各段のシフト量を1，2，4，8…として，シフト量の組み合わせで任意のシフトを実現するというものです．たとえば，8ビット長のデータの場合，3段のマルチプレクサで構成することができます．つまり，各段のマルチプレクサは，第1段＝0/1ビット・シフト，第2段＝0/2ビット・シフト，第3段＝0/4ビット・シフトを担当します．各段の選択により，0〜7の任意のシフトが可能になります．

　ここでの記述例はローテーションなので，シフトして空きができたビットに，はみ出したビットを接続することになります．**図2.9**に，マルチプレクサの多段構成によるバレル・ローテータの回路構成を示します．

　リスト2.15に，**図2.9**の構成に基づいたVerilog HDLによる記述例を示します．各マルチプレクサは，assign文によりビット単位で記述しています．

　最後の4ビット・ローテーションのためのマルチプレクサ（36〜43行目）は，右も左もローテーション結果は同じになります．そのため，l_rの判定は必要ありません．そこで，そのような記述にして論理合成をしてみましたが，回路規模は同じになりました．その程度の簡単化は論理合成ツールがやってくれると考えてよいでしょう．

　なお，各段のマルチプレクサの記述は，ビット番号が規則的に変化しているだけの違いです．このような場合，後述するgenerate文を使用することで簡単に記述することができます（第5章5.3項参照）．

▶**バレル・ローテータのゲート数比較**

　リスト2.14と**リスト2.15**を比較すると，明らかにシフト演算を用いた記述の方が簡潔でわかりやすい記述になっています．しかし，論理合成してできる論理回路の規模は，**表2.2**に示すように約10％の

リスト2.14　シフト演算を用いた8ビット・バレル・ローテータ(barrel_sft.v)

```
 1: /* ---------------------------------------------------
 2:  *  barrel rotater (shift operation version)
 3:  *     (barrel_sft.v)         designed by Shinya KIMURA
 4:  * --------------------------------------------------- */
 5:
 6: module barrel_rotate8(l_r, sft, in, rslt);
 7:     input          l_r;    // 1=left, 0=right
 8:     input [2:0] sft;       // shift no.
 9:     input [7:0] in;        // input data
10:     output [7:0] rslt;     // rotated data
11:
12:     assign rslt = l_r ? (in<<sft | in>>8-sft):
13:                         (in>>sft | in<<8-sft);
14: endmodule
```

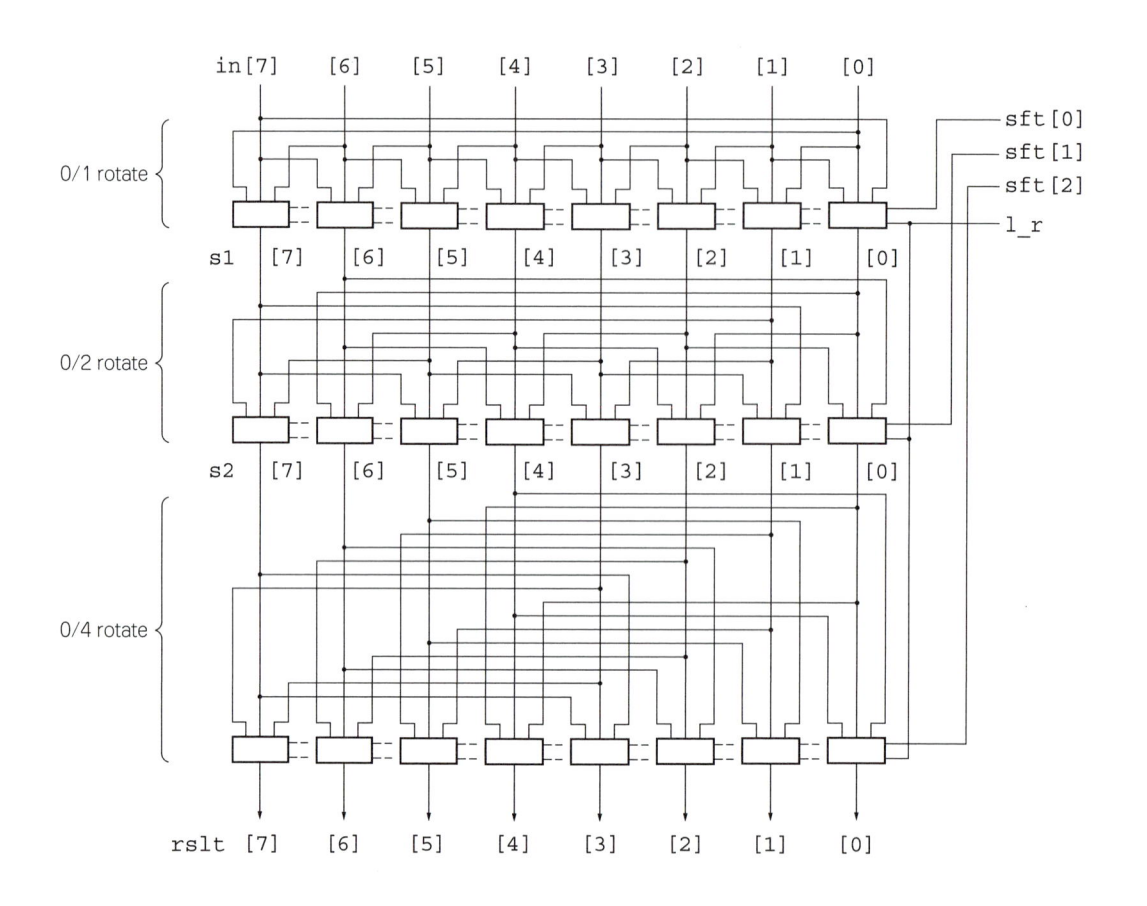

第2章　組み合わせ回路の記述

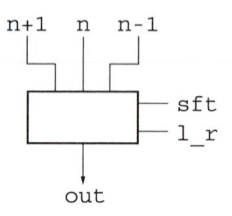

図2.9　マルチプレクサを用いたバレル・ローテータ

sft	l_r	out
0	-	n
1	1	n-1
1	0	n+1

表2.2　バレル・ローテータの回路規模の比較

項目	記述方法		比
	シフト演算(B)	マルチプレクサ(A)	(B/A%)
8ビット版	288 ゲート	264 ゲート	109%
16ビット版	750 ゲート	672 ゲート	112%

2.5 組み合わせ回路の具体例

リスト2.15 マルチプレクサの接続を明示した8ビット・バレル・ローテータ(barrel_mux.v)

```verilog
 1: /* ------------------------------------------------------
 2:  * barrel rotater (multiplexer version)
 3:  *     (barrel_mux.v)          designed by Shinya KIMURA
 4:  * ------------------------------------------------------ */
 5:
 6: module barrel_rotate8(l_r, sft, in, rslt);
 7:    input          l_r;   // 1=left, 0=right
 8:    input    [2:0] sft;   // shift no.
 9:    input    [7:0] in;    // input data
10:    output   [7:0] rslt;  // rotated data
11:
12:    wire     [7:0] s1;    // 0/1 rotated inter midiate signal
13:    wire     [7:0] s2;    // 0/2 rotated inter midiate signal
14:
15:    // 0-1 rotate
16:    assign s1[0]   = sft[0] ? (l_r ? in[7]: in[1]): in[0];
17:    assign s1[1]   = sft[0] ? (l_r ? in[0]: in[2]): in[1];
18:    assign s1[2]   = sft[0] ? (l_r ? in[1]: in[3]): in[2];
19:    assign s1[3]   = sft[0] ? (l_r ? in[2]: in[4]): in[3];
20:    assign s1[4]   = sft[0] ? (l_r ? in[3]: in[5]): in[4];
21:    assign s1[5]   = sft[0] ? (l_r ? in[4]: in[6]): in[5];
22:    assign s1[6]   = sft[0] ? (l_r ? in[5]: in[7]): in[6];
23:    assign s1[7]   = sft[0] ? (l_r ? in[6]: in[0]): in[7];
24:
25:    // 0-2 rotate
26:    assign s2[0]   = sft[1] ? (l_r ? s1[6]: s1[2]): s1[0];
27:    assign s2[1]   = sft[1] ? (l_r ? s1[7]: s1[3]): s1[1];
28:    assign s2[2]   = sft[1] ? (l_r ? s1[0]: s1[4]): s1[2];
29:    assign s2[3]   = sft[1] ? (l_r ? s1[1]: s1[5]): s1[3];
30:    assign s2[4]   = sft[1] ? (l_r ? s1[2]: s1[6]): s1[4];
31:    assign s2[5]   = sft[1] ? (l_r ? s1[3]: s1[7]): s1[5];
32:    assign s2[6]   = sft[1] ? (l_r ? s1[4]: s1[0]): s1[6];
33:    assign s2[7]   = sft[1] ? (l_r ? s1[5]: s1[1]): s1[7];
34:
35:    // 0-4 rotate
36:    assign rslt[0] = sft[2] ? (l_r ? s2[4]: s2[4]): s2[0];
37:    assign rslt[1] = sft[2] ? (l_r ? s2[5]: s2[5]): s2[1];
38:    assign rslt[2] = sft[2] ? (l_r ? s2[6]: s2[6]): s2[2];
39:    assign rslt[3] = sft[2] ? (l_r ? s2[7]: s2[7]): s2[3];
40:    assign rslt[4] = sft[2] ? (l_r ? s2[0]: s2[0]): s2[4];
41:    assign rslt[5] = sft[2] ? (l_r ? s2[1]: s2[1]): s2[5];
42:    assign rslt[6] = sft[2] ? (l_r ? s2[2]: s2[2]): s2[6];
43:    assign rslt[7] = sft[2] ? (l_r ? s2[3]: s2[3]): s2[7];
44:
45: endmodule
```

第2章　組み合わせ回路の記述

差がでました．シフト演算で簡潔に記述したほうが，ゲート数で約10％ほど大きい回路になりました[注3]．

いずれにせよ，任意量のシフト／ローテーション回路は比較的大規模になるので，記述するにあたってはそのことも考慮する必要があります．

● ALU（アリスメティック・ロジック・ユニット）

ALUはコンピュータにおける演算処理の回路で，算術演算や論理演算を行うユニットです．**図2.10**に，サンプルのALU機能の外部接続信号と演算の対応を示します．演算指定信号S[2:0]により，8種類の演算の一つを指定します．入力信号はA[3:0]とB[3:0]の各4ビット信号で，出力信号である演算結果F[3:0]も4ビットです．この例では，キャリ信号の入力／出力は省略しています．

論理回路ベースでの設計では複雑な回路になりますが，Verilog HDLでは各種の演算子を用いることで**リスト2.16**に示すように簡単に記述できます．ただし，速度が重要視されるようなときは，種々の回路方式を検討したり，論理ゲートの接続に近い形式での記述が必要になります．

● 3ステート・バッファの記述

コンピュータのような複雑なシステムでは，3ステート・バッファを使用して双方向性のバスを構成したいことがあります．3ステート・バッファは入力信号(0，1)を通過させる以外に，出力を切断した状態（ハイ・インピーダンス状態）があります（**図2.11**）．このような場合，Verilog HDLでは**リスト2.17**に示すようにZを出力することで簡単に3ステート・バッファを記述することができます．

この記述をシミュレーションすると，sel信号が"1"のときに，data入力がハイ・インピーダンス値の場合には，3ステート・バッファの出力信号もハイ・インピーダンス値になってしまいます．つ

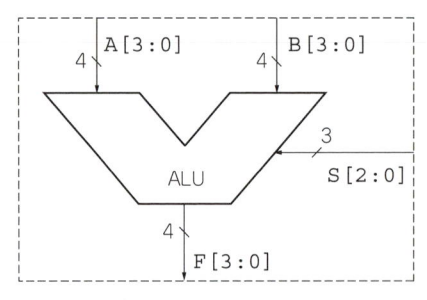

S[2:0]	演算
000	clear
001	B-A
010	A-B
011	A+B
100	A^B
101	A|B
110	A&B
111	preset

図2.10　4ビットALUの端子機能

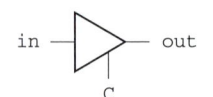

C	out
0	ハイ・インピーダンス
1	in

図2.11　3ステート・バッファの回路記号と機能

注3：これは，XILINX社の論理合成ツールXST（ISE WebPACK6.3i）を使用し，ターゲット・デバイスを同社のSpartanIIにした場合の値である．論理合成ツールやターゲット・デバイスに依存する値であるので注意してほしい．

2.5 組み合わせ回路の具体例

リスト2.16　4ビットALU (alu4.v)

```
 1: /* -------------------------------------------------------
 2:  *  4-bit ALU(Arithmetic Logic Unit)
 3:  *    (alu4.v)              designed by Shinya KIMURA
 4:  * ------------------------------------------------------- */
 5:
 6: module alu4(S, A, B, F);
 7:     input  [2:0] S;      // operation selection
 8:     input  [3:0] A, B;   // input data
 9:     output [3:0] F;      // result
10:
11:     function [4:0] operation;
12:         input [2:0] s;
13:         input [3:0] a, b;
14:
15:         begin
16:             case(s)
17:                 3'b000 : operation = 4'b0000;
18:                 3'b001 : operation = b - a;
19:                 3'b010 : operation = a - b;
20:                 3'b011 : operation = a + b;
21:                 3'b100 : operation = a ^ b;
22:                 3'b101 : operation = a | b;
23:                 3'b110 : operation = a & b;
24:                 3'b111 : operation = 4'b1111;
25:                 default: operation = 4'bXXXX;
26:             endcase
27:         end
28:     endfunction
29:
30:     assign F = operation(S, A, B);
31:
32: endmodule
```

リスト2.17　3ステート・バッファの記述 (簡易版, tbufsmp.v)

```
 1: /* -------------------------------------------------------
 2:  *  three state buffer (簡易版)
 3:  *    (tbufsmp.v)           designed by Shinya KIMURA
 4:  * ------------------------------------------------------- */
 5:
 6: module tbufsmp(sig, sel, data);
 7:     input  sel, data;
 8:     output sig;
 9:
10:     assign sig = sel ? data : 1'bz;
11:
12: endmodule
```

第2章　組み合わせ回路の記述

リスト2.18　3ステート・バッファの記述(忠実版，tbuf.v)

```
 1: /* -------------------------------------------------
 2:  *    three state buffer (忠実版)
 3:  *        (tbuf.v)            designed by Shinya KIMURA
 4:  * ------------------------------------------------- */
 5:
 6: module tbuf(sig, sel, data);
 7:     input  sel, data;
 8:     output sig;
 9:
10:     assign sig = (sel) ? ((data) ? 1 : ((~data) ? 0 : 1'bX)) : 1'bZ;
11:
12: endmodule
```

リスト2.19　双方向性バスの記述(tbufbus.v)

```
 1: /* -------------------------------------------------
 2:  *    bus structure with three state buffer
 3:  *        (tbufbus.v)          designed by Shinya KIMURA
 4:  * ------------------------------------------------- */
 5:
 6: module tbufbus(bus, sel, data);
 7:     input   [1:0] sel, data;
 8:     output        bus;
 9:
10:     assign bus = (sel[0]) ? ((data[0]) ? 1'b1
11:                                         : ((~data[0]) ? 1'b0
12:                                                       : 1'bX) )
13:                           : 1'bZ;
14:
15:     assign bus = (sel[1]) ? ((data[1]) ? 1'b1
16:                                         : ((~data[1]) ? 1'b0
17:                                                       : 1'bX) )
18:                           : 1'bZ;
19:
20: endmodule
```

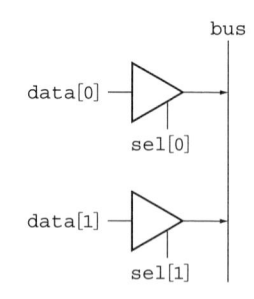

図2.12　3ステート・バッファを用いた双方向バスの構成

リスト2.20　シミュレーション結果(tbufbus.log)

```
 1: GPLCVER_2.11a of 07/05/05 (Cygwin32).
 2: Copyright (c) 1991-2005 Pragmatic C Software Corp.
 3: Compiling source file "tbufbus.v"
 4: Compiling source file "tbufbussim.v"
 5: Highest level modules:
 6: tbufbus_sim
 7:
 8:                 TIME:
 9: --------------------:--------------------------------
10:                    0| sel[1:0]=00, data[1:0]=00, bus=z
11:                   10| sel[1:0]=01, data[1:0]=00, bus=0
12:                   20| sel[1:0]=01, data[1:0]=01, bus=1
13:                   30| sel[1:0]=01, data[1:0]=11, bus=1
14:                   40| sel[1:0]=01, data[1:0]=10, bus=1
15:                   50| sel[1:0]=10, data[1:0]=10, bus=1
16:                   60| sel[1:0]=10, data[1:0]=01, bus=0
17:                   70| sel[1:0]=10, data[1:0]=zz, bus=x
18:                   80| sel[1:0]=10, data[1:0]=xx, bus=x
19:                   90| sel[1:0]=00, data[1:0]=zz, bus=z
20:                  100| sel[1:0]=00, data[1:0]=xx, bus=z
21:                  110| sel[1:0]=xx, data[1:0]=xx, bus=x
22:                  120| sel[1:0]=zz, data[1:0]=xx, bus=x
23:                  130| sel[1:0]=11, data[1:0]=10, bus=x
24: Halted at location **tbufbussim.v(55) time 140 from call to $finish.
25:    There were 0 error(s), 0 warning(s), and 1 inform(s).
```

まり，ハイ・インピーダンス値が通過したことになります．実際の3ステート・バッファでは，このようなことはありえないので，厳密に言うと正確にモデリングしたことにはなりません．

では，実際の3ステート・バッファを記述するにはどうすればよいでしょうか．問題点は，sel信号が"1"の場合にdata入力をそのまま出力した点にあります．つまり，data入力が"0"または"1"の場合にはそのまま出力し，それ以外の場合には不定値を出力することにすればよいわけです．Verilog HDLの記述を**リスト2.18**に示します．さらに厳密に記述するなら，sel信号に不定値やハイ・インピーダンス値が与えられた場合も考慮する必要があります．

3ステート・バッファのVerilog HDLによる記述例を2種類示しましたが，両者を論理合成した場合，いずれも3ステート・バッファそのものになります．

リスト2.17の記述でも，入力に不定値やハイ・インピーダンス値がなければ問題ありません．したがって，どこまで考慮して記述すべきかは設計者の判断によります．

次に，実際に**図2.12**のような3ステート・バッファを使用したバスの記述について説明します．これはいたって簡単で，**リスト2.19**に示すようにバスへ接続する3ステート・バッファごとにassign文を用い，バスへの継続代入文を記述することでできてしまいます．**リスト2.20**は，シミュレーション結果です．

第3章
フリップフロップと応用回路の記述

　第2章では，主に組み合わせ回路をVerilog HDLで記述する方法について解説しました．そこで本章では，記憶機能を持つ論理回路を記述する方法について解説します．記憶機能を有する論理回路には，フリップフロップやレジスタ，メモリといった基本素子から，カウンタのような応用回路，さらには順序回路まで幅広い範囲のものが含まれます．ここでは，基本素子とカウンタについて，Verilog HDLによる書き方を説明します．
　第4章以降ではもっと複雑な動作をする回路について紹介しますが，Verilog HDLによる記述において共通する重要な基本事項は，本章で解説します．

3.1　フリップフロップ…記憶機能の記述

● フリップフロップとは
　フリップフロップは，信号値(情報)を記憶することができる基本部品です．フリップフロップは基本制御動作の違いにより4タイプ(D，SR，JK，T)に分類され，さらに記憶/出力動作の違いにより3種類(エッジ・トリガ，レベル・センシティブ，マスタ・スレーブ)に分類することができます(**コラム3.B**参照)．
　ハードウェア記述言語で記憶機能を記述する場合，D型のエッジ・トリガ型が基本になります．
(1) D型－エッジ・トリガ型
　D型フリップフロップは，D端子に入力された信号を書き込み信号(クロック信号)により記憶する働きを持っています．また，クロック信号の立ち上がりエッジ("0"から"1"に変化する時点)で記憶・出力するものをポジティブ・エッジ・トリガ型，立ち下がりエッジ("1"から"0"に変化する時点)で記憶・出力するものをネガティブ・エッジ・トリガ型と呼んでいます．

3.1 フリップフロップ…記憶機能の記述

また，回路の起動時にフリップフロップを初期化する必要のある場合があります．そのための入力端子として，リセット入力があります．リセット動作にも2種類あり，クロック信号と無関係に優先的にリセットできるタイプを「非同期リセット」，クロック信号に合わせてリセットが働くタイプを「同期リセット」と呼びます．

(2) D型－レベル・センシティブ型

同じD入力端子を持つフリップフロップで，レベル・センシティブ型と呼ばれているものもあります（Dラッチ，トランスペアレント・ラッチなどともいう）．これは，クロック入力（書き込み信号）がアクティブ・レベルの場合にフリップフロップが動作し，アクティブ・レベルからインアクティブ・レベルに変化した時点から保持動作が行われます．さらに，クロックがアクティブ・レベルの場合，D入力が変化するとそのまま出力の変化となって現れます．

CPLDやFPGAでは，このレベル・センシティブ型の記憶機能はほとんど使用することはありません．論理合成ツールによっては，警告メッセージを出して設計者に注意を促すものもあります．

● always @( )構文による記憶機能の記述

Verilog HDLで記憶機能を持つモジュールを記述する場合，always @()構文[注1]を使用します．

always @()構文は組み合わせ回路の記述にも使用することができますが，ここでは論理合成が可能な記憶機能を記述する方法に限定して説明します．

まず，ポジティブ・エッジ・トリガ型のDフリップフロップが1個のモジュールを記述する例を示します．

Dフリップフロップへの入力信号は，**図3.1**のモジュール図で示すようにclockとdの2本です．dは入力データ信号であり，clockは書き込み信号です．また，出力信号はqです．clockの立ち上がりエッジでd入力を記憶し，q出力となります．

次に，DフリップフロップをVerilog HDLで記述した例を示します．

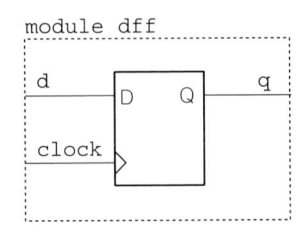

図3.1 Dフリップフロップの回路表記

注1：Verilog HDLのランゲージ・リファレンス・マニュアルによると，正確にはalways_construct（always構成）となっている．本書ではalways @()構文と呼ぶことにする．

第3章　フリップフロップと応用回路の記述

```
Dフリップフロップの記述例
    module dff(clock, d, q);            // モジュール名とポート・リスト定義
      input    clock, d;                // 入力信号定義
      output   q;                       // 出力信号定義
      reg      q;                       // 記憶機能付き内部信号定義
      always @(posedge clock) begin     // 内部動作定義
        q <= d;                         //
      end                               //
    endmodule                           // モジュール定義終了
```

はじめに，module，input，outputの各宣言があります．次いで，reg宣言があります．これはqをreg型の信号として定義しています．reg型信号とは，信号値を保持する機能がある信号のことで，フリップフロップの出力は値を保持するので，このような宣言が必要になります．

以上の宣言をした後に，Dフリップフロップ本体の動作をalways @()構文によって定義しています．予約語alwaysに続き，@()部でその後のbegin～end内の実行条件を規定しています．ここでは，"posedge clock"となっており，「clock信号のポジティブ・エッジで動作する」ことを規定しています．begin～end内の式は，入力信号dを出力信号qへ代入することを意味しています．

つまり，clock信号の立ち上がりエッジで入力信号dを出力信号qとし，それ以外の場合には出力信

●●●● 各種フリップフロップと動作タイプ ●●●●

● **フリップフロップの種類**

(1) **Dフリップフロップ**
　Dフリップフロップ(Dはデータあるいはディレイの略)は，もっとも基本となるフリップフロップです．

(2) **SRフリップフロップ(RSフリップフロップ)**
　SRフリップフロップ(セット・リセット・フリップフロップ)は，記憶値を"1"にセットするS入力と"0"にリセットするR入力を持つフリップフロップです．記憶動作を制御するクロック端子がないもの(S入力またはR入力の変化で直ちに動作する)とクロック端子があるものがあります．

(3) **JKフリップフロップ**
　JKフリップフロップはSRフリップフロップの機能拡張版で，SRフリップフロップでは入力禁止されていたS=R=1の場合に，記憶している信号の"0"と"1"が反転するという動作が追加されています．JKフリップフロップには，必ずクロック入力があります．

(4) **Tフリップフロップ**
　Tフリップフロップ(トグル・フリップフロップ)は，T入力によって現在の記憶値を保持または反転する機能を持っています．JKフリップフロップのJ入力とK入力を接続し，T入力とすれば同じ動作になります．

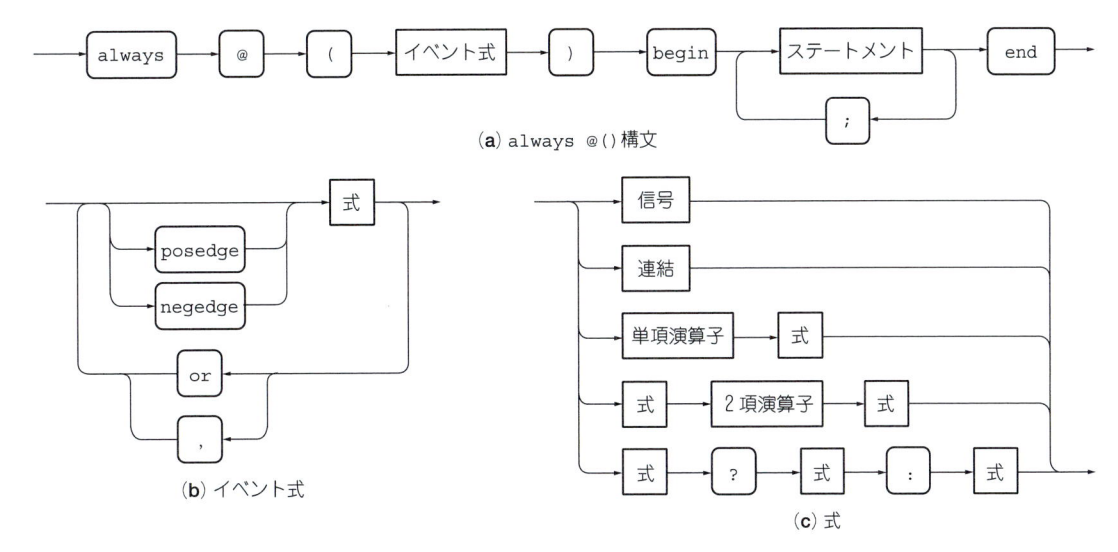

3.1 フリップフロップ…記憶機能の記述

(a) always @()構文

(b) イベント式

(c) 式

注意：簡略化して主要項目のみに限定してある．
　　　厳密には上記以外の記述項目や冗長な記述がある．

図3.2　always @( )の構文図

コラム3.B

● フリップフロップの記憶/出力の動作タイプ

(1) エッジ・トリガ型

　フリップフロップの記憶動作を制御する入力信号としてクロック信号がありますが，クロック信号の立ち上がりエッジ（"0"から"1"に変化する時点）で記憶・出力動作するものをポジティブ・エッジ・トリガ型，立ち下がりエッジ（"1"から"0"に変化する時点）で記憶・出力動作するものをネガティブ・エッジ・トリガ型と呼んでいます．

(2) レベル・センシティブ型（レベル・トリガ型）

　DフリップフロップやSRフリップフロップには，レベル・センシティブ型のものもあります．これはクロック信号（書き込み信号）がアクティブ・レベルの場合にフリップフロップが動作し，アクティブ・レベルからインアクティブ・レベルに変化する時点で保持動作が行われます．スタティックRAMの記憶セルは，このタイプのフリップフロップが使用されています．

(3) マスタ・スレーブ型

　マスタ・スレーブ型は，記憶動作と出力動作がクロック信号の異なるエッジで行われるものです．DフリップフロップやJKフリップフロップにあり，一方のエッジで記憶動作をして逆のエッジで出力端子が変化します．内部は，2個のフリップフロップで構成されています．

第3章　フリップフロップと応用回路の記述

号qを保持する動作を表しています．

このように，Verilog HDLで記憶機能をもった論理機能を記述するには，always @()構文を使用します．

また，値を保持する信号〔always @()構文の中における代入式の左辺の信号〕は，reg宣言する必要があります．wire宣言した信号は値を保持する機能がなく，always @()構文の中では代入できません（式の右辺での参照は可能）．図3.2に，always @()構文の構文図を示します．

● イベント式で動作の起点を指定する

always @()構文は予約語alwaysに続き，@()のカッコ内に動作条件を規定するイベント式を指定します．その後，begin～end内にレジスタ・トランスファを記述します．レジスタ・トランスファとはレジスタに対する信号値の設定を意味するもので，レジスタからレジスタへの単純な転送のほかに，演算を伴う転送も含みます．

@()で指定するイベント式は，それに続くbegin～endを実行する条件を規定しています．イベント式の条件が満たされない場合，begin～end内に記述した代入文の左辺の信号はそのまま値が保持されます．

イベント式は，種々の記述が可能です．表3.1に，よく使用される論理合成可能なイベント式の形式をまとめておきます．条件の複合は，orのみ使用できます．表3.1中のorは「ORゲートで接続される」という意味ではありません．動作条件が複数ある場合の「いずれか」の意味で，Verilog-2001ではコンマ(,)で区切ることもできるように改訂されています．andやnotは使用できないので，注意が必要です．

Verilog HDLの文法上は，様々なイベント式で記述することが可能でシミュレーションすることもできますが，すべて論理合成できるわけではありません．論理合成した結果，どのような記憶部品に対応するかを想定できるか否かが，記述可能なイベント式であるかどうかの目安になります．

また，always @()構文は記憶機能を記述するだけではなく，組み合わせ回路を記述する際にも利用することができます．記述方法を少し変えると，論理合成した結果が記憶機能になったり，組み合わ

表3.1　論理合成可能なイベント式

イベント式	意　味
@(posedge signal)	signalが立ち上がった場合にbegin～end内を実行
@(negedge signal)	signalが立ち下がった場合にbegin～end内を実行
@(signal1 or signal2)	signal1またはsignal2に変化があった場合にbegin～end内を実行
@(posedge signal or negedge reset_N)	signalが立ち上がったか　または reset_Nが立ち下がった場合にbegin～end内を実行
@(posedge signal or negedge reset_N or negedge preset_N)	signalが立ち上がったか　または reset_Nが立ち下がったか　または preset_Nが立ち下がった場合にbegin～end内を実行

(1) 上記のイベント条件においても，begin～end内の記述によっては論理合成できないこともある．
(2) 上記以外のイベント条件記述も可能であるが，論理合成できないこともある．
(3) @(signal1 or signal2)は，begin～end内の記述によって組み合わせ回路になることもある．

せ回路になったりします．そのため，初心者にとっては混乱や誤りを犯しやすい記述です．本章では，`always @()`構文について記憶機能(順序回路)の記述を中心に解説を進めます注2．

3.2 レジスタの記述

レジスタをVerilog HDLで記述する場合，基本的にはDフリップフロップと同じです．しかし，記憶動作ポイントの違いやリセット機能の有無など，様々なバリエーションがあります．

ここでは，次の6種類の4ビット・レジスタについてVerilog HDLによる記述法を示します(**リスト3.1**，**リスト3.2**)．

(1) エッジ・トリガ型レジスタ
(2) 同期リセット付きエッジ・トリガ型レジスタ
(3) 非同期リセット付きエッジ・トリガ型レジスタ
(4) 非同期リセット，書き込みイネーブル付きエッジ・トリガ型レジスタ
(5) レベル・トリガ型レジスタ(レベル・センシティブ型レジスタ)
(6) 非同期リセット/非同期プリセット付きエッジ・トリガ型レジスタ

各種レジスタの端子の機能は，**図3.3**に示します．

● エッジ・トリガ型レジスタ

図3.3(a)に示すような単純なレジスタをVerilog HDLで記述する例を，**リスト3.1**の15～25行目に示します．このレジスタ(reg4)は，入出力データ信号が4ビットになったこと以外は，前述したDフリップフロップと同じ記述になっています．

また，このレジスタはリセット機能がないため，シミュレーションでは最初のデータ書き込みが行われるまで，出力値が不定値(X)になります．

● 同期リセット付きエッジ・トリガ型レジスタ

図3.3(b)に示すような書き込み信号に同期したリセット機能を持つレジスタをVerilog HDLで記述する例を，**リスト3.1**の31～46行目に示します(reg4srst)．

`always @()`構文のイベント式が満たされた場合，つまり書き込み信号のポジティブ・エッジにおいて，最初の`if`文でリセット信号(reset_N)を判定しています．これは通常，リセットが最優先で機能

注2：Verilog HDLの場合，複雑な組み合わせ回路はファンクションまたは`always @()`構文で記述できるが，それぞれ注意しなければならない点がある．それを理解した上で設計者の好みの記述法，あるいはプロジェクトにおいて統一されたスタイルを決めて取り組むとよい．
　筆者の場合は，一見して判断できるように，
　　(1) 組み合わせ回路の記述　→ `assign`文やファンクション
　　(2) 記憶機能の記述　　　　→ `always @()`構文
というスタイルで統一している．

第3章 フリップフロップと応用回路の記述

リスト3.1　各種レジスタの記述（register.v）

```verilog
 1: /* ------------------------------------------------------
 2:  *   various type registers
 3:  *       (register.v)              designed by Shinya KIMURA
 4:  *
 5:  *     positive edge trigger
 6:  *     positive edge trigger with synchronous reset
 7:  *     positive edge trigger with asynchronous reset
 8:  *     positive edge trigger with write enable and asynchronous reset
 9:  *     high level trigger (level sensitive (or transparent) latch)
10:  * ------------------------------------------------------ */
11:
12: // - - - - - - - - - - - - - - - - - - - - - - - - - - - -
13: //  positive edge trigger
14: //
15: module reg4(wr_stb, in_data, out_data);
16:     input        wr_stb;              // write strobe signal
17:     input  [3:0] in_data;
18:     output [3:0] out_data;
19:
20:     reg    [3:0] out_data;
21:
22:     always @(posedge wr_stb) begin
23:         out_data <= in_data;
24:     end
25: endmodule
26:
27:
28: // - - - - - - - - - - - - - - - - - - - - - - - - - - - -
29: //  positive edge trigger with synchronous reset
30: //
31: module reg4srst(wr_stb, reset_N, in_data, out_data);
32:     input        wr_stb;              // write strobe signal
33:     input        reset_N;             // active low reset
34:     input  [3:0] in_data;
35:     output [3:0] out_data;
36:
37:     reg    [3:0] out_data;
38:
39:     always @(posedge wr_stb) begin
40:         if(!reset_N) begin
41:             out_data <= 4'b0000;
42:         end else begin
43:             out_data <= in_data;
44:         end
45:     end
46: endmodule
47:
48:
49: // - - - - - - - - - - - - - - - - - - - - - - - - - - - -
50: //  positive edge trigger with asynchronous reset
51: //
52: module reg4arst(wr_stb, reset_N, in_data, out_data);
53:     input        wr_stb;              // write strobe signal
54:     input        reset_N;             // active low reset
55:     input  [3:0] in_data;
```

```verilog
 56:     output [3:0] out_data;
 57:
 58:     reg    [3:0] out_data;
 59:
 60:     always @(posedge wr_stb or negedge reset_N) begin
 61:         if(!reset_N) begin
 62:             out_data <= 4'b0000;
 63:         end else begin
 64:             out_data <= in_data;
 65:         end
 66:     end
 67: endmodule
 68:
 69:
 70: // - - - - - - - - - - - - - - - - - - - - - - - - - - - - -
 71: //  positive edge trigger with write enable and asynchronous reset
 72: //
 73: module reg4enarst(wr_stb, reset_N, enable, in_data, out_data);
 74:     input        wr_stb;                    // write strobe signal
 75:     input        reset_N;                   // active low reset
 76:     input        enable;                    // active high registration enable
 77:     input  [3:0] in_data;
 78:     output [3:0] out_data;
 79:
 80:     reg    [3:0] out_data;
 81:
 82:     always @(posedge wr_stb or negedge reset_N) begin
 83:         if(!reset_N) begin
 84:             out_data <= 4'b0000;
 85:         end else if(enable) begin
 86:             out_data <= in_data;
 87:         end /* else begin
 88:             out_data <= out_data;          // = data hold
 89:         end */
 90:     end
 91: endmodule
 92:
 93:
 94: // - - - - - - - - - - - - - - - - - - - - - - - - - - - - -
 95: //  high level trigger (level sensitive (or transparent) latch)
 96: //
 97: module reg4lvl(wr_stb, in_data, out_data);
 98:     input        wr_stb;                    // write strobe signal
 99:     input  [3:0] in_data;
100:     output [3:0] out_data;
101:
102:     reg    [3:0] out_data;
103:
104:     always @(wr_stb or in_data) begin
105:         if(wr_stb) begin
106:             out_data <= in_data;           // through pass
107:         end
108:     end
109: endmodule
```

第3章　フリップフロップと応用回路の記述

するためです．リセット信号がアクティブ（アクティブ・ローなので"0"）[注3]の場合には，レジスタの値として4'b0000を設定します．リセット信号がインアクティブの場合には，入力データ信号（in_data）の値がレジスタに設定されます．

● 非同期リセット付きエッジ・トリガ型レジスタ

3番目のレジスタ（reg4arst）〔図3.3(c)，リスト3.1の52～67行目〕は，書き込み信号とは非同期

(a) ポジティブ・エッジ・トリガ型

(b) 同期リセット付きポジティブ・エッジ・トリガ型

(c) 非同期リセット付きポジティブ・エッジ・トリガ型

(d) 非同期リセット/書き込みイネーブル付きポジティブ・エッジ・トリガ型

(e) レベル・トリガ型（レベル・センシティブ・ラッチ）

(f) 非同期リセット/非同期プリセット付きポジティブ・エッジ・トリガ型

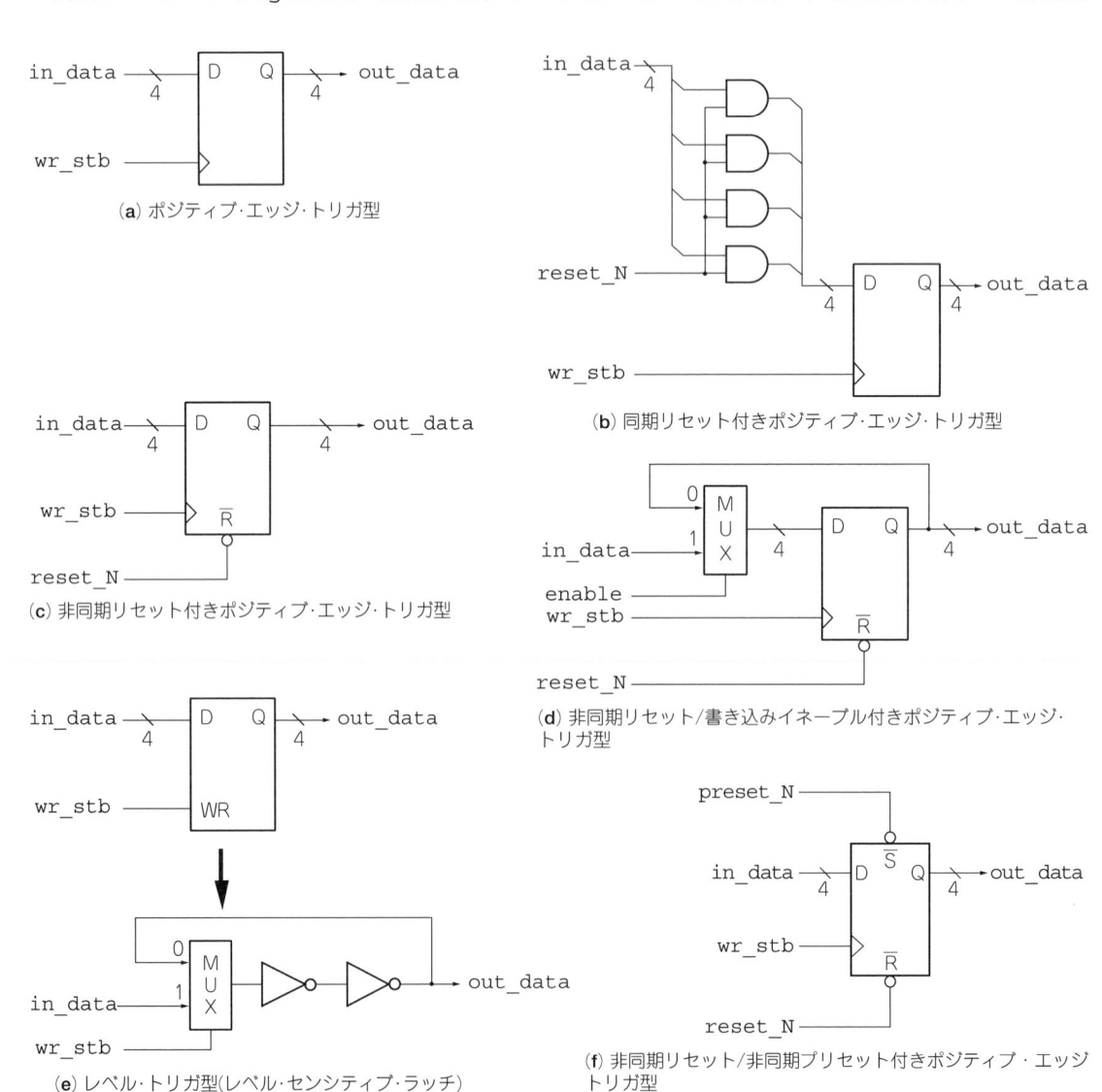

図3.3　各種レジスタの端子機能

注3：本書では，アクティブ・ローの信号名は最後に"_N"を付けている．このような命名規則を自分なりに決めると，信号名を見ただけでアクティブ・レベルを判断することができ，混乱やミスを減らすことができる．

3.2 レジスタの記述

にリセットできるタイプのレジスタです．

　前述した同期リセット式レジスタとの違いは，always @()構文のイベント式にリセット条件として"negedge reset_N"が追加されている点です．これにより，リセット信号のネガティブ・エッジにおいてリセット機能が働きます．

　通常，非同期リセットはレベルで動作するので，"negedge reset_N"と定義することに違和感を覚えるかもしれません．negedgeを外して記述すると，reset_N信号がローからハイに変化した場合にもbegin〜end内の動作を実行します．しかし，その場合は「リセットがインアクティブになった」判定と「書き込み信号がアクティブ(ポジティブ・エッジ)になった」判定を記述するのが困難であるため，**リスト3.1**に示したような記述になります．また，negedgeを記述しなかった場合，論理合成ツールが対応するフリップフロップを推定できないためエラーを出します．

● 非同期リセット/書き込みイネーブル付きエッジ・トリガ型レジスタ

　リスト3.1の73〜91行目の記述は，書き込み信号に対するイネーブル信号を有するレジスタ(reg4enarst)です．イネーブル信号がアクティブ("1")のときの書き込み信号のポジティブ・エッジにより記憶が行われます．2番目のifに対するelse部がないため，イネーブル信号がインアクティブの場合には，書き込み信号が立ち上がってもレジスタへの書き込みは行われません．

　この部分は，リストの87〜89行目にあるコメント部に相当する文があるのと同じ動作をします．つまり，イネーブル信号がインアクティブの場合には，書き込み信号のポジティブ・エッジで現在のレジスタが現在保持してる値(out_data)を再書き込みすることになり，実質的に「変化なし」になります．

　通常，else部は書かずに省略します．つまり，always @()構文内において，「実行条件が成立するものがない場合，現在の値を保持する」というように解釈され，シミュレーションも論理合成も行われます．

　単純なレジスタを使用して構成したこのレジスタの回路図を，**図3.2(d)**に示します．入力部にマルチプレクサがあり，入力データ信号と自分自身の記憶値を切り換える構造になっています．イネーブル信号がインアクティブの場合に，記憶している値を再書き込みするわけです．

　この形式の記述は，「単相クロック完全同期式順序回路」を記述する場合の基本形となっています．カウンタから順序回路まで，このスタイルを基本として記述することができます．この記述スタイルは標準形ですので，必ずマスタしてください．

● レベル・トリガ型レジスタ(レベル・センシティブ・ラッチ)

　これまで解説したレジスタは，すべてエッジ・トリガ型でした．ほとんどの場合，エッジ・トリガ型のレジスタで十分ですが，場合によってはレベル・センシティブ型のレジスタが必要になる場合もあります．

　図3.3(e)に示したレベル・トリガ型のレジスタは，書き込み信号がアクティブ・レベルの場合には**図3.4**のように入力データが出力側へ筒抜けになります．したがって，入力データに変化がある場合も

第3章　フリップフロップと応用回路の記述

考慮してVerilog HDLで記述する必要があります(**リスト3.1**の97～109行目)．

そのため，always @()構文のイベント式には，入力データの変化も条件に含めた記述になります．

● 非同期リセット/非同期プリセット付きエッジ・トリガ型レジスタ

非同期リセットと非同期プリセットの両方を持ったフリップフロップを記述することも可能です．ただし，使用にあたっては注意が必要です．

図3.3(f)に示した非同期リセット/非同期プリセット機能をもったレジスタは，**リスト3.2**に示した記述で実装することができます．しかし，Verilog HDLによる記述と実際の回路のリセットとプリセット

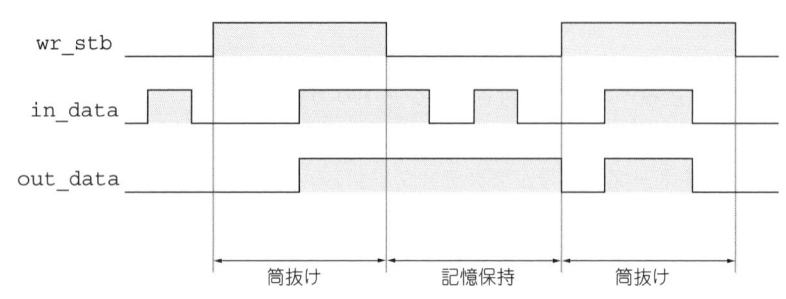

図3.4　レベル・トリガ型(レベル・センシティブ)レジスタの動作タイミング

リスト3.2　非同期リセット/非同期プリセット付きエッジ・トリガ・タイプ・レジスタ(reg4_rst_pst.v)

```verilog
 1: /* --------------------------------------------------
 2:  *   positive edge trigger with asynchronous reset and preset
 3:  *      (reg4_rst_pst.v)              designed by Shinya KIMURA
 4:  * -------------------------------------------------- */
 5:
 6: module reg4arstpst(wr_stb, reset_N, preset_N, in_data, out_data);
 7:     input        wr_stb;
 8:     input        reset_N;
 9:     input        preset_N;
10:     input  [3:0] in_data;
11:     output [3:0] out_data;
12:
13:     reg    [3:0] out_data;
14:
15:     always @(posedge wr_stb or negedge reset_N or negedge preset_N) begin
16:         if(!reset_N) begin
17:             out_data <= 4'b0000;
18:         end else if(!preset_N) begin
19:             out_data <= 4'b1111;
20:         end else begin
21:             out_data <= in_data;
22:         end
23:     end
24: endmodule
```

の優先関係が必ずしも一致しないことがあります．

また，シミュレーション上での問題もあります．つまり，実際の回路ではリセットとプリセットの両信号がアクティブになり出力が"0"になった後，リセット信号がインアクティブになると，プリセット信号の働きで出力が"1"になります．しかし，シミュレーションでは，リセット信号がインアクティブになったことを検知するイベント式になっていないため，出力は"0"のまま変化しないことになります．そこで，リセット信号の前にある negedge を取り除くと，今度は論理合成ツールが対応するフリップフロップを推定できないというエラーを出します．

このようなことがあるので，非同期リセットと非同期プリセットの両方を持ったレジスタやフリップフロップを記述することは避け，いずれか一方の信号のみがある形式で記述する方が無難です．実際の回路でも，電源投入時やリセット・ボタンの操作といった初期化時においてのみ，出力を"0"または"1"のいずれかに設定するだけで，通常の動作時にこれらの端子を利用することはまずないと考えられます．

もし，この型のレジスタが必要な場合は，上記の注意事項を踏まえた上で使用してください．

3.3　カウンタの記述

● カウンタ＝レジスタ＋インクリメント回路

従来の回路図ベースで同期式カウンタを設計する場合には，カウンタの各桁を構成するフリップフロップの入力信号を論理式にするという方法で設計しました．

少し考え方を変えて，同期式カウンタを個別のフリップフロップの集合ではなく，「記憶している値に対して+1する回路」と考えると，**図3.5**に示すようにレジスタとインクリメント回路(+1する組み合わせ回路)で構成できることがわかります．

この考え方に基づいてリセット付きアップ・カウンタを Verilog HDL で記述すると，**リスト3.3**のようになります．また，このカウンタのシミュレーション結果を**リスト3.4**に示します．

これを見ると，非同期リセット付きのレジスタとほとんど同じ内容になっています．異なる点はレジスタに設定する信号が外部からの入力ではなく，レジスタの値を+1したものになっていることだけです．

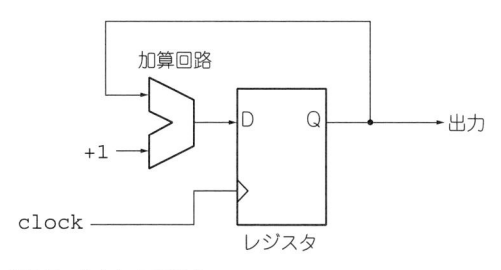

図3.5　カウンタの構成

第3章　フリップフロップと応用回路の記述

リスト3.3　カウンタのVerilog HDL記述の基本型(count4.v)

```verilog
 1: /* -------------------------------------------------------
 2:  *   4-bit counter with async. reset
 3:  *      (count4.v)              designed by Shinya KIMURA
 4:  * ------------------------------------------------------- */
 5:
 6: module count4(clock, reset_N, count);
 7:     input       clock;          // count up trigger
 8:     input       reset_N;        // reset (active low)
 9:     output [3:0] count;
10:
11:     reg    [3:0] count;
12:
13:     always @(posedge clock or negedge reset_N) begin
14:         if(!reset_N) begin
15:             count <= 4'b0000;
16:         end else begin
17:             count <= count + 1;
18:         end
19:     end
20: endmodule
```

リスト3.4　カウンタのシミュレーション結果(count4.log)

```
 1: GPLCVER_2.11a of 07/05/05 (Cygwin32).
 2: Copyright (c) 1991-2005 Pragmatic C Software Corp.
 3: Compiling source file "count4.v"
 4: Compiling source file "count4sim.v"
 5: Highest level modules:
 6: count4sim
 7:
 8:                      count up
 9:                      |  reset_N
10:              TIME:   |  |  counter output
11: ---------------------+--+--+-------------
12:                   0: 0  1  xxxx
13:                  10: 0  0  0000
14:                  20: 0  1  0000
15:                  30: 1  1  0001
16:                  40: 0  1  0001
17:                  50: 1  1  0010
18:                  60: 0  1  0010
19:                  70: 1  1  0011
20:                  80: 0  1  0011
21:                  90: 0  0  0000
22:                 100: 0  1  0000
23:                 110: 1  1  0001
24:                 120: 0  1  0001
25: Halted at location **count4sim.v(51) time 130 from call to $finish.
26:   There were 0 error(s), 0 warning(s), and 3 inform(s).
```

3.3 カウンタの記述

各フリップフロップの入力がどのような論理回路になるかは，設計する必要はありません．この作業は，論理合成ツールが行ってくれます．

以下では，同期式の基本カウンタに機能を追加した例として，カウント・イネーブル付きカウンタ，ローダブル・カウンタ，アップ/ダウン・カウンタの記述例を示します．

● カウント・イネーブル付き同期式カウンタ

リスト3.3の例では，クロック信号の立ち上がりごとにカウント・アップします．次に示す例は，カウント・イネーブル信号がアクティブなときのクロックのポジティブ・エッジでのみ動作するカウンタです．カウント・イネーブル信号がインアクティブの場合，カウントさせない一つの方法として，クロック信号をマスクしてカウンタに供給する方法があります．このような回路構成をゲーテッド・クロック方式と呼んでいます．通常，このような方式を用いる場合，マスク信号はクロックの逆のエッジに同期した信号である必要があります．

もし，ゲーテッド・クロック方式で，マスク信号がクロック信号と非同期である場合，マスク解除時にクロックがハイ・レベルであるとカウント動作をしてしまいます（**図3.6**）．

ここでは，完全クロック同期式でカウント・イネーブル付きのカウンタを記述してみます．完全クロック同期式とは，ゲートを介することなくクロック信号を直接レジスタやフリップフロップの書き込み信号に接続する方式です．

ここでポイントとなる考え方は，次のようになります．

完全クロック同期式における「変化なし」の考え方
レジスタ値の変化なし ≡ 同じ値を書き込む

つまり，カウント・アップしないということは，現在のカウント値を再度書き込むということになります．これは，書き込みイネーブル付きレジスタでも利用した考え方です．

カウンタ動作を制御する信号として，カウント・イネーブル端子（enable）を用意したカウント・イネーブル付き同期式カウンタのVerilog HDLによる記述例を**リスト3.5**に示します．

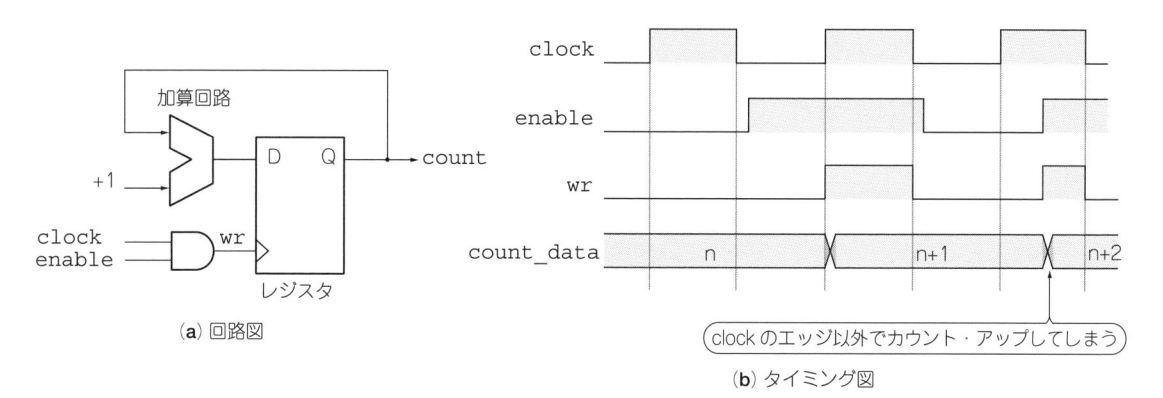

図3.6 ゲーテッド・クロック方式のカウンタ回路とタイミング

第3章　フリップフロップと応用回路の記述

always @()構文でイベント式の条件が満たされ，リセットがインアクティブの場合，if文でカウント・イネーブル信号(enable)を判定し，アクティブであればカウント動作を行い，インアクティブであればカウント値を保持する記述になっています．**表3.2**に端子機能を示します．

では，このような記述でどのような回路が生成されるのでしょうか．リストでは省略していますが，2番目のif文(ネスティングした内部の方)に対するelse節がありません．else節も省略せずに記述すると，**リスト3.6**のようになります．

リセット機能付きのレジスタをベースとして考えると，そのレジスタへの入力は「その時点のカウント値」または「インクリメントした値」のいずれかになります．したがって，これら2種類の信号を選択するマルチプレクサが必要になります．このマルチプレクサの入力切り換えはカウント・イネーブル信号(enable)となります．**リスト3.5**，**リスト3.6**に対応する回路を，**図3.7**に示します．

なお，ゲーテッド・クロック方式と比較して，カウント・イネーブル信号の変化タイミングの規定は緩やかになります．しかし，クロック信号の立ち上がりとほぼ同時期にカウント・イネーブル信号が変化すると，レジスタのセットアップ・タイムやホールド・タイムの規定を満たさなくなるおそれが出てきます．

リスト3.5　カウント・イネーブル付き同期式カウンタ(count4en.v)

```
 1: /* --------------------------------------------------
 2:  *   4-bit counter with enable & async. reset
 3:  *       (count4en.v)           designed by Shinya KIMURA
 4:  * -------------------------------------------------- */
 5:
 6: module count4en(clock, enable, reset_N, count);
 7:     input        clock;       // count up trigger
 8:     input        enable;      // count enable
 9:     input        reset_N;     // reset (active low)
10:     output [3:0] count;
11:
12:     reg    [3:0] count;
13:
14:     always @(posedge clock or negedge reset_N) begin
15:         if(!reset_N) begin
16:             count <= 4'b0000;
17:         end else if(enable) begin
18:             count <= count + 1;
19:         end
20:     end
21: endmodule
```

表3.2　カウント・イネーブル付き同期式カウンタの端子機能

reset_N	enable	カウント値
0	-	0
1	0	保持
1	1	インクリメント

3.3 カウンタの記述

　セットアップ・タイムとは，記憶動作を行うクロック信号の変化点に対して，前もって入力信号を安定させておく必要がある時間のことです．ホールド・タイムとは，記憶動作を行うクロック信号の変化後，入力信号を安定させておく必要がある時間のことです．もし，これらの規定に違反すると正しい値の記憶が保証されないことになります．

　また，完全クロック同期式の場合は，回路規模が大きくなることがあげられます．さらに，この場合はマルチプレクサの切り換えと，レジスタへの書き込みが毎クロック行われることから，消費電力が大きくなる傾向があります．

リスト3.6　カウント・イネーブル付き同期式カウンタの詳細記述（count4endet.v）

```
 1: /* -----------------------------------------------------
 2:  *   4-bit counter with enable & async. reset (detail version)
 3:  *        (count4endet.v)          designed by Shinya KIMURA
 4:  * ----------------------------------------------------- */
 5:
 6: module count4en(clock, enable, reset_N, count);
 7:     input         clock;             // count up trigger
 8:     input         enable;            // count enable
 9:     input         reset_N;           // reset (active low)
10:     output [3:0]  count;
11:
12:     reg    [3:0]  count;
13:
14:     always @(posedge clock or negedge reset_N) begin
15:         if(!reset_N) begin
16:             count <= 4'b0000;
17:         end else if(enable) begin
18:             count <= count + 1;
19:         end else begin                // detail description
20:             count <= count;           // detail description
21:         end
22:     end
23: endmodule
```

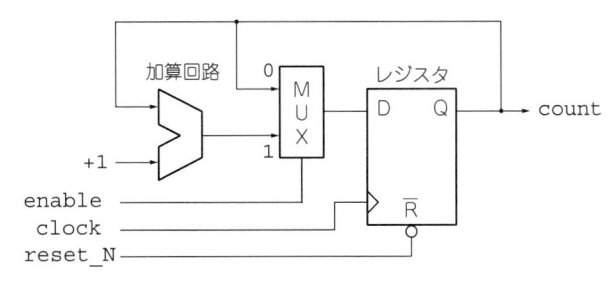

図3.7　カウント・イネーブル付き同期式カウンタ

第3章　フリップフロップと応用回路の記述

● ローダブル同期式カウンタ

次に，カウント値を任意に設定できるタイプの同期式カウンタの構成を示します．カウント値の設定はload信号がアクティブ（"1"）の場合のクロックのポジティブ・エッジでin_dataの値をカウンタにセットします．load信号がインアクティブの場合には，クロックの立ち上がりでカウント動作をします．

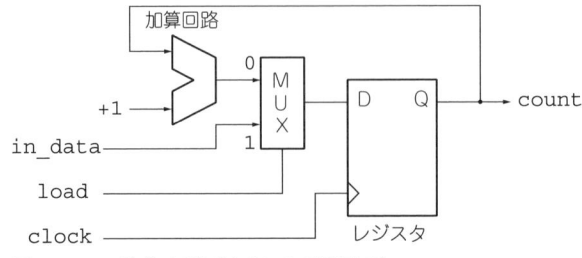

リスト3.7に，ローダブル同期式カウンタのVerilog HDLによる記述例を示します．同期式カウンタの最初の例（**リスト3.3**）のリセット動作の設定値を，ゼロから外部入力信号（in_data）に変更したものとなっています．

ローダブル同期式カウンタの回路構成は，**図3.8**のようになります．

なお，クロックと非同期式にload信号の立ち上がりでロードを行うカウンタは，**リスト3.7**の14行目のイベント式に"or posedge load"を追加することで実現できます．

リスト3.7　ローダブル同期式カウンタ（ldcount4.v）

```
 1: /* --------------------------------------------------
 2:  *      4-bit loadable counter
 3:  *          (ldcount4.v)           designed by Shinya KIMURA
 4:  * -------------------------------------------------- */
 5:
 6: module ldcount4(clock, load, in_data, count);
 7:     input       clock;           // count trigger
 8:     input       load;            // load enable
 9:     input  [3:0] in_data;
10:     output [3:0] count;
11:
12:     reg    [3:0] count;
13:
14:     always @(posedge clock) begin
15:         if(load) begin
16:             count <= in_data;
17:         end else begin
18:             count <= count + 1;
19:         end
20:     end
21: endmodule
```

図3.8　ローダブル同期式カウンタの論理回路

3.3 カウンタの記述

● 同期式アップ/ダウン・カウンタ（10進1桁）

リスト3.5のカウント・イネーブル付き同期式カウンタを少し修正し，カウント・ダウン機能を付加してみましょう．合わせて，0～9までカウントする10進カウンタに変更し，さらに上の桁へのキャリ信号とボロー信号を発生するような仕様を追加します．

カウント・アップの場合は，先のカウント・イネーブル付き同期式カウンタのイネーブル入力をカウント・アップ入力信号（up）とみなすことで対応できます．さらに，カウント・ダウンの場合は，入力信号（down）を追加し，この信号がアクティブのときにカウント・ダウンすることにします．アップ/ダウン動作は，これらの入力状況によって決定します．なお，カウント・アップ入力とカウント・ダウン入力が両方ともインアクティブ（"0"）である場合には，カウント値は変化せず保持することにします．また，両信号ともアクティブ（"1"）の場合にも，「変化なし」とします．端子機能は，表3.3のようになります．さらに，このカウンタの構成図を，図3.9に示します．

16進カウンタの場合には，カウント・アップのとき，15（4'b1111）の次は単にインクリメントするだけで0（4'b0000）となりましたが，10進カウンタでは9（4'b1001）の次が0（4'b0000）なので，9を

表3.3 同期式アップ/ダウン・カウンタ（10進1桁）の端子機能

reset_N	up	down	カウント値
0	-	-	0
1	0	0	保持
1	1	0	インクリメント
1	0	1	デクリメント
1	1	1	保持

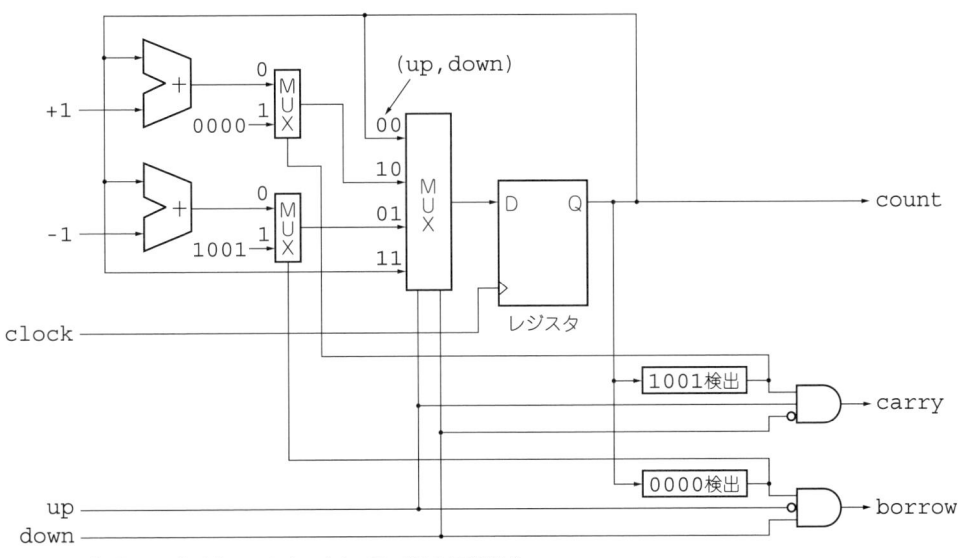

図3.9 同期式アップ/ダウン・カウンタ（10進1桁）の回路構成

第3章　フリップフロップと応用回路の記述

検出してカウント値に0を設定しなければなりません．

同様に，カウント・ダウンの場合には0から9へ変化することになるので，0を検出して9を設定する必要があります．つまり，up信号，down信号のほかに，現在のカウント値も合わせて判定して，次のカウント値を決定することになります．

次に，上の桁へのキャリ信号とボロー信号を検討します．これらの信号は，上の桁のカウンタのup入力，down入力に接続します．クロック信号は共通に接続します．上の桁のカウント動作は，下の桁のカウンタが9でカウント・アップの場合に+1し，下の桁が0でカウント・ダウンの場合に-1することになります．カウント・アップの場合，カウント値が9から0になった後でキャリ信号を出しても，クロックの動作エッジ後であるため，上位桁のカウント・アップには間に合いません．

リスト3.8　同期式アップ/ダウン・カウンタ(10進1桁，udcount4.v)

```verilog
 1: /* ------------------------------------------------------
 2:  * BCD up/down counter with async. reset
 3:  *       (udcount4.v)            designed by Shinya KIMURA
 4:  * ------------------------------------------------------ */
 5:
 6: module udcount4(clock, up, down, reset_N, count, carry, borrow);
 7:     input       clock;          // count trigger
 8:     input       up, down;       // count up & down
 9:     input       reset_N;        // reset (active low)
10:     output [3:0] count;         // count value
11:     output      carry, borrow;  // to next degit
12:
13:     reg   [3:0] count;
14:     wire        carry, borrow;
15:
16:     assign carry  = ((count==9) &&  up && !down) ? 1 : 0;
17:     assign borrow = ((count==0) && !up &&  down) ? 1 : 0;
18:
19:     always @(posedge clock or negedge reset_N) begin
20:         if(!reset_N) begin
21:             count <= 4'b0000;
22:         end else if(up && !down) begin
23:             if(count==9) begin
24:                 count <= 0;
25:             end else begin
26:                 count <= count + 1;
27:             end
28:         end else if(!up && down) begin
29:             if(count==0) begin
30:                 count <= 9;
31:             end else begin
32:                 count <= count - 1;
33:             end
34:         end
35:     end
36: endmodule
```

したがって，上の桁へのキャリ信号（carry）は「up==1 かつ カウント値が9」の場合に発生し，ボロー信号（borrow）は「down==1 かつ カウント値が0」の場合に発生することになります．これらの信号を生成する回路は，up入力，down入力およびカウント値を入力とする組み合わせ回路となり，Verilog HDLでは**リスト3.8**で示すようにassign文で記述することになります．

3.4 メモリの記述

メモリは，レジスタの配列として定義することができます．たとえば，1024バイトのメモリ・セルは，次のように定義します．

```
─ メモリ・セルの定義 ─────────────
  reg ［レンジ］信号名 ［サイズ］；
  例： reg ［7:0］ sram ［0:1023］；
```

regに続く［7:0］はメモリのデータ幅を示し，sramに続く［0:1023］はアドレス範囲を示します．アドレスの範囲指定は，［1023:0］のように逆にすることも可能です．

上記のような宣言をしたreg型信号を参照したり，代入したりする場合には，信号名に続き，［ ］付きでアドレスを指定します．アドレスは数値を直接書く方法と，信号名を書く方法があります．

宣言したアドレス範囲を越えてアドレス指定をしてしまっても，シミュレーション時にエラーとならず，実行結果がおかしくなることがあるので注意が必要です．大幅にアドレス範囲を越えると，メモリ保護違反が発生することがあります．

次に，スタティックRAMの端子機能（**図3.10**）とVerilog HDLによる記述例（**リスト3.9**）を示します．

まず，入出力ポートの宣言ですが，データ線（data）は双方向の信号（入出力共用）となるので，inoutとして定義します（9行目）．

メモリからの読み出しは，assign文で記述しています．また，メモリへの書き込みはalways @()構文を使って，レベル・センシティブ・ラッチ風に記述します．スタティックRAMは，書き込み信号（wr）がアクティブな場合（この場合"1"の間）に書き込み動作を行います．ただし，書き込み信号がアクティブなときにデータが変化すると，それに対応してデータの書き換えが行われます．また，

端子名	機 能
adrs[9:0]	アドレス
data[7:0]	データ
cs	チップ・セレクト
rd	リード
wr	ライト

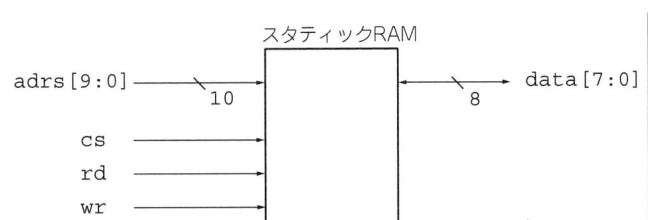

図3.10 スタティックRAMの端子機能

第3章　フリップフロップと応用回路の記述

リスト3.9　スタティックRAM(sram.v)

```verilog
 1: /* -------------------------------------------------
 2:  *   static RAM (8-bit x 1024-ward)
 3:  *       (sram.v)              designed by Shinya KIMURA
 4:  * ------------------------------------------------- */
 5:
 6: module sram(adrs, data, cs, rd, wr);
 7:     input   [9:0] adrs;
 8:     input         rd, cs, wr;
 9:     inout   [7:0] data;
10:
11:     wire    [9:0] adrs;
12:     wire          rd, cs, wr;
13:     wire    [7:0] data;
14:
15:     reg     [7:0] mem[1023:0];
16:
17:   // read operation
18:     assign data = (cs && rd) ? mem[adrs] : 8'hZZ;
19:
20:   // write operation
21:     always @(adrs or data or cs or wr) begin
22:         if(cs && wr) begin
23:             mem[adrs] <= data;
24:         end
25:     end
26:
27: endmodule
```

　書き込み信号がアクティブなときにアドレスが変化すると，新たなアドレスに対しても書き込みが行われます．**リスト3.9**に示すVerilog HDLによる記述例は，この点も考慮しています．

　メモリのように大容量ではないレジスタ・ファイルも，同様の宣言により定義できます．レジスタ・ファイルの場合，ある番号のレジスタの一部のビット・フィールドを指定してアクセスすることもあります．たとえば，16ビット幅のレジスタ・ファイルにおいて，あるときは16ビット・レジスタとして扱い，別の場合には上位バイトと下位バイトを独立にアクセスしたいことがあります．そのような場合には，次に示すような記述で可能になります．

```
メモリのビット・フィールド指定
  reg [15:0] GR [0:7];          //   と定義されている場合

  GR [0] [7:0]                  // GR [0] の下位バイト(8ビット)
  GR [indx] [15]                // GR [indx] の最上位ビット
  GR [regsel] [15:8]            // GR [regsel] の上位バイト(8ビット)
```

　シミュレーション上は，ビット・フィールドの参照/書き込みともに可能です．論理合成ツールから

は参照はできますが，書き込みはサポートされていないものが多いようです．そのような場合には，フィールドごとに分けて定義することで対応が可能です．

また，記述にあたっては，論理合成ツールの制限を確認しておく必要があります．さらに，シミュレーションに先立ってメモリの初期化が必要になることがあります．初期化を行うには，次に示す二つの方法があります．

(1) テスト・ベンチでinitial文の中でアドレスごとに値を代入する
(2) 初期化専用のシステム・タスクを使用する

前者は，設定する情報が少ない場合に手軽にできます．設定する数が多くなったり，別途設定データがあるような場合(たとえば，アセンブラの出力結果を使用)は，後者の方法が便利です．詳しくは，第6章6.3項で解説します．

ところで，このように「ビット幅を持ったreg信号群の集合」の記述ができると，wire宣言した信号においても同様な記述をしたくなることがあります．これは，Verilog-1995では文法上，許されていませんでしたが，Verilog-2001では記述できるようになりました．

3.5　always @( )構文の基本スタイルのまとめ

● **always @ ( )構文の基本型**

always @()構文には，さまざまな記述スタイルがあります．しかし，よく使用する論理合成可能な記述形式は限られているので，それらを**表3.4**にまとめておきます．

● **論理合成できないalways @ ( )構文**

何げなしにalways @()構文を記述すると，複数の書き込み信号があるレジスタを書いてしまうことがあります(**リスト3.10**)．

このような記述は，シミュレーションは可能ですが，論理合成はできません．書き込み信号が2本ありますが，「いずれかのエッジで書き込む」ようなレジスタはないので，このような記述は合成できないことに気づくと思います．

● **always @ ( )が組み合わせ回路になってしまう例**

先に，always @()構文でも組み合わせ回路が記述できると書きましたが，これについて少し説明します．

リスト3.11に示す記述例では，論理合成すると組み合わせ回路が生成されます．リストの内容からaまたはbに変化があると，aが"1"の場合にbのnotを出力し，aが"0"の場合にbをそのまま出力しています．これは，排他的論理和の動作となります．

ところが，**リスト3.11**の記述を少し変えて**リスト3.12**のような記述にすると，合成される論理回路は記憶機能になってしまいます．

これは，bのnotを保持するレベル・トリガのラッチを表現していることになります．両者はよく似

第3章　フリップフロップと応用回路の記述

た記述ですが，if文に対するelse節があるかないかということで，生成される回路がまったく異なってしまいます．

このようなことがあるので，always @()を使った記述をする際は十分な注意が必要です．また，always @()構文を使って，組み合わせ回路と記憶回路(順序回路)の両方を記述している場合，後になってリストを読むときや他人が作成したリストを読むとき，十分に注意しないとどちらを記述したかったのか混乱してしまうこともあります．

● **組み合わせ回路にはalways @*を使う**

always @()構文で@以下の()内の信号のリストのことをセンシティビティ・リストといいます．

表3.4　always @( )構文の基本型

タイプ	Vreilog-HDL 記述

エッジ・トリガ
 	
　clock　ポジティブ・エッジ
	`always @(posedge clock) begin`
	`　//RT operation`
	`end`

エッジ・トリガ　非同期リセット
 	
　clock　　　ポジティブ・エッジ
　reset_N　アクティブ・ロー
	`always @(posedge clock or negedge reset_N) begin`
	`　if(!reset_N) begin`
	`　　//reset operation`
	`　end else begin`
	`　　//RT operation`
	`　end`
	`end`

エッジ・トリガ　同期リセット
 	
　clock　　　ポジティブ・エッジ
　reset_N　アクティブ・ロー
	`always @(posedge clock) begin`
	`　if(!reset_N) begin`
	`　　//reset operation`
	`　end else begin`
	`　　//RT operation`
	`　end`
	`end`

エッジ・トリガ　非同期リセット
　　　　　　　　非同期プリセット
 	
　clock　　　ポジティブ・エッジ
　reset_N　アクティブ・ロー
　preset_N　アクティブ・ロー
	`always @(posedge clock or negedge reset_N`
	`                          or negedge preset_N) begin`
	`　if(!reset_N) begin`
	`　　//reset operation`
	`　end else if(!preset_N) begin`
	`　　//preset operation`
	`　end else begin`
	`　　//RT operation`
	`　end`
	`end`

レベル・トリガ
(レベル・センシティブ)
 	
　clock　アクティブ・ハイ
　data　　参照信号
	`always @(clock or data) begin`
	`　if(clock) begin`
	`　　//RT operation`
	`　end`
	`end`

レベル・トリガ非同期リセット
 	
　clock　　　アクティブ・ハイ
　reset_N　アクティブ・ロー
　data　　　参照信号
	`always @(clock or reset_N or data) begin`
	`　if(!reset_N) begin`
	`　　//reset operation`
	`　end else if(clock) begin`
	`　　//RT operation`
	`　end`
	`end`

3.5 always @( )構文の基本スタイルのまとめ

always @()構文で組み合わせ回路を記述する場合は，このセンシティビティ・リストに関連するすべての入力を指定する必要があります．ここで記述漏れがあると，ラッチ回路になってしまう可能性があります．Verilog-2001では，これをシンプルに記述する方法として，always @* という表記ができるようになりました．こう記述すると，「always内で参照している信号に変化があると実行される」ということになります．

ソフトウェアの世界では，「1年後の自分は他人と思え」という格言(名言)があります．ハードウェア記述言語の場合も同じことが言えるので，自分なりのルールを作って読みやすい記述をすることも重要であると筆者は考えています．

リスト3.10　論理合成できないレジスタの記述(reg_2wr.v)

```
 1: /* -----------------------------------------------------
 2:  *   register with 2 write strobe signals
 3:  *       (reg_2wr.v)             designed by Shinya KIMURA
 4:  * ----------------------------------------------------- */
 5:
 6: module reg_2wr(wr1, wr2, d, q);
 7:     input   wr1, wr2, d;
 8:     output  q;
 9:     reg     q;
10:
11:     always @(posedge wr1 or posedge wr2) begin
12:         q <= d;
13:     end
14:
15: endmodule
```

リスト3.11　always @( )構文による組み合わせ回路(EXOR)の記述例(alwaysexor.v)

```
 1: /* -----------------------------------------------------
 2:  *   exor using always @()
 3:  *       (alwaysexor.v)          designed by Shinya KIMURA
 4:  * ----------------------------------------------------- */
 5:
 6: module alwaysexor(a, b, out);
 7:     input   a, b;
 8:     output  out;
 9:     reg     out;
10:
11:     always @(a or b) begin
12:         if(a) begin
13:             out <= ~b;
14:         end else begin
15:             out <= b;
16:         end
17:     end
18:
19: endmodule
```

第3章 フリップフロップと応用回路の記述

● ブロッキング代入とノン・ブロッキング代入

これまでの説明の中で，とくに説明をせずにalways @()構文の中で左辺の信号にある値を代入する場合，"<="を使って記述してきました．実際には，always @()構文の中において，"="による代入も記述することができます．

両者には，次のような名称があります．
(1) "<="による代入……ノン・ブロッキング代入
(2) "="による代入…… ブロッキング代入

両者の違いは，まずシミュレーションを実行するときに現れます．シミュレーションのある時刻において，二つの代入があったとします．ブロッキング代入は，先に記述した代入文を評価し代入を終えてから，次の代入文の処理へ進みます．この動作は，プログラムの実行と同じものです．したがって，ブロッキング代入では記述の順番によってシミュレーション結果が異なってしまいます．プログラムの動作を少々知っていればあたりまえのことなので，とくに説明する必要はないと思われるかもしれません．

これに対して，ノン・ブロッキング代入では，式の右辺の評価を行っても，すぐに左辺の信号へ値を設定しません．複数の文をノン・ブロッキング代入で記述している場合には，ほかの文も同じように右辺のみを評価しておき，最後に一斉に左辺へ代入します．最後にとは，シミュレーション上は次の時刻へ進む直前ということになります．

● シミュレーションに見るブロッキング代入

リスト3.13に，ブロッキング代入の動作を確認するためのVerilog HDLによる記述例を示します．ここで，シミュレーションに関わる記述が出てきたので，簡単に説明しておきます．詳しくは，第6章

リスト3.12　always @( )構文によるラッチの記述例(latch_inv.v)

```
 1: /* --------------------------------------------------------
 2:  *  latch using always @()
 3:  *      (latch_inv.v)           designed by Shinya KIMURA
 4:  * -------------------------------------------------------- */
 5:
 6: module latch_inv(a, b, out);
 7:     input   a, b;
 8:     output  out;
 9:     reg     out;
10:
11:     always @(a or b) begin
12:         if(a) begin
13:             out <= ~b;
14:         end
15:     end
16:
17: endmodule
```

で解説します．

まず，9行目のinitialは，シミュレーション開始直後に実行する部分を規定しています．また，12，15，17，20，23の各行に#10なる記述がありますが，これはシミュレータの時計で時刻を10だけ進めることを意味しています．つまり，時計が10だけ進むまで待ち合わせることになります．さらに，16行目と24行目に$display(…);という文がありますが，これは，C言語のprintf文に類似したもので，信号の値をディスプレイに表示するための記述です．形式もよく似ており，ダブル・クォーテーションで表示フォーマット（%bは2進数表示）を指定し，その後に表示する信号名を書きます．

では実際に，どのようなことを行っているかを説明します．**リスト3.13**の10～11行目においてレジスタaに"1"を，レジスタbに"0"を設定しています．シミュレータの時計で10の時間経過後，13～14行目でレジスタbからレジスタaへの代入を行い，その後，aからbへの代入を行って，各レジ

コラム3.C　信号の型と動作の違い

ここで，Verilog HDLの信号についてまとめておきます．Verilog HDLの信号の宣言にはwireとregの2種類があると説明しました．信号は，プログラミング言語の変数と同じような宣言を行い，式の左辺に記述することで値を設定します．

wire宣言した信号はネット型と呼び，assign文によってのみ代入（設定）が可能です．すでに解説したとおり，assign文により値を設定しますが，代入式と考えるより接続を定義しているとみなした方が適切です．つまり，式の右辺の値が常に左辺の信号値となっているということです．シミュレーション上では，式の右辺にある信号に変化があると，右辺の値を評価し左辺へ設定することになります．また，論理合成上も組み合わせ回路が生成されることになります．

reg宣言した信号はレジスタ型と呼び，記憶機能がある信号として説明してきました．レジスタ型の信号への代入（設定）はalways文，ファンクション内において可能になっています（シミュレーションのためのinitial文でも可能）．

reg宣言した信号は，「値が保持される」＝レジスタということで記憶機能がある信号と考えたわけですが，実際はすべて記憶されるというわけではありません．always @()構文で組み合わせ回路を記述することもでき，reg宣言した信号が組み合わせ回路の出力信号となることもあります（3.5項参照）．また，ファンクション内において，一時的な信号を使用する場合にもreg宣言した信号を使用します．つまり，reg宣言した信号は，プログラム言語でいう変数とみなせます．
- 一度設定されると，次に設定されるまで変化しない＝記憶する
- 設定元の信号が変化すると，それに応じて変化する＝組み合わせ回路

以上のようなケースはありますが，「reg宣言した信号は信号値を保持する」と考えてほとんど問題はありません．

なお，assign文とalways @()構文のいずれにおいても，信号値を参照する場合はネット型，レジスタ型どちらでも使用することができます．具体的には，式（=や<=）の右辺に記述する信号，条件演算子の各式，if文やcase文の条件の式などです．

スタの値を表示しています．

次に，18〜19行目で最初と同じようにレジスタに値を設定し，21，22行目でレジスタaからレジスタbへの代入を行い，その後，bからaへの代入を行っています．つまり，代入順序を入れ替えているわけです．

シミュレーションを実行すると，記述した順に代入を行った結果となっています(リスト3.14)．

リスト3.13　ブロッキング代入の動作確認用記述(blocking.v)

```
 1: /* -------------------------------------------------
 2:  *   blocking assignment test
 3:  *       (blocking.v)           designed by Shinya KIMURA
 4:  * ------------------------------------------------- */
 5:
 6: module blocking();
 7:     reg a, b;
 8:
 9:     initial begin
10:         a = 1; // 初期設定
11:         b = 0;
12:       #10
13:         a = b;
14:         b = a;
15:       #10
16:         $display("a : %b,  b : %b", a, b);
17:       #10
18:         a = 1; // 初期設定
19:         b = 0;
20:       #10
21:         b = a;
22:         a = b;
23:       #10
24:         $display("a : %b,  b : %b", a, b);
25:     end
26: endmodule
```

リスト3.14　ブロッキング代入のシミュレーション結果(blocking.log)

```
 1: GPLCVER_2.11a of 07/05/05 (Cygwin32).
 2: Copyright (c) 1991-2005 Pragmatic C Software Corp.
 3: Compiling source file "blocking.v"
 4: Highest level modules:
 5: blocking
 6:
 7: a : 0,  b : 0
 8: a : 1,  b : 1
 9: 0 simulation events and 0 declarative immediate assigns processed.
10: 15 behavioral statements executed (6 procedural suspends).
11:    Times (in sec.):   Translate 0.1, load/optimize 0.1, simulation 0.1.
12: End of GPLCVER_2.11a at Tue Feb  7 18:37:56 2006 (elapsed 0.2 seconds).
```

3.5 always @( )構文の基本スタイルのまとめ

● ノン・ブロッキング代入では

前述した**リスト3.13**の13,14,21,22行目をノン・ブロッキング代入に変更したものを**リスト3.15**に示します.この記述のシミュレーション結果は,**リスト3.16**のようになります.

今度は,aとbの内容が入れ替わった結果となっています.つまり,13,14行目は同じ時刻における並列動作を意味することになり,後の文(b<=a)の代入元であるaは,前の文(a<=b)における代入が行

リスト3.15 ノン・ブロッキング代入の動作確認用記述(nonblocking.v)

```
 1: /* -------------------------------------------------------
 2:  *   non-blocking assignment test
 3:  *      (nonblocking.v)         designed by Shinya KIMURA
 4:  * ------------------------------------------------------- */
 5:
 6: module nonblocking();
 7:     reg a, b;
 8:
 9:     initial begin
10:         a = 1; // 初期設定
11:         b = 0;
12:         #10
13:         a <= b;
14:         b <= a;
15:         #10
16:         $display("a : %b,  b : %b", a, b);
17:         #10
18:         a = 1; // 初期設定
19:         b = 0;
20:         #10
21:         b <= a;
22:         a <= b;
23:         #10
24:         $display("a : %b,  b : %b", a, b);
25:     end
26: endmodule
```

リスト3.16 ノン・ブロッキング代入のシミュレーション結果(nonblocking.log)

```
 1: GPLCVER_2.11a of 07/05/05 (Cygwin32).
 2: Copyright (c) 1991-2005 Pragmatic C Software Corp.
 3: Compiling source file "nonblocking.v"
 4: Highest level modules:
 5: nonblocking
 6:
 7: a : 0,  b : 1
 8: a : 0,  b : 1
 9: 4 simulation events and 0 declarative immediate assigns processed.
10: 15 behavioral statements executed (6 procedural suspends).
11:    Times (in sec.):  Translate 0.1, load/optimize 0.1, simulation 0.1.
12: End of GPLCVER_2.11a at Tue Feb  7 18:38:26 2006 (elapsed 0.1 seconds).
```

われる前のbの値を代入することになります．よって，aとbの交換が行われるわけです．

● どちらがよいか…シフトレジスタによる比較

では，どちらの記述がよいのでしょうか．実際の論理回路で比較して検討してみましょう．

エッジ・トリガ型のフリップフロップやレジスタに対する代入について考えてみます．実際の回路では，複数のフリップフロップに対して同じクロック信号のエッジで記憶を行うように設計します．よって，エッジ発生時刻において一斉に記憶動作が起きます．ドミノ倒し的な連鎖反応はありません．

具体例として，書き込み信号が同一信号である2個のDフリップフロップ（レジスタ）が直列につながったシフトレジスタ回路（図3.11）の動作を考えてみます．

ブロッキング代入を使って図3.11の回路を記述したリスト3.17では，1段目のレジスタ（out1）への代入が先にあり，次いで2段目のレジスタ（out2）への代入を行うため，書き込み信号（clock）の立ち上がりで1段目のレジスタが入力データを記憶し，その値を2段目のレジスタも記憶する動作になってしまいます．

これでは，図3.11の正しい動作をする記述になっていません．ブロッキング代入の動作を念頭に入れて，正しい動作をする記述にするためには，リスト3.18に示すように代入の順番を入れ替えればよいわけです．

このようにブロッキング代入を使った場合，記述の仕方によってシミュレーション結果が変わってしまうので，好ましい記述方法ではありません．

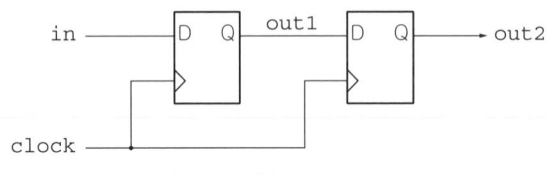

図3.11 シフトレジスタの回路例

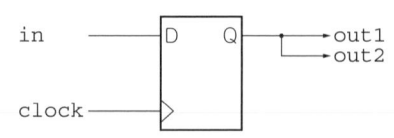

図3.12 ブロッキング代入を用いた記述（リスト3.17）の論理合成結果の回路

コラム3.D

● begin～endとfork～join ●

　begin～endはfunctionやalways @()構文で出てきましたが，シーケンシャル・ブロックと呼んでいます．その名のとおり，順番に実行する部分を囲んでおり，ソフトウェア的な動作をする部分ともいえます．このbegin～end中で並列処理を記述するための方法としてノン・ブロッキング代入があるわけです．

　これに対して，fork～joinで囲んだ部分をパラレル・ブロックと呼んでいます．こちらは並列処理を行う部分になりますが，論理合成の対象外となっています．fork～joinはほとんど使うことがないので，本書では説明を割愛しています．

では，同じ回路をノン・ブロッキング代入を使って記述するとどうなるでしょうか(**リスト3.19**，**リスト3.20**)．

シミュレーションの実行結果は，期待したとおりになっています．ここで，**リスト3.19**の13行目と14行目を入れ替えた記述でシミュレーションをしても同じ結果になります．

では，論理合成した結果はどのようになるか見てみます．**リスト3.18**と**リスト3.19**の場合，**図3.11**と同じ回路が合成されます．しかし，**リスト3.17**を論理合成すると，**図3.12**に示すような論理回路になってしまいます．シミュレーション結果から明らかなように，out1とout2は同じ信号値をもつ信号ですから，合成されるフリップフロップが1個になり，フリップフロップの出力信号がout1とout2となっています．

リスト3.17 ブロッキング代入によるシフトレジスタ(その1, sftreg_b1.v)

```verilog
 1: /* -------------------------------------------------------
 2:  *  shift register with blocking assignment version 1
 3:  *     (sftreg_b1.v)           designed by Shinya KIMURA
 4:  * ------------------------------------------------------- */
 5:
 6: module sftreg_b1(clock, in, out1, out2);
 7:     input   clock, in;
 8:     output  out1, out2;
 9:
10:     reg     out1, out2;
11:
12:     always @(posedge clock) begin
13:         out1 = in;
14:         out2 = out1;
15:     end
16: endmodule
```

リスト3.18 ブロッキング代入によるシフトレジスタ(その2, sftreg_b2.v)

```verilog
 1: /* -------------------------------------------------------
 2:  *  shift register with blocking assignment version 2
 3:  *     (sftreg_b2.v)           designed by Shinya KIMURA
 4:  * ------------------------------------------------------- */
 5:
 6: module sftreg_b2(clock, in, out1, out2);
 7:     input   clock, in;
 8:     output  out1, out2;
 9:
10:     reg     out1, out2;
11:
12:     always @(posedge clock) begin
13:         out2 = out1;
14:         out1 = in;
15:     end
16: endmodule
```

第3章 フリップフロップと応用回路の記述

リスト3.19 ノン・ブロッキング代入によるシフトレジスタ(sftreg_nb.v)

```
 1: /* ------------------------------------------------------
 2:  * shift register with non-blocking assignment
 3:  *    (sftreg_nb.v)          designed by Shinya KIMURA
 4:  * ------------------------------------------------------ */
 5:
 6: module sftreg_nb(clock, in, out1, out2);
 7:     input   clock, in;
 8:     output  out1, out2;
 9:
10:     reg     out1, out2;
11:
12:     always @(posedge clock) begin
13:         out1 <= in;
14:         out2 <= out1;
15:     end
16: endmodule
```

リスト3.20 シミュレーション結果(sftreg.log)

```
 1: GPLCVER_2.11a of 07/05/05 (Cygwin32).
 2: Copyright (c) 1991-2005 Pragmatic C Software Corp.
 3: Compiling source file "sftreg_b1.v"
 4: Compiling source file "sftreg_b2.v"
 5: Compiling source file "sftreg_nb.v"
 6: Compiling source file "sftreg_sim.v"
 7: Highest level modules:
 8: sfterg_test
 9:
10:                             | non-blocking    | blocking-1      | blocking-2
11:                             | out1 <= in;     | out2 = in;      | out6 = out5;
12:              time:          | out2 <= out1;   | out3 = out2;    | out5 = in;
13: ----------------------------+-----------------+-----------------+-----------------
14:           0 : clock=0 in=0  | out1=x out2=x   | out3=x out4=x   | out5=x out6=x
15:          10 : clock=1 in=0  | out1=0 out2=x   | out3=0 out4=0   | out5=0 out6=x
16:          20 : clock=0 in=1  | out1=0 out2=x   | out3=0 out4=0   | out5=0 out6=x
17:          30 : clock=1 in=1  | out1=1 out2=0   | out3=1 out4=1   | out5=1 out6=0
18:          40 : clock=0 in=0  | out1=1 out2=0   | out3=1 out4=1   | out5=1 out6=0
19:          50 : clock=1 in=0  | out1=0 out2=1   | out3=0 out4=0   | out5=0 out6=1
20:          60 : clock=0 in=1  | out1=0 out2=1   | out3=0 out4=0   | out5=0 out6=1
21:          70 : clock=1 in=1  | out1=1 out2=0   | out3=1 out4=1   | out5=1 out6=0
22:          80 : clock=0 in=0  | out1=1 out2=0   | out3=1 out4=1   | out5=1 out6=0
23:          90 : clock=1 in=0  | out1=0 out2=1   | out3=0 out4=0   | out5=0 out6=1
24: Halted at location **sftreg_sim.v(47) time 100 from call to $finish.
25:   There were 0 error(s), 0 warning(s), and 12 inform(s).
```

```
always@(posedge clock or negedge reset_N)begin
  if(!reset_N)begin
     out<=0;
  end else begin
     out<=operation;
  end
end
```

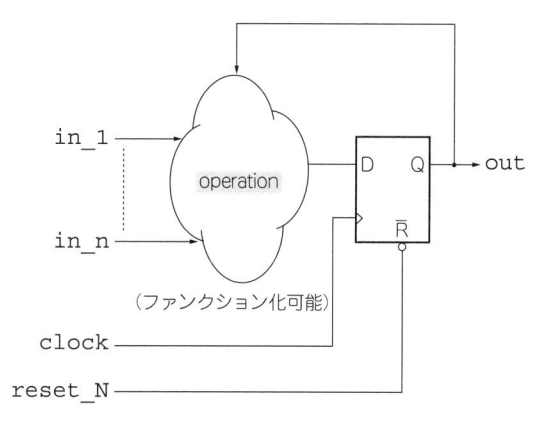

図3.13　always @( )構文の回路イメージ

　また，always @(posedge clock)はclock信号のポジティブ・エッジで動作する記述ですから，エッジを起点として連鎖反応が起きるような記述（＝ブロッキング代入）は，実際の論理回路となじまない（考え方が合わない）ともいえます．

　さらに，always @( )構文が複数あるような記述では，シミュレーションにおいてどのalways文の代入から実行されるか，つまり実行順序が規定されておらず，シミュレータによって異なる結果になってしまう可能性があります．

　というような理由により，論理合成ツールを使って実際にハードウェア化する際，always @( )構文を用いて記憶機能を記述する場合はノン・ブロッキング代入を用いる方がよいという結論になります．本書では，always @( )構文における代入は，すべてノン・ブロッキング代入で記述しています[注4]．

　あれこれ考えずに，「論理合成する回路のalways @( )構文における代入では，"<="を用いる」と考えても問題はないでしょう．

● 代入式の右辺のファンクション化

　これまで種々の記述例を示してきましたが，always @( )構文は回路イメージとして図3.13に示すような構成であると考えることができます．

　図3.13において，レジスタの入力信号はVerilog HDLの記述上は代入式の右辺部分となり，組み合わせ回路となります．よって，右辺部分はassign文と同様にファンクション化することができます．if文やcase文はalways @( )構文中でも記述できるので，右辺をわざわざファンクション化することはそう多くはありません．しかし，同じような記述が随所にある場合には，代入式の右辺をファンクション化することで，コンパクトに記述することができ，また修正する際に，漏れをなくすことができます．

注4：実際に回路化するモジュールは，このスタイルに統一している．しかし，シミュレーションのための記述は，論理合成の対象外なのでブロッキング代入を使用している場合もある．シミュレーションに関する詳細は，第6章を参照．

第4章 同期式順序回路の記述

　第3章では，記憶機能を有する基本的な回路として，レジスタ，カウンタ，メモリなどをVerilog HDLで記述する方法を示しました．このうちカウンタは，順序回路の代表的な例として有名ですが，本章では，より複雑な順序回路（sequential circuit），いわゆるステート・マシンあるいはシーケンサと呼ばれている回路を記述する方法を示します．ただし，クロック信号に同期して動作する同期式の順序回路に説明を限定します．

4.1　順序回路とは

　論理回路を機能・構成によって分類すると，**組み合わせ回路**と**順序回路**に分けることができます（図4.1）．第2章で解説したように，組み合わせ回路は，ある時刻の出力信号はその時点における入力信号によってすべて決まります．別の視点から見れば，過去にどのような入力があったかは，現在の出力値に影響がないともいえます．

　これに対して順序回路は，ある時点の出力信号は，その時点の入力信号とそれ以前に入力された信号の両者によって決まる回路です．具体的には，順序回路は内部に記憶素子を持っていて，過去の入力系列によって決まる**内部状態**があり，内部状態と現時点の外部入力から出力信号と次の内部状態が

```
論理回路 ┬ 組み合わせ回路
         └ 順序回路 ┬ 同期式順序回路
                    └ 非同期式順序回路
```

図4.1　論理回路の分類

4.1 順序回路とは

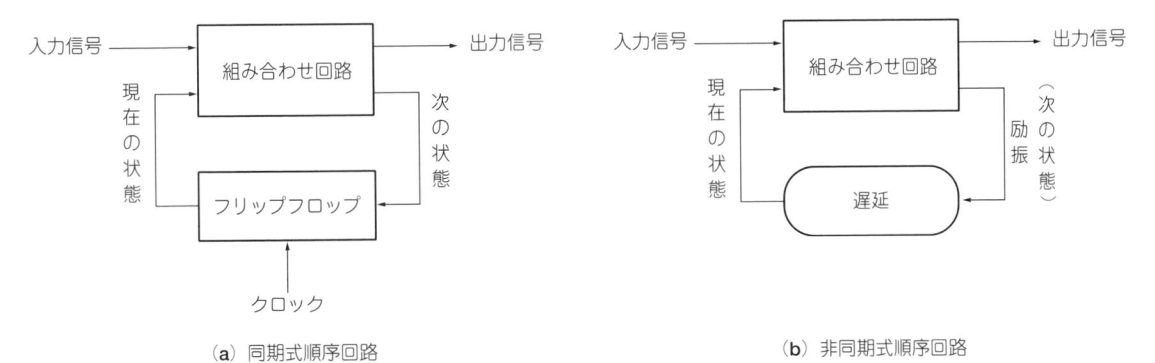

(a) 同期式順序回路

(b) 非同期式順序回路

図4.2　同期式順序回路と非同期式順序回路の基本構成

決定する構成になっています．

順序回路は，さらに**同期式順序回路**と**非同期式順序回路**に分類できます．基本構成を**図4.2**に示します．同期式順序回路は，**図4.2(a)**に示すように回路の動作（内部の状態変化）が外部から供給される基準信号，つまりクロック信号に同期して行われるものです．身の回りにあるディジタル・システムに使われている集積回路のほとんどは，この同期式順序回路で構成されています．

これに対して，非同期式順序回路は**図4.2(b)**に示すように動作の基準となるクロック信号はなく，外部からの入力信号の変化に対して組み合わせ回路の遅延時間だけ遅れた後に動作します．場合によっては，その状態変化がさらに次の状態変化につながるケースもあります．SRフリップフロップが，非同期式順序回路の典型的な例です．

ただし，非同期方式で複雑な動作をする機能を実現することには，設計の複雑さや動作の安定性など種々の問題が生じるので，非同期式順序回路は限られた分野にしか使用されていません[注1]．本書では，同期式順序回路に限定してVerilog HDLによる記述方法を解説していきます．

まず，同期式順序回路の動作タイミングについて考えてみます．同期式順序回路はクロック信号に同期して，つまり立ち上がりエッジあるいは立ち下がりエッジに合わせて状態が変化します．途中で入力信号が変化しても「現在の状態」は変わりません（出力信号は変化する場合がある）．

図4.3は，フリップフロップにポジティブ・エッジ・トリガ型を使用したものとして，同期式順序回路の動作タイミングを描いています．入力信号と現在の状態信号から次の状態信号を生成していますが，クロックの立ち上がりエッジの直前における「次の状態信号」が次の現在の状態になります．

図4.2に示した構成からわかるように，順序回路の設計といっても結局のところ「組み合わせ回路部の設計」になります．組み合わせ回路の入力部に「現在の状態」があり，この点を考慮した真理値表ができれば，後の作業は論理式を求めて回路化するだけになります．

とはいえ，従来の回路図ベースによる順序回路の設計は，次のような手順を経て求めていました．

注1：最近は，集積回路の大規模化が進んでクロック信号をチップ全体にわたって遅延なく分配することが難しくなる傾向があるため，クロック信号を用いない方式として非同期式順序回路でチップ全体を構成する試みもある．しかし，現時点では一般的な方法ではないので，本書では言及しない．

第4章　同期式順序回路の記述

```
クロック
入力信号
次の状態
現在の状態
```

入力信号の変化に伴って次の状態が変化／クロックの立ち上がりエッジ直前の次の状態が現在の状態になる／現在の状態の変化に伴って次の状態が変化

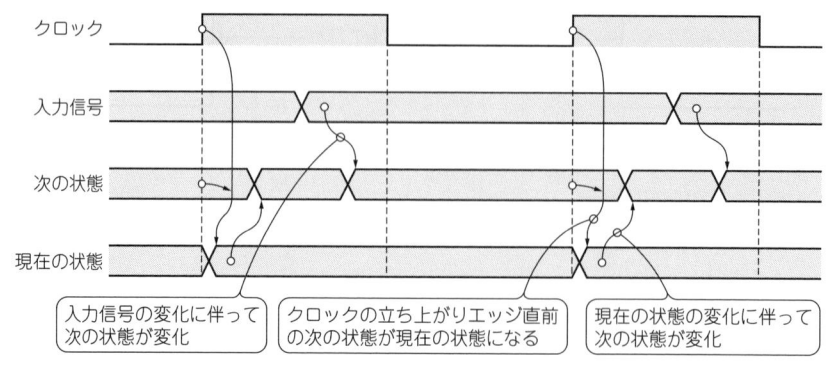

図4.3　同期式順序回路の動作タイミング

① 状態と遷移条件を検討し，状態遷移図を作成する．
② 状態に信号を対応させ，状態遷移表を作成する．
③ 使用するフリップフロップを決め，フリップフロップの制御入力表を作成する．
　　Dフリップフロップの場合は，状態遷移表が制御入力表となる．
④ 制御入力表から各フリップフロップの入力の論理式を求める．
⑤ 求まった論理式から論理回路図を作成する．

　これに対して，ハードウェア記述言語による設計では，状態遷移図の作成と状態に対する信号割り当て(上記の作業の①と②の前半部分)を行い，それをVerilog HDLで記述することで終了となります．具体的には，「この状態の場合は，入力がこうであれば次の状態がこれで，入力がそうであれば次の状態がそうなる」をVerilog HDLでif文やcase文を使って記述するわけです．あとは，論理合成ツールが論理回路に変換してくれます．
　もっとも，全体をどのように制御するか(状態遷移の検討部)を考えることが一番難しい作業といえますが．
　組み合わせ回路の場合と同様に，ハードウェア記述言語を用いて順序回路を設計する場合，上記の設計手順について熟知・熟練している必要はありません．しかし，合成される論理回路について，基本的な事項を理解しておくことが記述のよしあしを左右します．具体的には，次に示すキーワードを説明できれば十分でしょう．

順序回路の基礎項目
- 状態遷移図(読み方，描き方)
- 状態割り当て
- 1状態1フリップフロップ法
- レジスタ・デコーダ法(状態エンコード法)
- ミーリ・タイプ，ムーア・タイプ

　以下，「順序回路」と書いてある部分は，とくに断りがない限り「同期式順序回路」を意味しているものとします．

4.2 順序回路…ステート・マシン/シーケンサの基本

まず，カウンタよりも複雑な例として，ステート・マシン/シーケンサを記述する方法を示します（ステート・マシン/シーケンサについては，**コラム4.E**参照）．その後，順序回路の記述をさらに拡張した拡張有限状態マシン（extended finite state machine，本書では拡張シーケンサと呼ぶ）を記述する方法について説明します．

拡張シーケンサを記述する場合，そのシステムが「どのような動作をするか」に着目して記述するスタイルになるので，大規模なシステムをモデル化する際に非常に有効な手法です．システムの動作を記述することは回路図レベルでは難しいものですが，拡張シーケンサの記述を用いると的確に表現することができます．もちろん，論理合成が可能な記述スタイルであり，自動的に論理回路にすることができます．

ステート・マシン/シーケンサは，細かく分類すると出力信号の生成源の違いによるミーリ/ムーア・タイプ，状態信号の記憶方法の違いによるワン・ホット法/レジスタ・デコーダ法などさまざまなタイプがあります．本章では，可変長符号のデコーダを例にして，同じ仕様のステート・マシン/シーケンサをさまざまな方法で記述してみます．

なお，それぞれの記述を元に論理合成して得られる論理回路の規模や動作速度について比較したものを第8章8.3項で解説しています．そちらも参考にしてください．

● ミーリ・タイプとムーア・タイプ

一般的に，順序回路は組み合わせ回路部とフリップフロップ部からなります．さらに，同期式順序回路では，フリップフロップのトリガ信号にクロック信号が接続されます（**図4.2**）．

現在の状態はフリップフロップの出力信号であり，次の状態は現在の状態と現在の入力信号による組み合わせ回路部で決定されます．また，出力も現在の状態と現在の入力信号から生成されます．状態は，フリップフロップのトリガ信号（クロック信号）に同期して次の状態へ遷移します．

同期式順序回路は，**図4.4**に示すように出力信号の生成源によってミーリ・タイプとムーア・タイプに分かれます．

ミーリ・タイプは現在の状態とその時点の入力信号から出力信号を生成するのに対して，ムーア・タイプは現在の状態のみで出力信号を生成します．したがって，ムーア・タイプの順序回路の出力信号はクロックに同期した信号となりますが，ミーリ・タイプの順序回路では，入力信号がクロックと非同期の場合には出力信号も非同期となります．

いずれの構成でも従来の設計方法では，組み合わせ回路部のロジックを設計することになります．状態を記憶するのにDフリップフロップを使用する場合は，次に"1"になる条件を論理式にして回路を構成します．

これに対し，Verilog HDLで記述する場合は，状態遷移図を作成しそれをそのまま記述することで完成となります．

第4章　同期式順序回路の記述

(a) ミーリ・タイプ順序回路

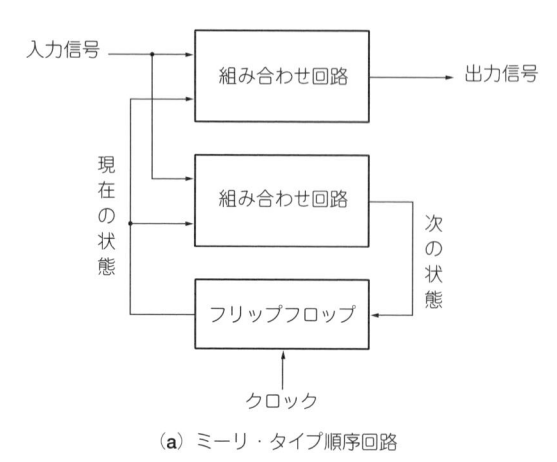

(b) ムーア・タイプ順序回路

図4.4　ミーリ・タイプの順序回路とムーア・タイプの順序回路

●●●● ステート・マシン/シーケンサって何？ ●●●●

　本文中でも述べたように，順序回路は現在の状態と外部からの信号（条件）によって次の状態へ遷移する回路です．

　順序回路は英語ではsequential circuitであり，ここから「シーケンサ」という用語が使われるようになったと思われます．シーケンサには「一連の流れ」というニュアンスがあり，初期状態からスタートし，外部要因により種々の状態遷移をした後，最後に初期状態に戻る動作をするというイメージがあります．

　もう少し限定すると，シーケンサは単純なループ状の状態遷移を行うもの（途中で待ち合わせをしたりすることもあるが）を指すことがあります．しかし，単純なカウンタをシーケンサと呼ぶことはほとんどありません．また，ハードウェアで実装したもの以外に，マイクロプロセッサなどによってプログラム制御されたものもシーケンサと呼ぶことがあります．

　他方，順序回路の数学的モデルとして，有限個の状態と状態遷移規則（状態遷移関数）によって定義される有限状態機械（finite state machine）があります．「ステート・マシン」という用語は，このあたりが源になっているようです．よって，ステート・マシンの方が一般的な用語と見ることができます．図E.1に示すように，ステート・マシンの一種としてシーケンサがあるという関係です．

　いずれも順序回路であり，本書では「順序回路」と「ステート・マシン」，「シーケンサ」はほとんど区別なく使用しています．

　技術者の文化圏（カルチャ）によって，同じものでも呼び方が微妙に違うこともあります．専門用語って難しいですね．

4.2 順序回路…ステート・マシン/シーケンサの基本

● Verilog HDLの記述から合成される回路をイメージしよう

Verilog HDLで順序回路を記述する場合，状態を記憶するにはDフリップフロップまたはその集合であるレジスタを想定しています．

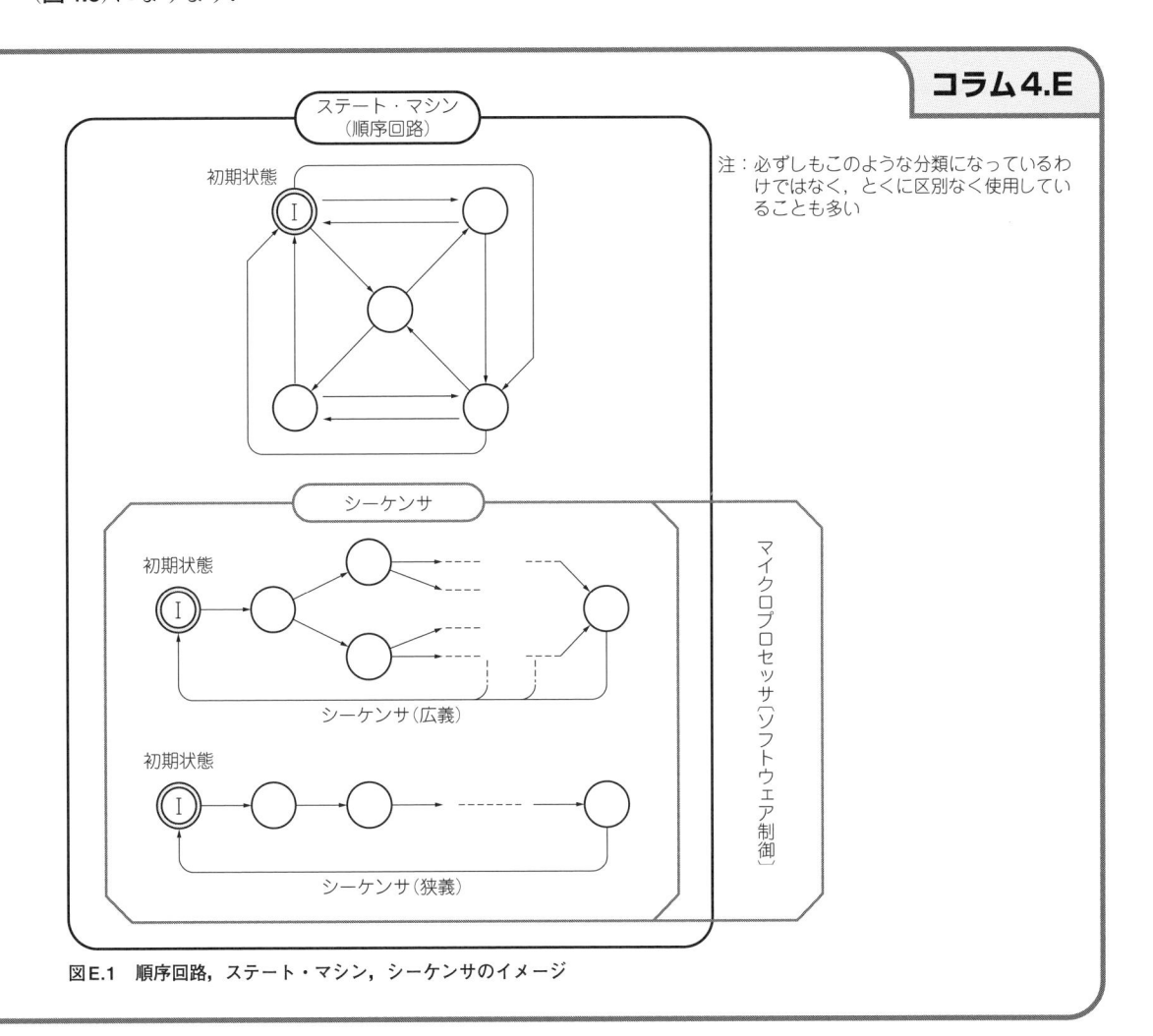

記述の骨格は，図4.5に示すようにalways @()構文で，クロックのエッジに同期して，現在の状態と外部からの入力にしたがってDフリップフロップ(レジスタ)の値を次の状態へ更新するスタイルになります．

まず，状態を記憶するレジスタ(状態レジスタ)をreg型で定義しておきます．always @()の中では，リセット動作を記述した後，現在の状態をif文やcase文で判定し，さらに外部入力信号の値によって，次の状態を示す信号値を状態レジスタへ代入する文で状態遷移を表記します．

次の状態を決定するためのif文やcase文，その他の条件は，合成される回路では組み合わせ回路(図4.5)になります．

コラム 4.E

注：必ずしもこのような分類になっているわけではなく，とくに区別なく使用していることも多い

図E.1 順序回路，ステート・マシン，シーケンサのイメージ

第4章　同期式順序回路の記述

```
always @(posedge clock or negedge reset_N)begin
  if(!reset_N)begin
     state <= initial_state;
  end else if(state == initial_state)begin
     state <= next_state_1;
  end else if(state == next_state_1)begin
     state <= next_state_2;
  end else .....
     .....
  end
end
```

組み合わせ回路

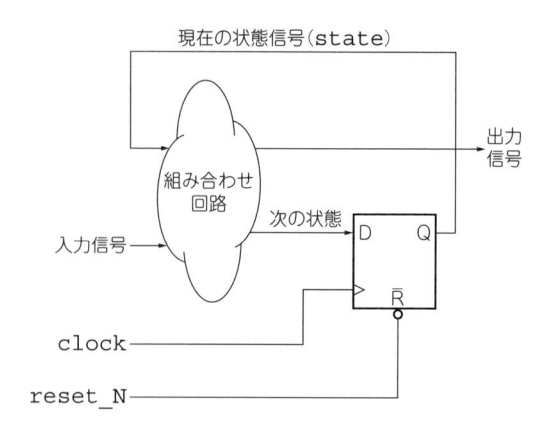

図4.5　順序回路の `always@()` **構文と回路イメージ**

順序回路を記述する際には，Verilog HDLによる記述とその回路イメージを理解してください．

4.3　種々の順序回路の実装方法とVerilog HDLによる記述

● シリアル・データ入力型可変長符号デコーダの仕様

ではここで，同期式順序回路の記述において共通に使用する「可変長符号デコーダ」の仕様を説明します．

可変長符号とは，文字の出現頻度に応じて異なった長さの符号を割り当てるものです．出現頻度の高い文字ほど短い符号を対応させれば，文章全体のビット数を減らすことができます．

ここでは，文字データをシリアル・データとして受け取り，どの文字を受信したかを判定し，文字を区別する信号を出力するデコーダを考えます．シリアル・データとして送られてくることから，組み合わせ回路では実現できず，順序回路として構成することになります．

文字と文字の区切り記号(俗に言うスタート・ビットやストップ・ビット)はなく，データはクロックに同期して連続的に送られてくるものとします．シリアル・データは，クロックのポジティブ・エッジ…立ち上がりでサンプルすることにします．

ここでは，簡略化のため文字セットは**表4.1**に示すようにA～Gの7個とし，それぞれコードを割り当てることにします．送信順序は，MSB(左端)を先頭ビットとします．可変長符号デコーダのモジュールに対する入出力信号を，**図4.6**に示します．

次に，状態遷移の設計を行います．ミーリ・タイプ，ムーア・タイプとも初期状態をS0とし，受信した信号が"0"か"1"かにより次の状態へ遷移します．定義された文字コードを受信したところで文字信号を出力します．

(1) ミーリ・タイプの状態遷移設計

図4.7が，ミーリ・タイプの受信信号に対する状態遷移図です．この図において，初期状態をS0とします．次に受け取る信号が"0"ならばS1状態へ，"1"ならばS2状態へ遷移します．

S1状態で，次に受け取る信号が"0"ならば文字Aを受信したことになり，出力信号aをアクティブ

表4.1 文字と可変長コードの対応表

文字	コード	7セグメントLEDでの表示形状
A	00	
B	01	
C	100	
D	101	
E	110	
F	1110	
G	1111	

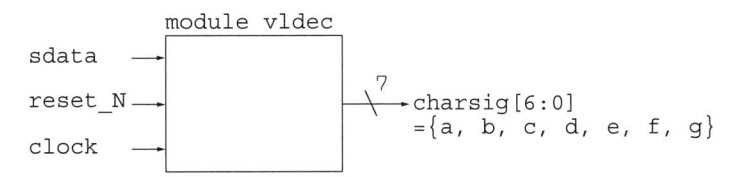

図4.6 可変長符号デコーダ・モジュールのインターフェース信号

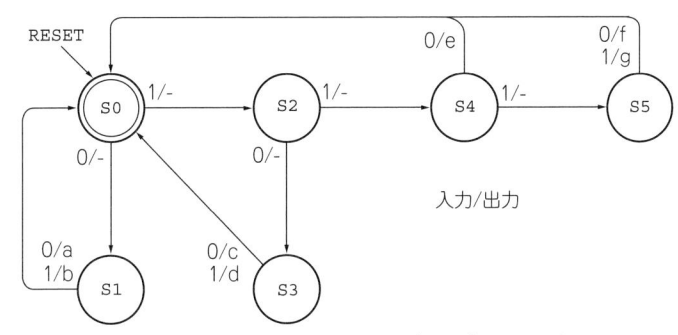

図4.7 ミーリ・タイプで構成した可変長符号デコーダの状態遷移図

とします．同様に，S1状態で受信した信号が"1"であれば，出力信号bをアクティブとします．いずれの場合も，一つの文字コードを受け取ったことになるので，状態S0に戻ります．

クロックのポジティブ・エッジに同期してシリアル・データを受信し状態遷移をする場合，図4.8に示すようなタイミングで動作します．

この図からわかるように，eおよびdの信号は，受信するシリアル・データが文字検出の最終状態の途中で変化しているため，アクティブ期間が短い信号になっています．つまり，出力信号が現在の状態と現在の入力信号から生成されているため，入力信号が変化するとすぐに文字信号の変化となって現れます．出力信号がクロックと非同期に変化することがあるわけです．

(2) ムーア・タイプの状態遷移設計

次に，ムーア・タイプの順序回路について状態遷移を検討します．基本構成はミーリ・タイプと同じになりますが，ムーア・タイプの場合は文字を検出した状態(ここではA～G)を追加します．つまり，ミーリ・タイプのS1状態からは，受信した信号により，"0"ならばA状態へ，"1"ならばB状態へ遷移します．出力信号は，これらの状態信号そのものになります．

また，文字を受信したA状態やB状態はミーリ・タイプ順序回路のS0状態(初期状態)の意味を含んでおり，次に受信した信号値によりS0状態ではなくS1状態("0"の場合)またはS2状態("1"の場合)へ遷移することになります．

第4章　同期式順序回路の記述

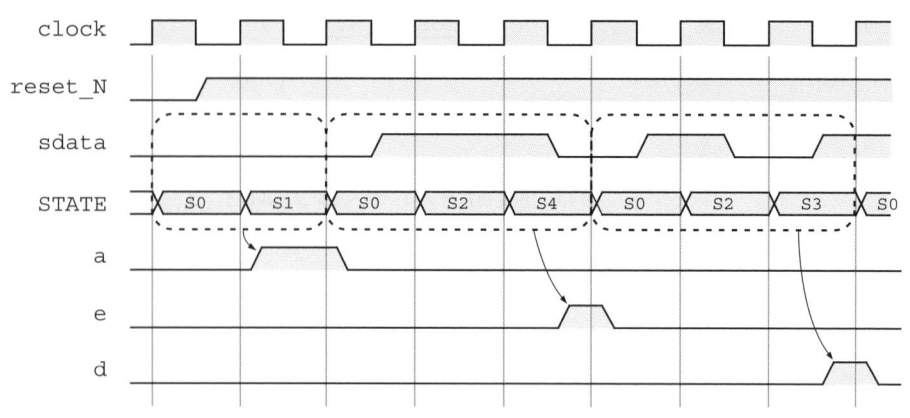

図4.8　ミーリ・タイプで構成した可変長符号デコーダのタイミング

　他の文字についても同様に考えて状態遷移図を作成すると，**図4.9**になります．この状態遷移図に，**図4.8**と同じタイミングで信号を与えた場合の動作を**図4.10**に示します．この場合は，文字コードを受信した状態を示す信号が出力信号となるので，文字信号は1クロック間安定することになります．

　では，可変長符号デコーダのミーリ・タイプとムーア・タイプの両方をVerilog HDLで記述してみます．

● 1状態1フリップフロップ法…個別フリップフロップ実装タイプ

　1状態1フリップフロップ法は，各状態にそれぞれ1個のフリップフロップを割り当てて順序回路を構成する方法です．常に，どれか1個のフリップフロップがセット状態にあり，他のフリップフロップはリセット状態となっています．そのため，ワン・ホット法とも呼ばれています．

　Verilog HDLにより順序回路を1状態1フリップフロップ法で記述する場合，状態数に対応したフリップフロップ（1ビットのレジスタ）を用意し，always文の中でif文やcase文により，状態ごとに次にどの状態へ遷移するかを記述することになります．

　以下，可変長符号デコーダをミーリ／ムーア両タイプのステート・マシン／シーケンサとして記述してみます．

(1) ミーリ・タイプのVerilog HDLによる記述

　可変長符号デコーダを1状態1フリップフロップのミーリ・タイプで記述した例を**リスト4.1**に示します．

　モジュールvldecへの入力信号はクロック（clock），リセット（reset_N），シリアル・データ（sdata）の3本，出力信号は文字検出信号（charsig）で，文字A～Gに対応した7本の信号です．出力信号charsigに対する信号値の設定は，記述の読みやすさを考慮して`define文で定義した`A～`Gを使用しています（12～19行目）．

　`defineはC言語の#defineと類似した機能で，通常，定数を直接記述することを避け，意味のある名前に置き換えて記述するためのものです．C言語と異なる点は，参照側でも`記号（grave accent

4.3 種々の順序回路の実装方法と Verilog HDL による記述

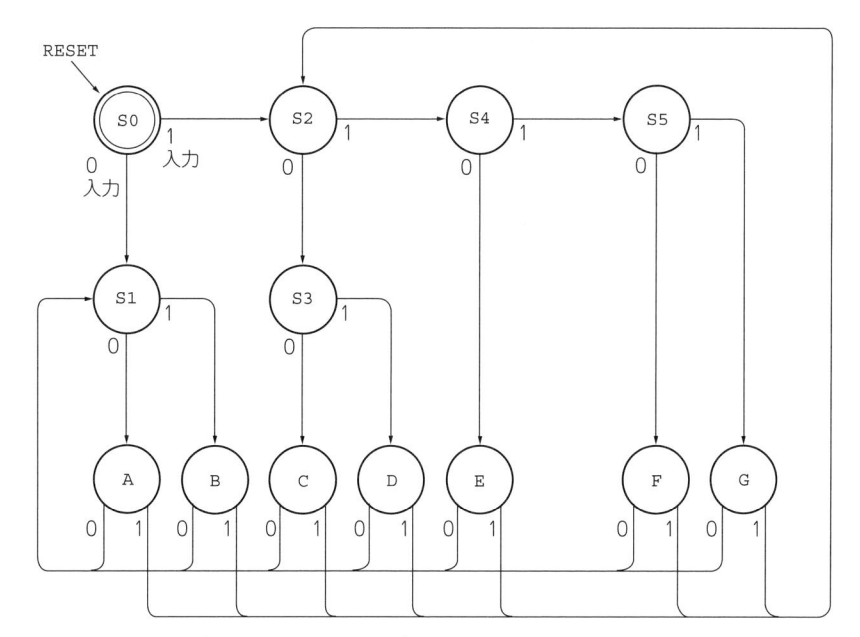

図4.9 ムーア・タイプで構成した可変長符号デコーダの状態遷移図

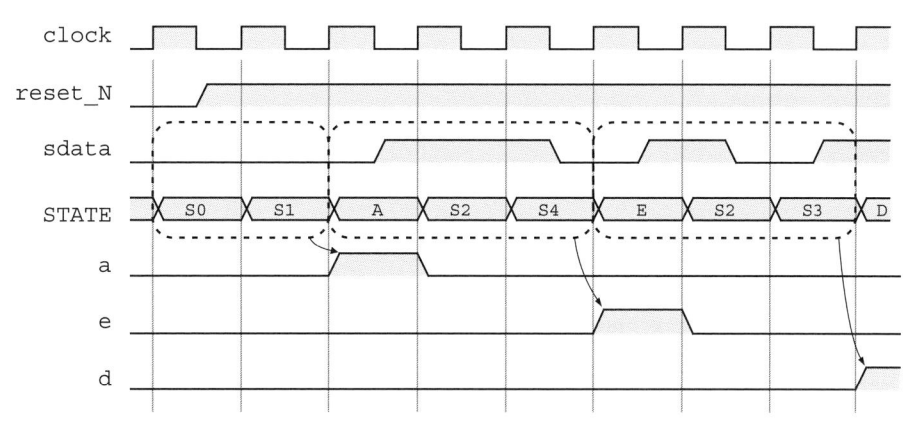

図4.10 ムーア・タイプで構成した可変長符号デコーダのタイミング

記号)を付けることです．'とは異なるので注意が必要です．この例では，記述の中で `A となっているところが，7'b1000000 と置き換えられることになります．なお，`define に関する説明は，第5章5.2項で行います．

ミーリ・タイプの順序回路の出力信号は，現在の状態とその時点の入力信号で決定するので，assign 文とファンクションを用いた組み合わせ回路(28, 31～46行目)となっています．

各状態は，同名の reg 宣言した信号(S0～S5)で保持します．また，状態遷移図にはなかった状態として SX がありますが，これは予期せぬ事態(最後の else)への対応のための状態です．

各フリップフロップの設定は，一つの always @() 構文にまとめて記述しています(49～75行目)．

97

第4章 同期式順序回路の記述

リセット信号(reset_N)がアクティブな場合を最優先として，各フリップフロップを初期化しています．初期状態はS0なので，対応するフリップフロップだけセットし，他のフリップフロップはリセットしています(50〜51行目)．

リセット信号がインアクティブな場合(通常動作)は，if文により状態ごとに次の状態への遷移を記述しています．状態遷移は入力信号に無関係な場合と，入力信号を判定する必要のある場合があります．次の状態への遷移は，該当するフリップフロップをセットするとともに，現在の状態を示すフリップフロップをリセットします．ここでも，フリップフロップのセット/リセットに`defineで定義した`ONと`OFFを使用しています．

リスト4.1 1状態1フリップフロップ法(ミーリ・タイプ，vldec_ol1.v)

```
 1: /* ---------------------------------------------------
 2:  *   serial input variable length code decoder
 3:  *      one-hot (Mealy type)
 4:  *      (vldec_ol1.v)          designed by Shinya KIMURA
 5:  * --------------------------------------------------- */
 6:
 7: // state set/reset constant
 8: `define ON  1'b1
 9: `define OFF 1'b0
10:
11: // character code definition
12: `define A   7'b1000000
13: `define B   7'b0100000
14: `define C   7'b0010000
15: `define D   7'b0001000
16: `define E   7'b0000100
17: `define F   7'b0000010
18: `define G   7'b0000001
19: `define NON 7'b0000000
20:
21: module vldec(clock, reset_N, sdata, charsig);
22:     input   clock, reset_N, sdata;
23:     output [6:0] charsig;
24:
25:     reg        S0, S1, S2, S3, S4, S5, SX;
26:     wire [6:0] charsig;
27:
28:     assign charsig = chardet(S0, S1, S2, S3, S4, S5, sdata);
29:
30:   // character detection logic
31:     function [6:0] chardet;
32:         input  S0, S1, S2, S3, S4, S5, sdata;
33:         begin
34:             if(S1) begin
35:                 chardet = (sdata) ? `B   : `A;
36:             end else if(S3) begin
37:                 chardet = (sdata) ? `D   : `C;
38:             end else if(S4) begin
39:                 chardet = (sdata) ? `NON : `E;
```

4.3 種々の順序回路の実装方法とVerilog HDLによる記述

なお，シミュレーション結果は，第6章6.4項にあるので，そちらを参照してください．

(2) ムーア・タイプのVerilog HDLによる記述

次に，同じ機能をムーア・タイプで記述してみます（**リスト4.2**）．

ムーア・タイプの場合，状態信号としてSa〜Sgが追加されています（16行目）．これらの状態信号は，そのまま文字信号になります．したがって，ミーリ・タイプのように文字信号を生成するためのassign文は必要ありません．なお，19行目のassign文は，状態信号を出力信号へ接続（変換）するためのものです．

状態数は14個となり，状態遷移図に合わせて遷移先のフリップフロップをセットします．

```verilog
40:             end else if(S5) begin
41:                 chardet = (sdata) ? `G    : `F;
42:             end else begin
43:                 chardet = `NON;
44:             end
45:         end
46:     endfunction
47:
48:     // state transition control
49:     always @(posedge clock or negedge reset_N) begin
50:         if(!reset_N) begin
51:             {S0, S1, S2, S3, S4, S5, SX} <= 7'b1000000;
52:         end else begin
53:             if(S0) begin
54:                 if(sdata) S2 <= `ON; else S1 <= `ON;
55:                 S0 <= `OFF;
56:             end else if(S1) begin
57:                 S0 <= `ON;
58:                 S1 <= `OFF;
59:             end else if(S2) begin
60:                 if(sdata) S4 <= `ON; else S3 <= `ON;
61:                 S2 <= `OFF;
62:             end else if(S3) begin
63:                 S0 <= `ON;
64:                 S3 <= `OFF;
65:             end else if(S4) begin
66:                 if(sdata) S5 <= `ON; else S0 <= `ON;
67:                 S4 <= `OFF;
68:             end else if(S5) begin
69:                 S0 <= `ON;
70:                 S5 <= `OFF;
71:             end else begin
72:                 SX <= `ON;
73:             end
74:         end
75:     end
76:
77: endmodule
```

第4章　同期式順序回路の記述

● 1状態1フリップフロップ法・・・レジスタ実装タイプ

先の記述例では，各状態を個別のフリップフロップに割り当て，それぞれ個別にセット/リセットを記述していました．

ここでは，状態を1個のレジスタに設定することにして，状態設定の記述を簡潔化してみます．ただし，レジスタ中の1ビットのみがセットされるように使用するので，1状態1フリップフロップ法の変型版といえます．

このようにすると，現在の状態のリセットと次の状態のセットを一つの代入文で表すことができます．

(1) ミーリ・タイプのVerilog HDLによる記述

まず，ミーリ・タイプの記述例を**リスト4.3**に示します．**リスト4.3**の8～14行目で，\`defineを使用して状態信号を状態名として定義しています．また，31行目では，状態レジスタ(state)を定義しています．

出力信号charsigの生成は，34行目のassign文と37～49行目のファンクションchardetで行っています．状態遷移は，52～66行目のalways @()構文で記述しています．リセット時には，初期状態(S0)を状態レジスタに設定しています．

リセットがインアクティブとなり，通常の状態遷移を行う部分の記述は，**リスト4.1**よりシンプルに

リスト4.2　1状態1フリップフロップ法(ムーア・タイプ，vldec_or2.v)

```
 1: /* --------------------------------------------------
 2:  *   serial input variable length code decoder
 3:  *      one-hot version (Moore type)
 4:  *     (vldec_or2.v)         designed by Shinya KIMURA
 5:  * -------------------------------------------------- */
 6:
 7: // state set/reset constant
 8: `define ON  1'b1
 9: `define OFF 1'b0
10:
11: module vldec(clock, reset_N, sdata, charsig);
12:     input       clock, reset_N, sdata;
13:     output [6:0] charsig;
14:
15:     reg     S0, S1, S2, S3, S4, S5, SX;
16:     reg     Sa, Sb, Sc, Sd, Se, Sf, Sg;
17:     wire [6:0] charsig;
18:
19:     assign charsig = {Sa, Sb, Sc, Sd, Se, Sf, Sg};
20:
21:  // state transition control
22:     always @(posedge clock or negedge reset_N) begin
23:         if(!reset_N) begin
24:             {S0, S1, S2, S3, S4, S5, SX} <= 7'b1000000;
25:             {Sa, Sb, Sc, Sd, Se, Sf, Sg} <= 7'b0000000;
26:         end else begin
```

なっています．つまり，状態を1個のレジスタに記憶することにしたため，現在の状態のリセットと次の状態のセットをまとめて記述することができ，簡単かつわかりやすい記述になっています．

また，**リスト4.1**では，出力信号の決定部と状態制御部をif文で記述していました．それに対して，**リスト4.3**では，出力信号を決定するファンクションchardetの中がcase文（41〜47行目）に，状態制御部もcase文（56〜64行目）になり，ここもわかりやすい簡潔な記述になっています．

(2) ムーア・タイプのVerilog HDLによる記述

リスト4.4に，状態信号をレジスタ化したムーア・タイプの記述例を示します．ムーア・タイプもミーリ・タイプと同様に，簡潔な記述になっています．

● レジスタ・デコーダ法

先の1状態1フリップフロップ法では，状態の数だけフリップフロップを必要としました．これに対しレジスタ・デコーダ法は，状態をエンコードすることでフリップフロップの数を減らすことができます．

ただし，フリップフロップの数は減りますが，状態から信号を生成するためにデコーダが必要になるので，全体的な回路規模が縮小されるかどうかは，簡単に結論付けることはできません．

```
27:            if(S0) begin
28:                if(sdata) S2 <= `ON; else S1 <= `ON;
29:                S0 <= `OFF;
30:            end else if(S1) begin
31:                if(sdata) Sb <= `ON; else Sa <= `ON;
32:                S1 <= `OFF;
33:            end else if(S2) begin
34:                if(sdata) S4 <= `ON; else S3 <= `ON;
35:                S2 <= `OFF;
36:            end else if(S3) begin
37:                if(sdata) Sd <= `ON; else Sc <= `ON;
38:                S3 <= `OFF;
39:            end else if(S4) begin
40:                if(sdata) S5 <= `ON; else Se <= `ON;
41:                S4 <= `OFF;
42:            end else if(S5) begin
43:                if(sdata) Sg <= `ON; else Sf <= `ON;
44:                S5 <= `OFF;
45:            end else if(Sa || Sb || Sc || Sd || Se || Sf || Sg) begin
46:                if(sdata) S2 <= `ON; else S1 <= `ON;
47:                {Sa, Sb, Sc, Sd, Se, Sf, Sg} <= 7'b0000000;
48:            end else begin
49:                SX <= `ON;
50:            end
51:        end
52:    end
53:
54: endmodule
```

リスト4.3 1状態1フリップフロップ法(ミーリ・タイプ，レジスタ実装記述，vldec_o13.v)

```verilog
 1: /* ----------------------------------------------------
 2:  *   serial input variable length code decoder
 3:  *      one-hot with non-encoded register version (Mealy type)
 4:  *      (vldec_o13.v)           designed by Shinya KIMURA
 5:  * ---------------------------------------------------- */
 6:
 7: // state name definition
 8: `define S0  6'b000001
 9: `define S1  6'b000010
10: `define S2  6'b000100
11: `define S3  6'b001000
12: `define S4  6'b010000
13: `define S5  6'b100000
14: `define SX  6'b000000
15:
16: // character code definition
17: `define A   7'b1000000
18: `define B   7'b0100000
19: `define C   7'b0010000
20: `define D   7'b0001000
21: `define E   7'b0000100
22: `define F   7'b0000010
23: `define G   7'b0000001
24: `define NON 7'b0000000
25:
26:
27: module vldec(clock, reset_N, sdata, charsig);
28:     input       clock, reset_N, sdata;
29:     output [6:0] charsig;
30:
31:     reg   [5:0] state;
32:     wire  [6:0] charsig;
33:
34:     assign charsig = chardet(state, sdata);
35:
36:   // character detection logic
37:     function [6:0] chardet;
38:        input [5:0] state;
39:        input       sdata;
40:        begin
41:            case (state)
42:                `S1    : chardet = (sdata) ? `B   : `A;
43:                `S3    : chardet = (sdata) ? `D   : `C;
44:                `S4    : chardet = (sdata) ? `NON : `E;
45:                `S5    : chardet = (sdata) ? `G   : `F;
46:                default: chardet = `NON;
47:            endcase
48:        end
49:     endfunction
50:
51:   // state transition control
52:     always @(posedge clock or negedge reset_N) begin
53:        if(!reset_N) begin
54:            state <= `S0;
55:        end else begin
56:            case (state)
57:                `S0    : state <= (sdata) ? `S2 : `S1;
58:                `S1    : state <= `S0;
59:                `S2    : state <= (sdata) ? `S4 : `S3;
60:                `S3    : state <= `S0;
61:                `S4    : state <= (sdata) ? `S5 : `S0;
62:                `S5    : state <= `S0;
63:                default: state <= `SX;
64:            endcase
65:        end
66:     end
67: endmodule
```

4.3 種々の順序回路の実装方法とVerilog HDLによる記述

リスト4.4　1状態1フリップフロップ法（ムーア・タイプ，レジスタ実装記述，vldec_or4.v）

```verilog
 1: /* --------------------------------------------------
 2:  * serial input variable length code decoder
 3:  *     one-hot with non-encoded register version (Moore type)
 4:  *     (vldec_or4.v)         designed by Shinya KIMURA
 5:  * -------------------------------------------------- */
 6:
 7: // state name definition
 8:
 9: `define S0  13'b0000000000001
10: `define S1  13'b0000000000010
11: `define S2  13'b0000000000100
12: `define S3  13'b0000000001000
13: `define S4  13'b0000000010000
14: `define S5  13'b0000000100000
15: `define Sa  13'b1000000000000
16: `define Sb  13'b0100000000000
17: `define Sc  13'b0010000000000
18: `define Sd  13'b0001000000000
19: `define Se  13'b0000100000000
20: `define Sf  13'b0000010000000
21: `define Sg  13'b0000001000000
22: `define SX  13'b0000000000000
23:
24:
25: module vldec(clock, reset_N, sdata, charsig);
26:     input        clock, reset_N, sdata;
27:     output [6:0] charsig;
28:
29:     reg   [12:0] state;
30:     wire  [ 6:0] charsig;
31:
32:     assign charsig = state[12:6];
33:
34:     // state transition control
35:     always @(posedge clock or negedge reset_N) begin
36:         if(!reset_N) begin
37:             state <= `S0;
38:         end else begin
39:             case(state)
40:                 `S0     : state <= (sdata) ? `S2 : `S1;
41:                 `S1     : state <= (sdata) ? `Sb : `Sa;
42:                 `S2     : state <= (sdata) ? `S4 : `S3;
43:                 `S3     : state <= (sdata) ? `Sd : `Sc;
44:                 `S4     : state <= (sdata) ? `S5 : `Se;
45:                 `S5     : state <= (sdata) ? `Sg : `Sf;
46:                 `Sa,`Sb,
47:                 `Sc,`Sd,
48:                 `Se,`Sf,
49:                 `Sg     : state <= (sdata) ? `S2 : `S1;
50:                 default: state <= `SX;
51:             endcase
52:         end
53:     end
54:
55: endmodule
```

表4.2 レジスタ・デコーダ法の状態コード対応（ミーリ・タイプ）

状態名	状態信号
S0	0 0 0
S1	0 0 1
S2	0 1 0
S3	0 1 1
S4	1 0 0
S5	1 0 1
SX	1 1 1

表4.3 レジスタ・デコーダ法の状態コード対応（ムーア・タイプ）

状態名	状態信号
S0	0 0 0 0
S1	0 0 0 1
S2	0 0 1 0
S3	0 0 1 1
S4	0 1 0 0
S5	0 1 0 1
Sa	1 0 0 0
Sb	1 0 0 1
Sc	1 0 1 0
Sd	1 0 1 1
Se	1 1 0 0
Sf	1 1 0 1
Sg	1 1 1 0
SX	1 1 1 1

(1) ミーリ・タイプのVerilog HDLによる記述

可変長符号デコーダをレジスタ・デコーダ法のミーリ・タイプで構成した記述例を，**リスト4.5**に示します．状態数は6個なので，3ビットにエンコードできます[注2]．**表4.2**に，状態とそのエンコードしたコードを示します．

基本構成は，1状態1フリップフロップ法のレジスタ実装タイプとほとんど変わりありません．異なる点は，状態レジスタのビット幅だけです．

(2) ムーア・タイプのVerilog HDLによる記述

状態遷移図に対応して，状態を状態信号にエンコードしています（**表4.3**）．状態数は14個あるので，状態信号は4本になります．Verilog HDLによる記述は，状態遷移図をそのまま記述しているにすぎません．可変長符号のデコーダを，レジスタ・デコーダ法のムーア・タイプで構成した記述例を**リスト4.6**に示します．

こちらも，Verilog HDLによる記述の基本構成は，1状態1フリップフロップ法のレジスタ実装タイプ（**リスト4.4**）と似ています．異なる点は，状態名と状態信号の対応の定義部（8〜21行目）と，文字を受信した状態（4'b1000〜4'b1110）から出力信号（charsig）を生成するデコーダ（39〜55行目）を追加している点です．

4.4 拡張シーケンサ記述

● 拡張シーケンサ記述とは

前述した可変長符号のデコーダ回路では，状態遷移図を元に状態信号の設定と出力信号を記述しました．Verilog HDLでは，状態制御とともにレジスタ・トランスファ・オペレーション（単なるデータ転送や演算を伴うデータ転送など）も記述することができます．つまり，ある状態において，「レジス

注2：状態数をNとした場合，エンコードに必要なビット数Pは，$\log_2 N \leq P$を満たす最小の値となる．

リスト4.5 レジスタ・デコーダ法(ミーリ・タイプ，レジスタ実装記述，vldec_rl1.v)

```verilog
 1: /* --------------------------------------------------
 2:  *   serial input variable length code decoder
 3:  *      register decoder (Mealy type)
 4:  *       (vldec_rl1.v)          designed by Shinya KIMURA
 5:  * -------------------------------------------------- */
 6:
 7: // state name definition
 8: `define S0  3'b000
 9: `define S1  3'b001
10: `define S2  3'b010
11: `define S3  3'b011
12: `define S4  3'b100
13: `define S5  3'b101
14: `define SX  3'b111
15:
16: // character code definition
17: `define A   7'b1000000
18: `define B   7'b0100000
19: `define C   7'b0010000
20: `define D   7'b0001000
21: `define E   7'b0000100
22: `define F   7'b0000010
23: `define G   7'b0000001
24: `define NON 7'b0000000
25:
26: module vldec(clock, reset_N, sdata, charsig);
27:    input       clock, reset_N, sdata;
28:    output [6:0] charsig;
29:
30:    reg  [2:0] state;
31:    wire [6:0] charsig;
32:
33:    assign charsig = chardet(state, sdata);
34:
35: // character detection logic
36:    function [6:0] chardet;
37:       input [2:0] state;
38:       input       sdata;
39:       begin
40:          case (state)
41:             `S1     : chardet = (sdata) ? `B   : `A;
42:             `S3     : chardet = (sdata) ? `D   : `C;
43:             `S4     : chardet = (sdata) ? `NON : `E;
44:             `S5     : chardet = (sdata) ? `G   : `F;
45:             default: chardet = `NON;
46:          endcase
47:       end
48:    endfunction
49:
50: // state transition control
51:    always @(posedge clock or negedge reset_N) begin
52:       if(!reset_N) begin
53:          state <= `S0;
54:       end else begin
55:          case (state)
56:             `S0     : state <= (sdata) ? `S2 : `S1;
57:             `S1     : state <= `S0;
58:             `S2     : state <= (sdata) ? `S4 : `S3;
59:             `S3     : state <= `S0;
60:             `S4     : state <= (sdata) ? `S5 : `S0;
61:             `S5     : state <= `S0;
62:             default: state <= `SX;
63:          endcase
64:       end
65:    end
66:
67: endmodule
```

第4章　同期式順序回路の記述

リスト4.6　レジスタ・デコーダ法(ムーア・タイプ，レジスタ実装記述，vldec_rr2.v)

```verilog
 1: /* ----------------------------------------------------
 2:  *     serial input variable length code decoder
 3:  *          register decoder version (Moore type)
 4:  *         (vldec_rr2.v)           designed by Shinya KIMURA
 5:  * ---------------------------------------------------- */
 6:
 7: // state name definition
 8: `define S0   4'b0000
 9: `define S1   4'b0001
10: `define S2   4'b0010
11: `define S3   4'b0011
12: `define S4   4'b0100
13: `define S5   4'b0101
14: `define Sa   4'b1000
15: `define Sb   4'b1001
16: `define Sc   4'b1010
17: `define Sd   4'b1011
18: `define Se   4'b1100
19: `define Sf   4'b1101
20: `define Sg   4'b1110
21: `define SX   4'b0111
22:
23: // character signal definition
24: `define A 7'b1000000
25: `define B 7'b0100000
26: `define C 7'b0010000
27: `define D 7'b0001000
28: `define E 7'b0000100
29: `define F 7'b0000010
30: `define G 7'b0000001
31:
32: module vldec(clock, reset_N, sdata, charsig);
33:     input          clock, reset_N, sdata;
34:     output [6:0] charsig;
35:
36:     reg  [4:0] state;
37:     wire [6:0] charsig;
38:
39:     assign charsig = chardec(state[3:0]);
40:
41:     function [6:0] chardec;
42:         input [3:0] state;
43:         begin
44:             case (state)
45:                 `Sa     : chardec = `A;
46:                 `Sb     : chardec = `B;
47:                 `Sc     : chardec = `C;
48:                 `Sd     : chardec = `D;
49:                 `Se     : chardec = `E;
50:                 `Sf     : chardec = `F;
51:                 `Sg     : chardec = `G;
52:                 default: chardec = 7'b0000000;
53:             endcase
54:         end
55:     endfunction
56:
57:     // state transition control
58:     always @(posedge clock or negedge reset_N) begin
59:         if(!reset_N) begin
60:             state <= `S0;
61:         end else begin
62:             case(state)
63:                 `S0     : state <= (sdata) ? `S2 : `S1;
64:                 `S1     : state <= (sdata) ? `Sb : `Sa;
65:                 `S2     : state <= (sdata) ? `S4 : `S3;
66:                 `S3     : state <= (sdata) ? `Sd : `Sc;
67:                 `S4     : state <= (sdata) ? `S5 : `Se;
68:                 `S5     : state <= (sdata) ? `Sg : `Sf;
69:                 `Sa,`Sb,
70:                 `Sc,`Sd,
71:                 `Se,`Sf,
72:                 `Sg     : state <= (sdata) ? `S2 : `S1;
73:                 default: state <= `SX;
74:             endcase
75:         end
76:     end
77: endmodule
```

タ・トランスファ・オペレーションを行い，さらに次の状態へ遷移する」ことを記述できるわけです．もちろん，論理合成可能であり，複雑な動作をするシステムをわかりやすく簡潔に表現することができます．

このように，各状態においてレジスタ・トランスファ・オペレーションと状態遷移とを一緒に記述するスタイルを，拡張有限状態機械(Extended Finite State Machine，略してEFSM)記述あるいは拡張シーケンサ記述と呼んでいます．拡張シーケンサ記述のイメージと記述例を図4.11に示します．

ここでは，乗算回路を例にして拡張シーケンサ記述の方法を解説します．

● **乗算のアルゴリズム**

乗算は組み合わせ回路で構成する方法もありますが，ここでは部分積を求めてそれを累算していくことで積を求めるアルゴリズムを使います．このアルゴリズムは，乗算命令を持たないマイクロプロセッサで乗算処理を行うようなときに利用されるものです．

簡単のため，乗数，被乗数ともに4ビットの正数とします．乗数をLreg，被乗数をMreg，乗算結果をHregとLregに格納するものとします．つまり，次のような計算を行うことになります．ただし，Hregは5ビット長のレジスタとします．また，初期設定として，Hregには0が，LregとMregには乗数と被乗数が設定されているものとします．

　　　{Hreg, Lreg} <= Lreg * Mreg

この演算の過程を図4.12に示します．図からわかるように，部分積(Mreg*Lreg[n])の和を逐次Hregに加えていきます．加算後，Hreg，Lregを連結して右にシフトすることで，常にLregの最下位ビット(LSB)とMregの部分積を計算することになります．部分積といっても，実際には0かMregの値かのどちらかになります．

以上をまとめると，次に示す二つの処理を繰り返すことで乗算を行うことになります．

　　STEP1：if(Lreg[0]==1) Hreg <= Hreg + Mreg
　　STEP2：{Hreg, Lreg} <= {1'b0, Hreg, Lreg[3:1]}

Hregは，STEP1の加算において繰り上がりがあることを考慮して，1ビット分長い5ビットのレジスタが必要になります．

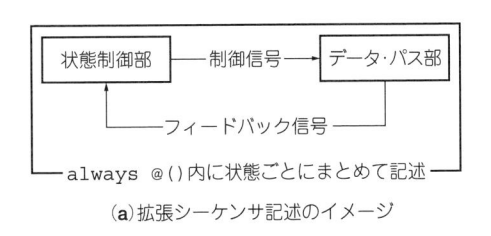

```
always @(...or negedge reset_N) begin
  if(!reset_N) begin
      state <= `INITIAL_STATE ;
  end else if(state == `CURRENT_STATE) begin
      Areg <= Breg;            //RTオペレーション
      state <= `NEXT_STATE ;   //状態遷移
  end else if(....) begin

      end....
end
```

(a) 拡張シーケンサ記述のイメージ

(b) 記述スタイル

図4.11　拡張シーケンサ記述(拡張有限状態機械記述)の概要

第4章　同期式順序回路の記述

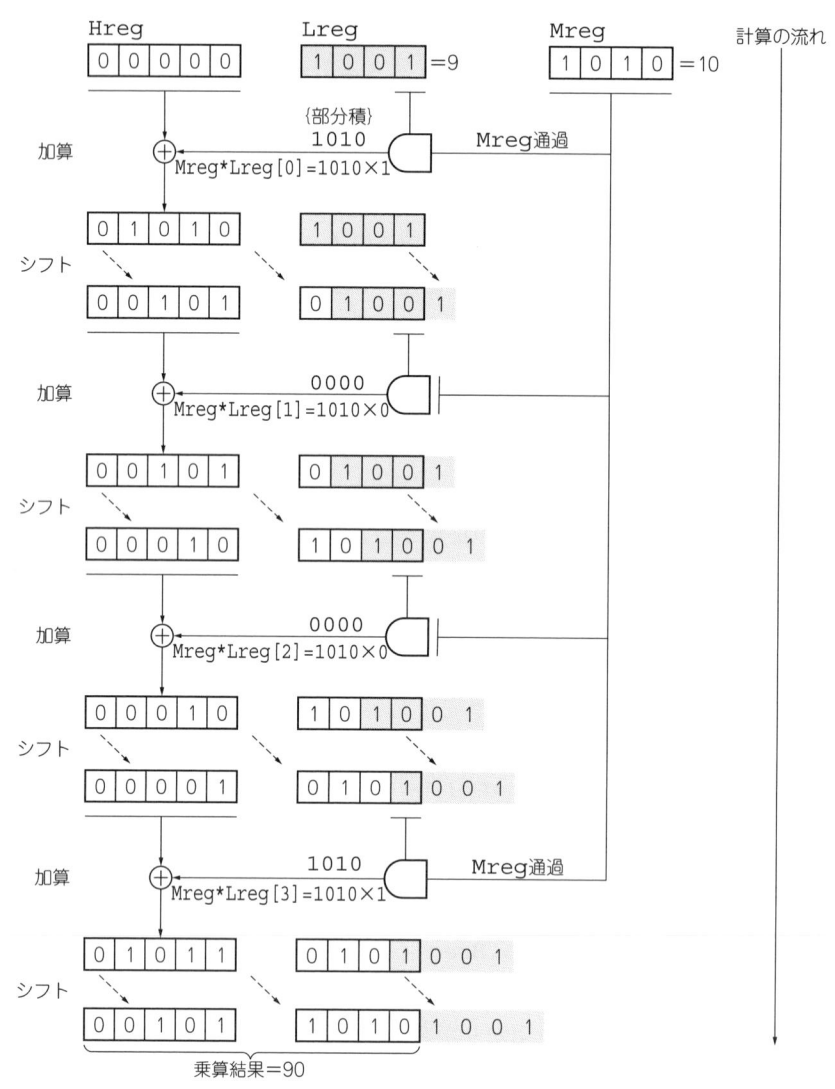

図4.12　乗算の演算過程（部分積加算型）

● 乗算アルゴリズムの基本部分の記述

ではここで，乗算アルゴリズムの基本部分をVerilog HDLで記述してみます．上に示した二つの動作を別々の状態で実行することにします[注3]．STEP1のLregのLSBによって加算する状態をAステート（加算ステート），STEP2の右シフトを行う状態をSステート（シフト・ステート）とします．

状態遷移は，クロックごとにAステートとSステートの間をループすることになります．また，それぞれの状態において状態遷移と必要な演算を実行するように記述します．

注3：実際には加算とシフトを同じ状態で実行することが可能である．ここでは説明上，シーケンサらしく見えるように二つの状態に分けている．

4.4 拡張シーケンサ記述

リスト4.7 部分積加算型乗算処理部のVerilog HDLによる記述例(multi4basic.vvv)

```
 1: /* -------------------------------------------------
 2:  *  multiplier basic part
 3:  *      (multi4basic.vvv)        designed by Shinya KIMURA
 4:  * ------------------------------------------------- */
 5:
 6: module multi( ... );
 7:     reg [4:0] Hreg;
 8:     reg [3:0] Lreg, Mreg;
 9:     reg       Istate, Astate, Sstate;
10:
11:     always @(posedge clock) begin
12:         if(Astate) begin
13:             Hreg   <= Hreg + (Lreg[0] ? Mreg : 4'b0000);
14:             Astate <= 1'b0;
15:             Sstate <= 1'b1;
16:         end else if(Sstate) begin
17:             {Hreg, Lreg} <= {1'b0, Hreg, Lreg[3:1]};
18:             Sstate <= 1'b0;
19:             Astate <= 1'b1;
20:         end
21:     end
22: endmodule
```

Aステートでの処理
部分積加算とSステートへの遷移

Sステートでの処理
ビットのシフトとAステートへの遷移

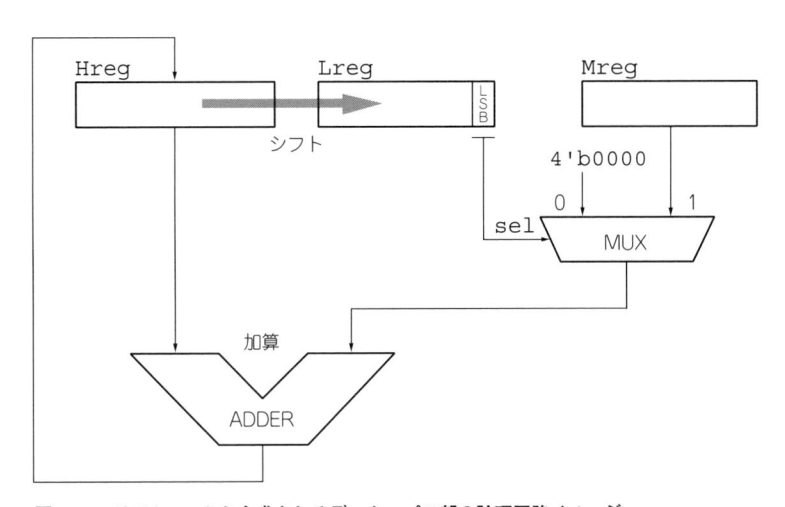

図4.13 リスト4.7から合成されるデータ・パス部の論理回路イメージ

　この乗算処理部をVerilog HDLで記述すると，**リスト4.7**のようになります．13～15行目がAステートで部分積の加算を行い，次のSステートへの遷移を記述しています．17～19行目がSステートでHregとLregを連結して右シフトし，Aステートへと遷移しています．この記述から合成される論理回路のイメージは，**図4.13**のようになります．

第4章　同期式順序回路の記述

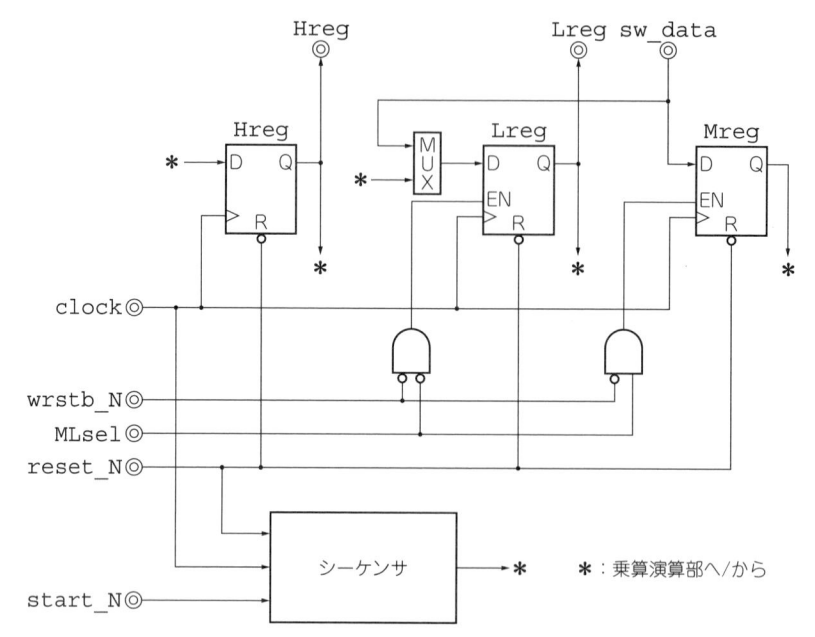

図4.14　乗算回路の外部インターフェース信号（演算部は除く）

このように，各状態におけるレジスタ・トランスファ・オペレーションと，次の状態への遷移を記述する拡張シーケンサ記述を用いると，状態ごとにどのような動作をするのか一括して記述することができるため，可読性が向上します．

● 乗算回路の外部インターフェースの記述

　実際に乗算をさせるためには，演算データをレジスタに設定する機能が必要です．そこで，データの設定は乗算処理を行っている状態とは別に，アイドル状態（Iステート）を用意して行うことにします．

　初期値の設定は，LregとMregの両方に対して行う必要があります．信号線を減らすために，設定するデータは共通の信号sw_data[3:0]とし，レジスタの選択信号としてMLsel信号（"1"でMreg，"0"でLregを指定），レジスタへの書き込み信号wrstb_N（アクティブ・ロー）を用意することにします．

　さらに，演算データを設定した後，乗算を開始するためのスタート信号start_N（アクティブ・ロー）を用意することにします．

　なお，Hregの初期化（"0"設定）は，リセット信号reset_N（アクティブ・ロー）またはIステートでstart_Nがアクティブになった時点の両方で行うことにします．

　出力信号は，乗算結果が入るHregとLregとします．以上，外部インターフェースに関する部分の回路を図4.14に示します．また，アイドル状態とスタート信号を考慮した状態遷移図を，図4.15に示します．

　ここで，レジスタへのデータ設定はIステートでのみ行えることとし，AステートやSステートでは，書き込み信号wrstb_N信号を無視することにします．

4.4 拡張シーケンサ記述

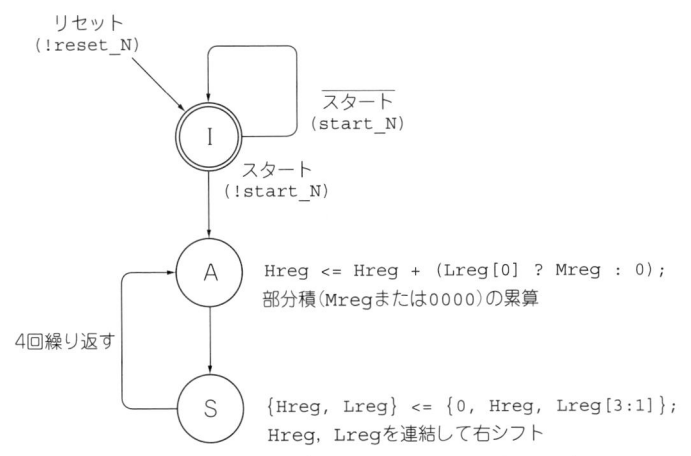

図4.15 乗算回路の状態遷移とレジスタ・トランスファ・オペレーション

状態遷移図:
- リセット(!reset_N) → I状態
- I状態: スタート(start_N)で自己ループ
- スタート(!start_N)でA状態へ遷移
- A状態: `Hreg <= Hreg + (Lreg[0] ? Mreg : 0);`
  部分積(Mregまたは0000)の累算
- A → S状態
- S状態: `{Hreg, Lreg} <= {0, Hreg, Lreg[3:1]};`
  Hreg, Lregを連結して右シフト
- 4回繰り返す (S → A)

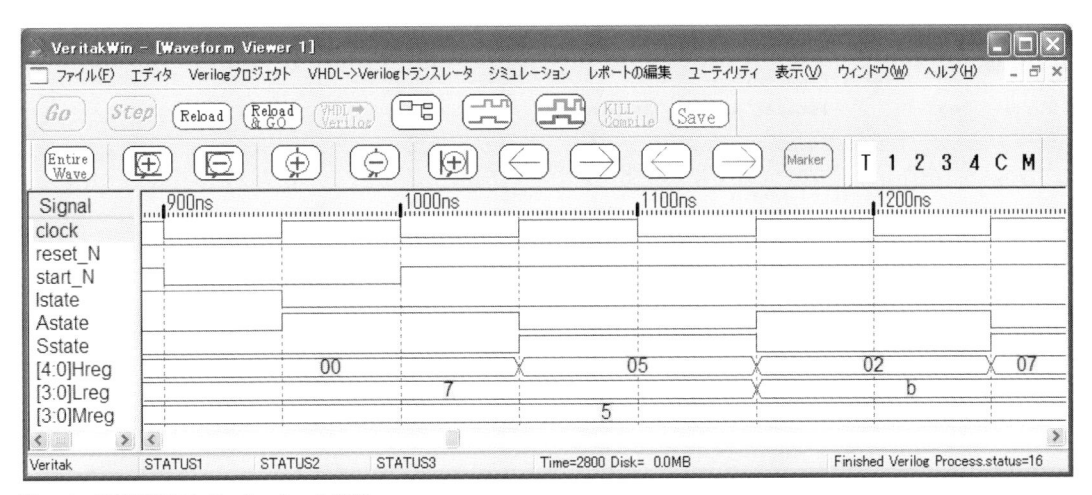

図4.16 乗算回路のシミュレーション結果

以上の仕様を元にVerilog HDLで記述すると，**リスト4.8**のようになります．

なお，この記述をシミュレーションするための解説が第6章の6.4項にあるので，そちらも参照してください．

● 動作タイミングの検討

これまで，動作タイミングについてはあまり説明せずにVerilog HDLによる記述を作成してきました．しかし，Verilog HDLによる記述がどのようなタイミングで動作するかを理解しておくことは重要ですので，ここで少し検討してみます．

乗算回路のAステートとSステートを中心に動作を調べてみます．Verilog HDLによる記述は，クロック信号(clock)の立ち上がりで動作するようになっています．したがって，状態やレジスタはクロックの立ち上がりで変化することになります．

第4章　同期式順序回路の記述

リスト4.8　乗算回路のVerilog HDLによる記述例(multi4nc.v)

```
 1: /* -------------------------------------------------
 2:  *   multiplier (non stop control version)
 3:  *      (multi4nc.v)            designed by Shinya KIMURA
 4:  * ------------------------------------------------- */
 5:
 6: `define ON  1
 7: `define OFF 0
 8:
 9: module multiplier(clock, reset_N, wrstb_N, MLsel, sw_data, start_N, Hreg, Lreg);
10:
11:    // {Hreg, Lreg} <= Lreg * Mreg
12:
13:    input        clock, reset_N, wrstb_N, MLsel, start_N;
14:    input  [3:0] sw_data;
15:    output [4:0] Hreg;
16:    output [3:0] Lreg;
17:
18:    reg    [4:0] Hreg;
19:    reg    [3:0] Lreg, Mreg;
20:    reg          Istate, Astate, Sstate;
21:
22:    always @(posedge clock or negedge reset_N) begin
23:       if (!reset_N) begin                    // reset
24:          Hreg   <= 0;
25:          Lreg   <= 0;
26:          Mreg   <= 0;
27:          Istate <= `ON;
28:          Astate <= `OFF;
```

　図4.16は，シミュレーション結果をタイミング図で表示したものです．初期値はLregが"7"，Mregが"5"として説明します．

　図4.16の時刻950のクロックの立ち上がり時点(点線位置)においてstart_N信号がアクティブ("0")となっており，IステートからAステートへ遷移しています．しかし，この時点ではHreg，Lregには変化はありません．レジスタへの書き込みが行われるのは，クロックの次の立ち上がりエッジ(時刻1050)になります．時刻1050において，Hregが"00"から"05"に変化しています．これは，最初のAステートが終わるときの時刻です．ここで，Lreg[0]の値が"1"であるため，Mreg(=4'b0101)とHreg(=5'b00000)の加算結果(=5'b00101)をHregに書き込んでいます．

　ここでSステートへ遷移しますが，右シフトが行われてHregとLregに書き込まれるのは，時刻1150の時点になります．最初のSステートでは，Hregが5'b00101，Lregが4'b0111となっているので，右シフトした結果，9'b000101011の上位5ビット(5'b00010=2)がHregに，下位4ビット(4'b1011=B)がLregに書き込まれます．このように，レジスタへの書き込みはそのステートの最後において実行されることになります．

```
29:            Sstate <= `OFF;
30:        end else if(Istate) begin
31:            if(!wrstb_N) begin
32:                case(MLsel)              // initial data setting
33:                    0: Lreg <= sw_data;
34:                    1: Mreg <= sw_data;
35:                endcase
36:            end else if(!start_N) begin
37:                Istate <= `OFF;
38:                Astate <= `ON;
39:            end else begin
40:                /* no change */
41:            end
42:        end else if(Astate) begin        // add state
43:            Hreg   <= Hreg + (Lreg[0] ? Mreg : 4'b0000);
44:            Astate <= `OFF;
45:            Sstate <= `ON;
46:        end else if(Sstate) begin        // shift state
47:            {Hreg, Lreg} <= {1'b0, Hreg, Lreg[3:1]};
48:            Sstate <= `OFF;
49:            Astate <= `ON;
50:        end else begin                   // illegal state
51:            Istate <= `OFF;
52:            Astate <= `OFF;
53:            Sstate <= `OFF;
54:        end
55:    end
56: endmodule
```

　Verilog HDLではステートごとに動作を記述しているため，ステートの開始と同時にレジスタ・トランスファ・オペレーションが行われるような勘違いをすることがあります．しかし，実際にはステートの最後の時点で行われることに注意してください．

　このことは，always @()構文だけで記述している場合には，あまり問題にはなりません．しかし，always @()構文内で設定された信号からassign文などによる組み合わせ回路を経由して信号を生成する場合に重要で，どのタイミングで信号が変化するか，正確に把握しておく必要があります．

　リスト4.8に示した例で乗算が可能ですが，実際に使用することを考えると，使いにくいところがあります．それは，クロック信号を必要以上に与えると演算結果が破壊されてしまうという点と，いつ乗算が終了したか外部からわかりにくい点です．

　この点を考慮し，乗算回路を改良してシミュレーションした例が第6章の6.4項に，またCPLDを用いた実装例が第7章の7.3項にあります．そちらも参考にしてください．

第5章 Verilog HDLで複雑なシステムを表記する方法

第2章から第4章で示したVerilog HDLによる記述例は，一つの機能を一つのモジュールとする単純なものでした．しかし，Verilog HDLにおけるモジュールは，複雑なシステム構成を表記する際の基本単位となるものです．そこで本章では，モジュールを用いて大規模なシステムや複雑なシステムを構成する方法について解説します．

また，複数の実装ターゲットがある場合，大規模なシステムにおいてファイルやモジュールを効果的に管理する方法，そしてより高度な記述をするためのテクニックなどについても説明します．

5.1 モジュールによる複雑なシステムの表記

● 別モジュールの組み込み…インスタンス化

一般に，大規模なシステムを構築する場合，機能ごとにブロック化して，それらを接続する形で扱います．Verilog HDLのモジュールは，このブロックに相当するものです．また，階層構造をしたシステムでは各階層をモジュールとし，それらを積み重ねることによって全体を構成することもできます．

一つのモジュールの大きさは任意であり，設計者にゆだねられます．デコーダやレジスタといった小規模なものから，シーケンサやCPUといった大きなものまでモジュール化することができます．

ただし，論理合成することを考えると，大きなモジュールを記述すると，論理合成する際に時間やコンピュータのメモリが大量に必要になります．したがって，適当な大きさ（回路規模で数1000ゲート程度と言われている）にするのが無難です．

あるモジュールの中に，他のモジュールを組み込むことを**インスタンス化**あるいはインスタンシエーション（instantiation）と呼んでいます．解説書によっては，「モジュール呼び出し」というような表現をしているものもあります．インスタンス化とは，別のモジュールを実体化するということで，「あ

るモジュールを構成する場合，別のモジュールをそれぞれ1個の部品やボードと考え，それらを用意して配線を行う」という意味合いです．

たとえば，パソコンの構成を考えてみると，基本部品としてCPUやグラフィック・コントローラなどの集積回路があり，それぞれを個別のモジュールとみなします．次に，いろいろな集積回路を使ってプリント基板上に回路を構成します．そうしてできたプリント基板も一つのモジュールとみなします．ここで，集積回路とプリント基板の関係を見ると，「集積回路はプリント基板上に用意した別のモジュール」という関係になり，Verilog HDLではプリント基板がインスタンス化する側で，集積回路はインスタンス化される側ということになります．

さらに，複数の種類のプリント基板やハードディスク，電源などを組み込んでパソコンができあがります．ここで，パソコン本体からみるとプリント基板をインスタンス化していることになります．

次に，あるモジュールboardにおいて，別のモジュールpartをインスタンス化する際の記述例を示します．

---インスタンス化の記述例---
```
module board(clock, reset);
    input clock, reset;
     ....
    wire sig1, sig2;
    part part1(clock, reset, sig1, sig2);  // partのインスタンス化定義
     ....
endmodule
```

上記の記述例において，partはインスタンス化するモジュール名を示しています．次のpart1はインスタンス名と呼んでおり，インスタンス名は実体化したモジュールに対して付ける名前です．同じモジュールを複数インスタンス化する場合には，それらを区別するため別々の名称を付けます．本書では，あるモジュールを一度だけインスタンス化する場合は，インスタンス名をモジュール名と同じ名称にしています．続く（ ）の中は，モジュールに接続する信号のリストを規定しています．つまり，インスタンス化するモジュールとの結線を示しています．

図5.1に，インスタンス化の構文図を示します．また，図5.2に，階層構造とモジュールのインスタンス化の記述の例を示します．

このような仕組みを用いれば，さまざまなモジュールを用意して大きなモジュールを構成することもできますし，同じモジュールを複数用意して使用することも可能になります．また，モジュール内に別モジュールがあり，さらにその中に別のモジュールがあるような階層構造も記述できます．

なお，最上位のモジュールをインスタンス化する必要はありません．

● モジュール間の信号接続の定義

モジュールとそれをインスタンス化したモジュールとの信号接続を定義するには，次の二つの記法

第5章　Verilog HDLで複雑なシステムを表記する方法

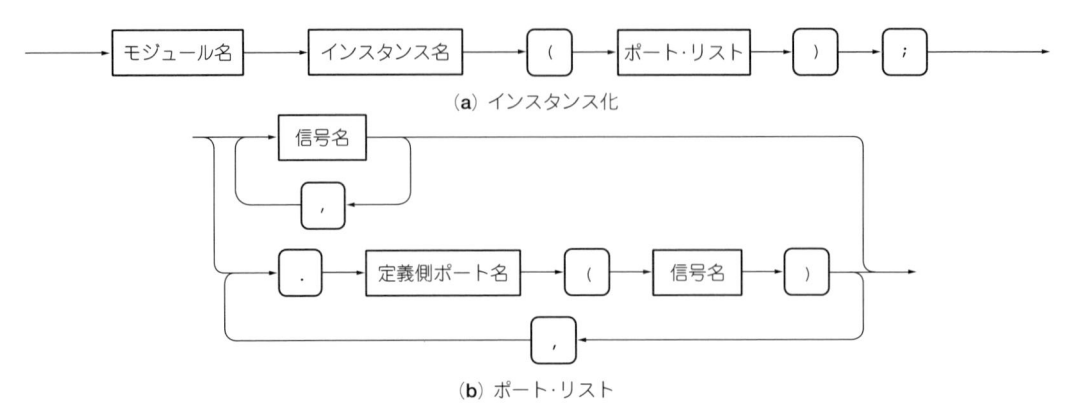

(a) インスタンス化

(b) ポート・リスト

図5.1　インスタンス化の構文図

```
module dual_system // トップ・レベル・モジュールとする
```

SYS1.CPU1.cy_flag
SYS2.CPU1.cy_flag ｝階層内信号の参照名

```
module dual_system( ... );
  ...
  computer SYS1( ... );
  computer SYS2( ... );
  comparator SYS3( ... );
  ...
endmodule
```

```
module computer( ... );
  ...
  cpu CPU1( ... );
  memory SRAM_L( ... );
  memory SRAM_H( ... );
  ...
endmodule
```

```
module CPU( ... );
  ...
  reg cy_flag;
  ...
endmodule
```

```
module memory( ... );
  ...
endmodule
```

同じモジュールが2個あり，別々のインスタンス名を付けて区別する

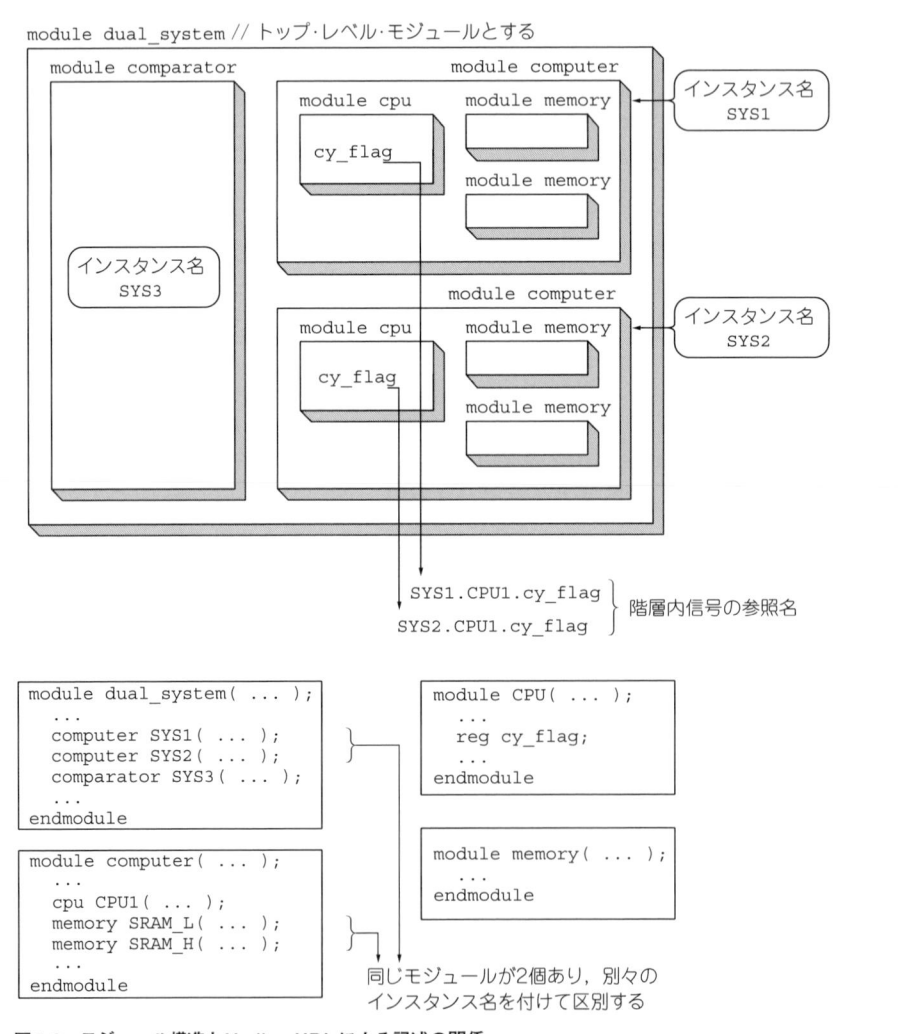

図5.2　モジュール構造とVerilog HDLによる記述の関係

があります．

　第1の方法は，モジュール本体のポート・リスト部(モジュール名に続いて記述する入出力信号名リスト)とモジュールをインスタンス化した側の信号名リストを，同じ並びで記述する方法です．これは，プログラミング言語のサブルーチン・コールにおける引き数渡しと同じ記法です(**図5.3**参照)．

　第2の方法は，モジュール本体の信号名とインスタンス化した側の信号名を直接ペアとして表記する方法です．信号ペアを記述するには，モジュール本体のポート・リスト宣言をした信号名の前にピリオド(.)を付け，その後にカッコ付きで接続する信号名を指定します．この場合，信号の並びは任意になります(**図5.4**参照)．

　第2の方法は，宣言部が長くなる欠点がありますが，誤りが少ない方法といえます．ただし，本書ではプログラム言語にならい，信号の記述順番によって接続関係を示す方法をとります．

　なお，インスタンス化する側の信号名とモジュール側の信号名は同じである必要はありません．ただし，複雑なシステムでなければ，同じ名称を用いた方がミスや誤解を少なくできるでしょう．

● モジュール間インターフェース信号の型

　モジュールと外部をつなぐ信号は，input，output，inoutによって宣言します．これらの信号は，モジュール内でwire宣言あるいはreg宣言します．

　モジュールからの出力信号は，モジュール内部でassign文やalways @()構文内で定義します．

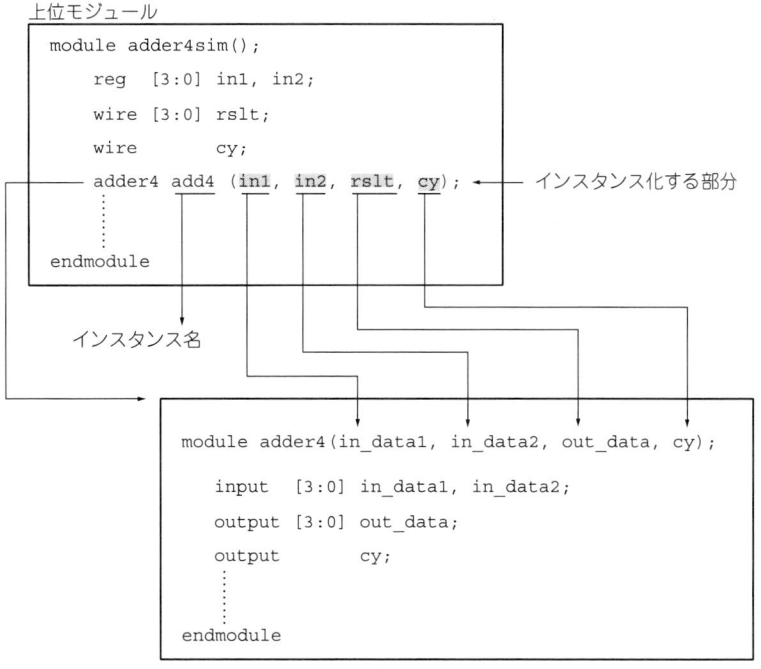

```
上位モジュール
module adder4sim();
    reg   [3:0] in1, in2;
    wire  [3:0] rslt;
    wire        cy;
    ⋮
    adder4 add4 (in1, in2, rslt, cy);   ← インスタンス化する部分
    ⋮
endmodule
```

インスタンス名

```
module adder4(in_data1, in_data2, out_data, cy);
    input  [3:0] in_data1, in_data2;
    output [3:0] out_data;
    output       cy;
    ⋮
endmodule
```

インスタンス化されるモジュール

図5.3　モジュール定義とインスタンス化する部分の信号関係(その1)

第5章　Verilog HDLで複雑なシステムを表記する方法

```
上位モジュール
    module adder4sim();
        reg  [3:0] in1, in2;
        wire [3:0] rslt;
        wire       cy;
        adder4 add4 (.out_data(rslt), .cy(cy),
                     .in_data1(in1),.in_data2(in2));
        ⋮
    endmodule
```

インスタンス化する部分

インスタンス名

```
    module adder4(in_data1, in_data2, out_data, cy);
        input  [3:0] in_data1, in_data2;
        output [3:0] out_data;
        output       cy;
        ⋮
    endmodule
```

インスタンス化されるモジュール

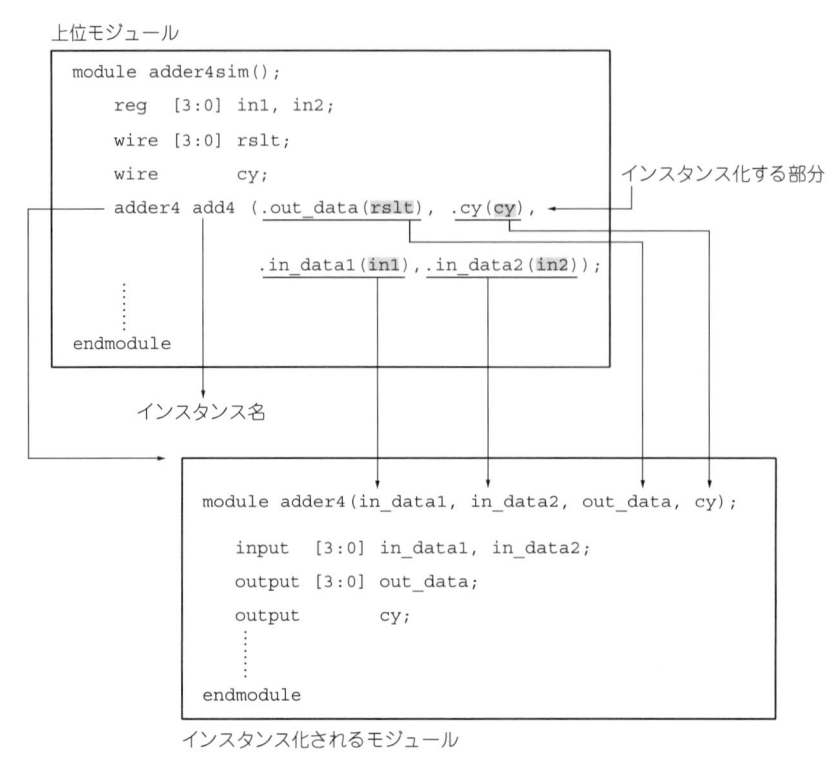

図5.4　モジュール定義とインスタンス化する部分の信号関係(その2)

assign文で設定される信号はwire宣言を，always @()構文内で代入される信号はreg宣言をする必要があることは，前述したとおりです．

他方，入力信号はモジュール外部で生成される信号になるので，入力側のモジュール内でreg宣言するとエラーになります．外部からの入力信号は発生元で保持されているはずで，その信号を入力したモジュール内部において保持するということはありえないことだからです．

では，上位のモジュールで複数のモジュールをインスタンス化し，モジュール同士を接続する場合，それらの信号の型はどうなるのでしょうか．上位モジュールから見れば，これは単なる配線ということになります．よって，これらの信号は上位モジュールでwire宣言することになります．

以上，信号の宣言およびモジュール間接続信号の関係をまとめると，**図5.5**のようになります．

● モジュール内で定義した信号の有効範囲（スコープ・ルール）

モジュールを定義するときに，モジュール外部とのインターフェース信号はポート・リスト部で定義します．また，モジュール内部の信号は，wireやregとして定義します．

これらの信号は，モジュール内のローカル信号になります．すなわち，ほかのモジュール定義で同じ名称の信号が使われていても，別の信号になります．

また，モジュールをインスタンス化したときに，接続する親のモジュール側の信号名と同じ名前の

5.2 コンパイラ指示子とパラメータ宣言を有効に使う

```
module test_bench
  reg   clock, run, stop, write;
  wire  done_xyz,
        ready_abc,
        wait_abc,
        wrstb;
  assign wrstb = write & clock;

        initial begin
          clock <= 0;
          run   <= 1;
          stop  <= 0;
          write <= 0;
          #100
          run   <= 0;
          stop  <= 1;
          ...
        end




  always #10 begin
    clock <= ~clock;
  end

      module abc
        input  clk, go, wr, done;
        output     stand_by, ready;
        wire clk, go, wr, done, ready;
        reg  wait;
          assign ready = ...;
          always @(..) begin
            wait <= ...;
            ...
          end

      module xyz
        input  clk, stp, stand_by, ready;
        output done;
        wire clk, stp, wait,
             ready, done;
        reg  ... ;
          assign done = ...;
          always @(..) begin
            ...
          end
```

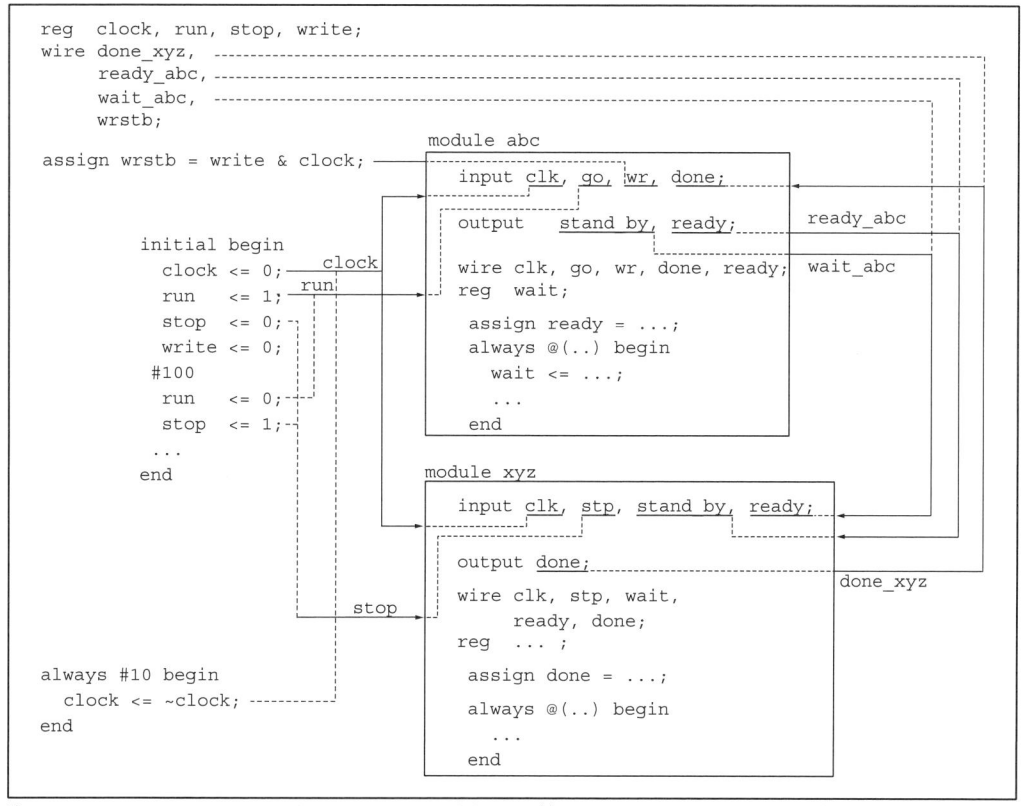

注: always #10 begin ～ end はシミュレータの時計で10ごとにbegin～end内を実行することを意味する

図5.5 モジュールと接続信号の関係

信号があっても別々の信号になります．もちろん，インスタンス化して接続した信号は除きます．

なお，C言語では，どの関数からも参照・代入できるグローバル変数がありますが，Verilog HDLではこれに相当する信号はありません．

5.2 コンパイラ指示子とパラメータ宣言を有効に使う

● C言語に類似したコンパイラ指示子…"`"を使う

Verilog HDLにも，C言語の#defineや#include，#ifdef，#else，#endifに類似したコンパイラ指示子があり，これらを用いてVerilog HDLのソース・ファイルの管理を容易にすることができます．Verilog HDLのコンパイラ指示子はC言語と異なり，"#"ではなく"`"(grave accent)で始まります．

なお，ツールによってはサポートしていないこともあるので，使用にあたっては注意が必要です．事前に確認しておくことをお勧めします．

第5章　Verilog HDLで複雑なシステムを表記する方法

また，Verilog HDLには，モジュール内の可変部分をパラメータ化して記述できる機能があります．この機能を利用すると，同種類のモジュールは一つのモジュールを記述するだけで管理できるようになります．

● 定数を定義する … `define文

プログラムを作成する場合，一般に意味のある定数はプログラム中に直接数値を記入することはせず，その意味がわかる名前を付けて記述する手法をよく利用します．C言語では，#define文を用いて定数に意味のある名前を付けて定義し，プログラムの本体ではその名前を使います．

このようにすると，プログラムの可読性が向上するだけでなく，定数の値が変更された場合には，#define文の定義だけ修正すればよくなります．また，修正漏れや修正ミスもなくすことができます．

Verilog HDLにも，これと類似した仕組みがあります．Verilog HDLでは定数を定義する場合，C言語の#defineの代わりに`defineを使用します．**リスト5.1**に，ビット幅をDATA_WIDTHとして定義したレジスタの記述例を示します．

C言語と異なる点として，`defineで定義した定数名を使用する場合，参照側でも定数名の前に"`"を付ける必要があります．C言語に慣れていると，ちょっと違和感を覚えるかもしれません．しかし，この記述スタイルによって，その名前が信号名なのか定数名なのかが一目でわかります．

● 共通情報のファイル化 … `include文

大規模なシステムを記述する場合，モジュール群を複数のファイルに分けて記述することができま

リスト5.1 `define文による定数の定義例(define.v)

```
 1: /* -------------------------------------------------
 2:  *   `define sample
 3:  *       (define.v)            designed by Shinya KIMURA
 4:  * ------------------------------------------------- */
 5:
 6: `define DATA_WIDTH 8
 7:
 8: module register(wr, we, data_in, data_out);
 9:     input                   wr, we;
10:     input  [`DATA_WIDTH-1:0] data_in;
11:     output [`DATA_WIDTH-1:0] data_out;
12:
13:     reg    [`DATA_WIDTH-1:0] data_out;
14:
15:     always @(posedge wr) begin
16:         if(we) begin
17:             data_out <= data_in;
18:         end
19:     end
20:
21: endmodule
```

す．そのような場合，各モジュールに共通する情報は，ファイルごとに記述するのではなく，共通化できる仕組みがあると管理が容易になります．

C言語では，そのような場合にはシステム全体で共通する情報をファイル（いわゆるヘッダ・ファイル）にまとめておき，共通情報を必要とするファイルにおいて#include文により読み込みを行うという仕組みがあります．共通事項をファイル化することにより，変更や修正が必要になった場合，そのファイルを直すだけで済んでしまいます．プログラムの保守性に優れた手法です．

Verilog HDLにも同じような仕組みがあります．記述方法もC言語と類似しており，`includeに続き，ダブル・クォーテーション・マーク"""でファイル名を囲んで指定します．

● 複数のターゲットに対応させるとき … `ifdef，`else，`endif文

C言語でプログラムを開発する場合，ターゲット（たとえば，パソコン用とワークステーション用，あるいはコンパイラの種類など）によって，多少記述を変えなければならないことがあります．このようなとき，ターゲットごとにプログラムを用意すると，それらを管理するのに手間がかかったり，修正ミスや修正漏れが生じる原因になってしまいます．そのため，C言語では#ifdef，#else，#endifなどのコンパイラ指示子を使って，一つのソース・プログラムで複数のターゲットに対応できる仕組みをもっています．

ハードウェア記述言語を用いてシステムを設計する場合も，実装ターゲットによって少々記述を変えなければならない場合があります．

リスト5.2 `ifdefの使用例（sftreg.v）

```
 1: /* -------------------------------------------------------
 2:  *   `ifdef sample
 3:  *      (sftreg.v)                designed by Shinya KIMURA
 4:  * ------------------------------------------------------- */
 5:
 6: `include "common.v"
 7:
 8: `ifdef FPGA
 9: module sftreg(clock, in, out1, out2);
10:     input  clock, in;
11:     output out1, out2;
12: `else
13: module sftreg(clock, in, out2);
14:     input  clock, in;
15:     output out2;
16: `endif
17:     reg    out1, out2;
18:
19:     always @(posedge clock) begin
20:         out1 <= in;
21:         out2 <= out1;
22:     end
23: endmodule
```

第5章 Verilog HDLで複雑なシステムを表記する方法

リスト5.3　ビット幅をパラメータ化したレジスタの記述例(param.v)

```
 1: /* ----------------------------------------------------
 2:  *  variable bit width sample
 3:  *      (param.v)                designed by Shinya KIMURA
 4:  * ---------------------------------------------------- */
 5:
 6: module register(wr, we, data_in, data_out);
 7:     parameter DATA_WIDTH = 8;
 8:     input                   wr, we;
 9:     input   [DATA_WIDTH-1:0] data_in;
10:     output  [DATA_WIDTH-1:0] data_out;
11:
12:     reg     [DATA_WIDTH-1:0] data_out;
13:
14:     always @(posedge wr) begin
15:         if(we) begin
16:             data_out <= data_in;
17:         end
18:     end
19:
20: endmodule
```

　たとえば，FPGAを使って試作し，その後スタンダード・セル方式(セミ・カスタム・タイプの集積回路)のICチップで量産するような場合を想定してみます．FPGAを使った試作では，デバッグの意味合いが大きいので，内部信号を観測できるような端子を用意したとします．しかし，このような端子は量産するICチップには必要ありません．

　このような場合，FPGA用とスタンダード・セル用のVerilog HDLの記述を用意するのではなく，`ifdef，`else，`endifを使って1セットのVerilog HDLファイルで複数の実装ターゲットに対応できます．これらの記述例を，**リスト5.2**に示します．

　6行目のinclude文で，common.vをインクルードしています．このファイルに文字列FPGAが定義されていると，9～11行目のmodule宣言と入出力ポート宣言が有効になります．もし，文字列FPGAが定義されていなければ，13～15行目のmodule宣言と入出力ポート宣言が有効になります．なお，`ifdefで判定する定義名には"`"を付けません．

● 可変部分をパラメータ化して記述量を減らす

　ハードウェア記述言語を使用して設計を行っていると，ビット幅が異なるだけで基本的な機能は同じモジュールが必要になることがあります．そのような場合，ビット数が異なる複数のモジュールを作成するのは効率がよくありません．また，修正や変更があると，ミスの原因になります．

　このような場合，Verilog HDLでは可変部分をパラメータ化して記述することができ，一つのモジュールを用意するだけで対応できます．

　ビット幅をパラメータ化したレジスタの記述例を，**リスト5.3**に示します．モジュール内でパラメータ値を仮に8として設定しています．もし，異なったビット数のレジスタが必要になった場合には，イ

リスト5.4 ビット幅をパラメータ化したレジスタのインスタンス化(paramtop.v)

```
 1: /* --------------------------------------------------
 2:  *   instantiation with parameter
 3:  *     (paramtop.v)              designed by Shinya KIMURA
 4:  * -------------------------------------------------- */
 5:
 6:
 7: module paramtop(regsel, wr, we, data_in, data_out);
 8:     input   [ 2:0] regsel;
 9:     input          wr, we;
10:     input   [31:0] data_in;
11:     output  [31:0] data_out;
12:
13:     wire    [ 7:0] reg8out;
14:     wire    [15:0] reg16out;
15:     wire    [31:0] reg32out;
16:
17:     assign data_out = (regsel==1) ? {24'h000000, reg8out}  : 32'hZZZZZZZZ;
18:     assign data_out = (regsel==2) ? {16'h0000,   reg16out} : 32'hZZZZZZZZ;
19:     assign data_out = (regsel==4) ? {            reg32out} : 32'hZZZZZZZZ;
20:
21:     register #( 8) reg8  (wr, we, data_in[ 7:0], reg8out);
22:     register #(16) reg16 (wr, we, data_in[15:0], reg16out);
23:     register #(32) reg32 (wr, we, data_in,      reg32out);
24:
25: endmodule
```

ンスタンス化する際にパラメータ値をモジュール名とインスタンス名の間に記述します．

リスト5.4では，3種類のビット幅の異なったレジスタをインスタンス化しています．複数のパラメータがある場合は，パラメータ宣言でそれらをコンマ(,)で区切って並べます．一方，インスタンス化する場合にも，#()の中にコンマで区切って並べます．両者の対応は記述順になるので，注意が必要です．

リスト5.5では，スタティックRAMのデータ線の数，アドレス線の数，アドレス範囲をパラメータ化して記述しています．リスト5.6では，二つのRAMをインスタンス化していますが，前者は4ビット×256ワード，後者は8ビット×1024ワードのメモリとなっています．

このように，可変部をパラメータ化することで，記述量を減らすことができ，また修正や変更も容易になります．

5.3 さまざまな記述のバリエーションとテクニック

● ポート属性と信号属性の結合定義

本書に掲載するほとんどのVerilog HDLによる記述例において，モジュールと外部を接続する信号はポートの属性(input, output, inout)と信号の属性(wire, reg)を別々に定義しています．これ

リスト5.5　複数のパラメータを持ったモジュール定義(param3.v)

```
 1: /* -------------------------------------------------------
 2:  *  3 parameters sample (static RAM)
 3:  *       (param3.v)                designed by Shinya KIMURA
 4:  * ------------------------------------------------------- */
 5:
 6: module sram(adrs, data, cs, rd, wr);
 7:     parameter DATA_WIDTH = 4, ADRS_WIDTH = 4, WORD_NO = 16;
 8:     input [ADRS_WIDTH-1:0] adrs;
 9:     input                  rd, cs, wr;
10:     inout [DATA_WIDTH-1:0] data;
11:
12:     wire  [ADRS_WIDTH-1:0] adrs;
13:     wire                   rd, cs, wr;
14:     wire  [DATA_WIDTH-1:0] data;
15:
16:     reg   [DATA_WIDTH-1:0] mem [0:WORD_NO-1];
17:
18:   // read operation
19:     assign data = (cs && rd) ? mem[adrs] : 8'hZZ;
20:
21:   // write operation
22:     always @(adrs or data or cs or wr) begin
23:         if(cs && wr) begin
24:             mem[adrs] <= data;
25:         end
26:     end
27:
28: endmodule
```

リスト5.6　複数のパラメータを持ったモジュールのインスタンス化(param3top.v)

```
 1: /* -------------------------------------------------------
 2:  *  instantiation with 3-parameter
 3:  *       (param3top.v)             designed by Shinya KIMURA
 4:  * ------------------------------------------------------- */
 5:
 6: module sramtop( ... );
 7:     reg  [ 9:0] adrs;
 8:     reg  [11:0] wdata;
 9:     reg         cs, rd, wr;
10:     wire [11:0] data;
11:
12:   // sram module instantiation
13:     sram #(4, 8, 256) sram1 (adrs[7:0], data[ 3:0], cs, rd, wr);
14:     sram #(8,10,1024) sram2 (adrs,     data[11:4], cs, rd, wr);
15:
16:     ....
17:
18: endmodule
```

は，Verilog - 1995にしたがった記述です．

Verilog - 2001では，これらを一つにまとめて定義できる記法が導入されました．この定義方法により，同じ信号名を二度書く必要がなくなりました．**リスト5.7**に，その記述例を示します．

● ANSI C形式のポート・リストの定義

さらに，Verilog - 2001では，ANSI Cにならった形式でポート・リスト部にその属性を一緒に定義することができるようになりました．**リスト5.8**に，**リスト5.7**と同じ4ビット加算回路の記述例を示します．ファンクションやタスク(5.4項で解説)でも同様の記述スタイルが可能です．

リスト5.7　4ビット加算回路におけるポート属性と信号属性の同時宣言の例(adder4_iotype.v)

```verilog
 1: /* -----------------------------------------------------------
 2:  *   4-bit adder (mixed definition of port direction and type)
 3:  *       (adder4_iotype.v)           designed by Shinya KIMURA
 4:  * ----------------------------------------------------------- */
 5:
 6: module adder4(in_data1, in_data2, out_data, cy);
 7:     input  wire [3:0] in_data1, in_data2;
 8:     output wire [3:0] out_data;
 9:     output wire       cy;
10:
11:     wire    [4:0] rslt;
12:
13:     assign rslt     = in_data1 + in_data2;
14:     assign cy       = rslt[4];
15:     assign out_data = rslt[3:0];
16:
17: endmodule
```

リスト5.8　4ビット加算回路におけるANSI Cスタイル宣言の例(adder4_ANSI.v)

```verilog
 1: /* -----------------------------------------------------------
 2:  *   4-bit adder (ANSI C like port list)
 3:  *       (adder4_ANSI.v)             designed by Shinya KIMURA
 4:  * ----------------------------------------------------------- */
 5:
 6: module adder4(
 7:     input  wire [3:0] in_data1, in_data2,
 8:     output wire [3:0] out_data,
 9:     output wire       cy);
10:
11:     wire    [4:0] rslt;
12:
13:     assign rslt     = in_data1 + in_data2;
14:     assign cy       = rslt[4];
15:     assign out_data = rslt[3:0];
16:
17: endmodule
```

第5章　Verilog HDLで複雑なシステムを表記する方法

● デフォルトのネット宣言

　Verilog-1995では，前もって定義しないで記述した信号名は，1ビットのwireタイプになるという暗黙のルールがありました．1ビットのwire信号は定義しなくてもよいので，一見すると便利そうですが，ビット幅のある信号の定義をうっかり忘れていたり，スペル・ミスがあってもエラーにならず（ワーニングは出る），問題に気づくのに遅れることがしばしばあります．

　この点がVerilog-2001では改良され，デフォルトのネット・タイプを設計者が決められるようになりました．ただし，デフォルトのネットをどの型に宣言してもこの問題は解決できません．そのため，Verilog-2001ではデフォルト・ネット・タイプを"なし"とする宣言も可能です．そのように指定することで，信号の型宣言は必ず記述しなければならなくなり，早い段階で問題の発見ができるようになります．

```
`default_nettype
    `default_nettype none      // 未定義信号はエラーとなる…これを推奨

    `default_nettype wire      // 未定義信号は1ビットのwire型となる…推奨できない
    `default_nettype reg       // 未定義信号は1ビットのreg型となる…推奨できない
```

● 複雑な信号の定義と取り扱い方
▶ 多次元配列の定義

　Verilog-1995では，reg型信号のみ1次元の配列を定義することができました．Verilog-2001ではこの点が拡張され，多次元配列が可能となり，さらにwire型の信号でも定義することができるようになりました．

```
多次元配列信号の定義と指定
 ●定義
  reg   [ 7:0] mem2dim[0:15][0:15];              // 2次元メモリ
  reg   [15:0] space[0:127][0:127][0:127];       // 3次元空間
  wire  [ 2:0] chess_board[0:7][0:7];            // チェス盤
  wire         dot_matrix[0:15][0:15];           // ドット・マトリクス
 ●参照/代入時の信号の記述
  mem2dim[7][8]
  space[x][y][z]
  chess_board[3][4]
  dot_matrix[column][row]
```

　ただし，ツールによっては次元数に制限のある場合があるので注意が必要です．

5.3 さまざまな記述のバリエーションとテクニック

▶配列のビット/ビット・フィールドのアクセス

配列的に定義した信号において，特定のビットやビット・フィールドを参照したいことがあります．Verilog-1995では，このような場合に直接的に表記する方法がありませんでした．そこで，対応策として一時的な信号をwireで定義し，そこにassignで接続し，その一時的な信号のビット/ビット・フィールドを指定することで参照していました．

Verilog-2001では，このような配列信号の特定ビットやビット・フィールドを直接指定する記述ができるようになりました．

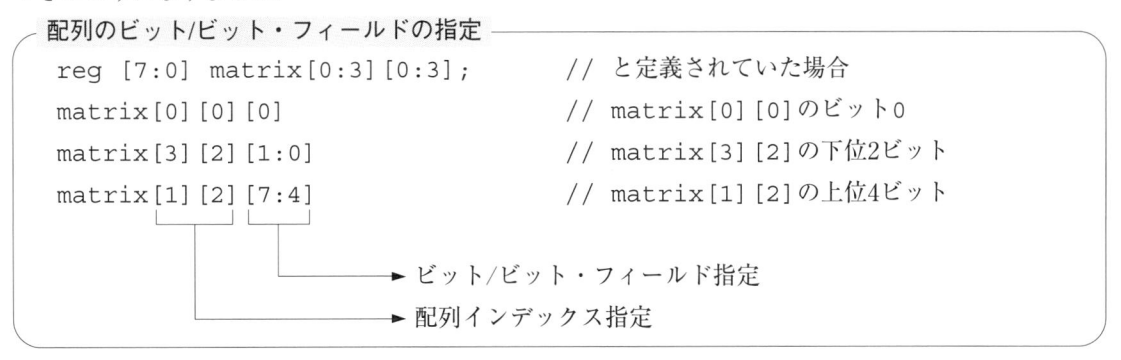

```
─ 配列のビット/ビット・フィールドの指定 ─────
  reg [7:0] matrix[0:3][0:3];    // と定義されていた場合
  matrix[0][0][0]                // matrix[0][0]のビット0
  matrix[3][2][1:0]              // matrix[3][2]の下位2ビット
  matrix[1][2][7:4]              // matrix[1][2]の上位4ビット
```
　　　　　　└──┴─┘└─┘
　　　　　　　　│　　　└──▶ ビット/ビット・フィールド指定
　　　　　　　　└─────────▶ 配列インデックス指定

ただし，配列のビット/ビット・フィールドへの信号値の設定はできないようです．

▶reg信号の配列の初期化

以前，筆者が8×8のドット・マトリクス型LEDの応用回路を設計したとき，LEDのON/OFFに対応したフリップフロップを2次元配列として定義したことがあります．その際，リセット時に全LEDをOFFにする必要があり，当初はフリップフロップに対して1'b0を設定するため，全部で64行のノン・ブロッキング代入式を記述したことがありました．

これはあまりスマートな方法ではありませんし，さらにサイズが大きくなった場合のことを考えて別の記述方法を模索したことがあります．そこで思いついた方法が，**リスト5.9**に示すようにfor文を使ったループ制御を利用することです．

リスト5.9の29～33行目に二重のforループがあり，リセット時に2次元reg信号ledmtrx2dの初期化を行う記述があります．

一般に，ループ記述は合成される回路が直列的になる可能性があったり，回路イメージをつかみにくいといった理由から避けたほうがよいといわれています．しかし，この例のように構造がそもそも繰り返し（配列）になっている場合には，ループ制御を使った記述は有効な手段であると言えます．

リスト5.9では各信号のリセットがループになっているので，それぞれのフリップフロップを順次初期化するようなイメージがありますが，実際の回路ではリセット時に一斉に"0"になります．

▶その他の変数…integerとreal

for文のループ制御変数としてinteger型を使用してきましたが，このinteger型は32ビット符号付きの値をとる変数です．ループ・カウンタの他に，シミュレーション用の記述においてファイル・ポインタとして利用します．また，実数型の変数としてrealがありますが，詳細は省略します．

第5章 Verilog HDLで複雑なシステムを表記する方法

リスト5.9　2次元配列型reg信号のループ制御を利用した初期化の例(gen_for.v)

```
 1: /* ----------------------------------------------------
 2:  *   sample fo "generate" & "for loop"
 3:  *              (a part of LED matrix control module)
 4:  *    (gen_for.v)           designed by Shinya KIMURA
 5:  * ---------------------------------------------------- */
 6:
 7: module mtrxcont(xtal, reset_N, ledmtrx);
 8:    input        xtal;       // clock
 9:    input        reset_N;    // reset (active low)
10:    output [63:0] ledmtrx;   // LED matrix
11:
12:    wire [63:0] ledmtrx;
13:    reg         ledmtrx2d [0:7][0:7];
14:
15:    genvar xx, yy;             // loop counter for "generate"
16:
17:    generate
18:        for(yy=0; yy<8; yy=yy+1) begin: dim2to0_1
19:            for(xx=0; xx<8; xx=xx+1) begin: dim2to0_2
20:                assign ledmtrx[yy*8+xx]=ledmtrx2d[xx][yy];
21:            end
22:        end
23:    endgenerate
24:
25:    integer i, j;              // loop counter for "for-loop"
26:
27:    always @(posedge xtal or negedge reset_N) begin
28:        if(!reset_N) begin
29:            for(i=0; i<8; i=i+1) begin
30:                for(j=0; j<8; j=j+1) begin
31:                    ledmtrx2d[i][j] <= 1'b0;
32:                end
33:            end
34:        end else begin
35:            // RT operation
36:        end
37:    end
38: endmodule
```

これらの信号は，論理合成した後の論理回路には反映されません．

● generate文によるVerilog HDLコードの自動生成

　大規模で複雑な構造のシステムをVerilog HDLで記述する際，類似したassign文やインスタンスを複数記述しなければならなくなることがあります．また，種々の条件によって記述を変えたい場合があります．そのような場合の記述方法の一つとして，Verilog-2001ではgenerate文が追加されました．

　generate文では，generate～endgenerate内において，for文により簡単に複数のインスタン

ス，変数，信号，ファンクション，always，assign文を自動生成したり，if文やcase文を用いて選択的に記述することができます．

generate文は，次に示すように三つのバリエーションがあります．

―― generate～endgenerateのバリエーション ――――――――――――――――――
(1) generate‑for文
```
    generate for begin: label
      ...
    end
    endgenerate
```
(2) generate‑if‑else文
```
    generate if begin: label_1
      ...
        end else begin: label_2
      ...
    end
    endgenerate
```
(3) generate‑case文
```
    generate case (condition)
        const_1: begin: label_1
          ...
                end
        const_2: begin: label_2
          ...
                end
          ...
        default: begin: label_D
          ...
                end
    endcase
    endgenerate
```

記述する際に注意する点として，生成するVerilog HDLコード部はbegin～endで囲み，さらにbeginの直後にコロン(:)で区切りラベル(ブロック名)を明記する必要があります[注1]．

―――――――――――――――――――――――
注1：generate‑forにおいては，ブロック名が必須になるためbegin～endで囲む必要がある．generate‑if‑elseとgenerate‑caseでは，ブロック名を明記しないとエラーになるツールもある．

第5章 Verilog HDLで複雑なシステムを表記する方法

(1) 2次元配列信号の1次元変換接続

リスト5.9は，2次元のLEDマトリクスを制御するモジュールの一部（実際に使用した記述の一部）です．モジュール内部に，LEDマトリクスの各LEDに対応した2次元のreg型信号（ledmtrx2d）があります．それをモジュールの外部へ接続するため，64ビット幅の信号（ledmtrx）にassign文で変換し

リスト5.10　16ビット入力バレル・ローテータにおけるgenerate文の例（barrel16_mux_4gen.v）

```verilog
 1: /* -------------------------------------------------
 2:  * barrel rotater (multiplexer/generate version)
 3:  *    (barrel16_mux_4gen.v)     designed by Shinya KIMURA
 4:  * ------------------------------------------------- */
 5:
 6: module barrel_rotate16(l_r, sft, in, rslt);
 7:    input          l_r;   // 1=left, 0=right
 8:    input   [ 3:0] sft;   // shift no.
 9:    input   [15:0] in;    // input data
10:    output  [15:0] rslt;  // rotated data
11:
12:    wire    [15:0] s1;    // 0/1 rotated inter midiate signal
13:    wire    [15:0] s2;    // 0/2 rotated inter midiate signal
14:    wire    [15:0] s4;    // 0/4 rotated inter midiate signal
15:
16:    genvar i;    // loop variable for generate-for
17:
18:    generate
19:      for(i=0; i<16; i=i+1) begin : lebel1   // 0-1 rotate
20:        assign s1[i]   = sft[0] ? (l_r ? in[(i-1)&4'hF]: in[(i+1)&4'hF]): in[i];
21:      end
22:    endgenerate
23:
24:    generate
25:      for(i=0; i<16; i=i+1) begin : lebel2   // 0-2 rotate
26:        assign s2[i]   = sft[1] ? (l_r ? s1[(i-2)&4'hF]: s1[(i+2)&4'hF]): s1[i];
27:      end
28:    endgenerate
29:
30:    generate
31:      for(i=0; i<16; i=i+1) begin : lebel3   // 0-4 rotate
32:        assign s4[i]   = sft[2] ? (l_r ? s2[(i-4)&4'hF]: s2[(i+4)&4'hF]): s2[i];
33:      end
34:    endgenerate
35:
36:    generate
37:      for(i=0; i<16; i=i+1) begin : lebel4   // 0-8 rotate
38:        assign rslt[i] = sft[3] ? (       s4[(i-8)&4'hF]                ): s4[i];
39:      end
40:    endgenerate
41:
42: endmodule
```

ています．配列定義した信号全体を外部モジュールと接続することができないため，ビット・ベクタ信号に変換してポートとして接続する必要があります．

もっともすなおな表記は，ledmtrx信号のビットごとにledmtrx2dの各要素の信号をassign文で接続することです．しかし，この方法では64行も同じような記述をしなければなりません．

そこで，17行目から23行目にあるように，generate文を用いて内部にledmtrx2dのX方向とY方向のインデックス(xxとyy)をループ・カウンタとする二重のforループを構成(18，19行目)し，xxとyyからledmtrxのインデックスを計算して信号を接続するassign文(20行目)のみを記述します．これにより，64行分のassign文を生成(generate)することができます．

リスト5.9を見れば，コンパクトでかつ何をしているのか容易に理解できる記述になっていることがわかります．なお，generate〜endgenerate内のループ変数は，**リスト5.9**の15行目にあるように前もってgenvarによって定義しておく必要があります．

(2) バレル・ローテータ

第2章2.5項において，バレル・ローテータの構成方法と記述例を示しました．そのマルチプレクサ版をgenerate文で簡潔に記述した例を示します．今度は，入力データを16ビット幅に拡張したものです．先の記述例(**リスト2.15**)では，各段のマルチプレクサを八つのassign文で記述していましたが，ビット・ベクタのインデックスが規則的に変化しているので，**リスト5.10**のようにgenerate-forで記述できます．

リスト5.10には四つのgenerate文があり，for文で0〜15の繰り返しになっているので，一つのgenerate〜endgenerateにまとめることができます．しかし，論理合成してみたところ，回路のゲート数が若干増加する結果になりました(720ゲート)．generate文で生成されるassign文の並びが異なるため，ロジックの簡単化/最適化の流れが変わり，このような結果になったものと推察できます．

● インスタンスの配列宣言

ほかで定義したモジュールを複数個，配列的に並べて組み込みたいことがあります．そのような場合，インスタンス化するときにインデックスを付けて定義することでインスタンスの配列を定義することができます．その際，接続する信号がどのインスタンスに対してもすべて同じであることはないので，次のようなルールがあります．

インスタンスの配列組み込みと信号接続規則

モジュール名　インスタンス名 [レンジ] （接続信号リスト）；
(1) インスタンス名と接続信号リストの間に配列のレンジ(たとえば [7:0])を指定
(2) モジュール側の信号のビット幅とインスタンス化する側のビット幅が等しい場合
　　→各インスタンスの対応信号に全ビットが接続
(3) インスタンス化する側のビット幅がモジュール側の信号のビット幅の整数倍(配列の個数に相当)の場合
　　→インスタンス化する側の信号のLSB側から順にモジュール側のビット数分が対応

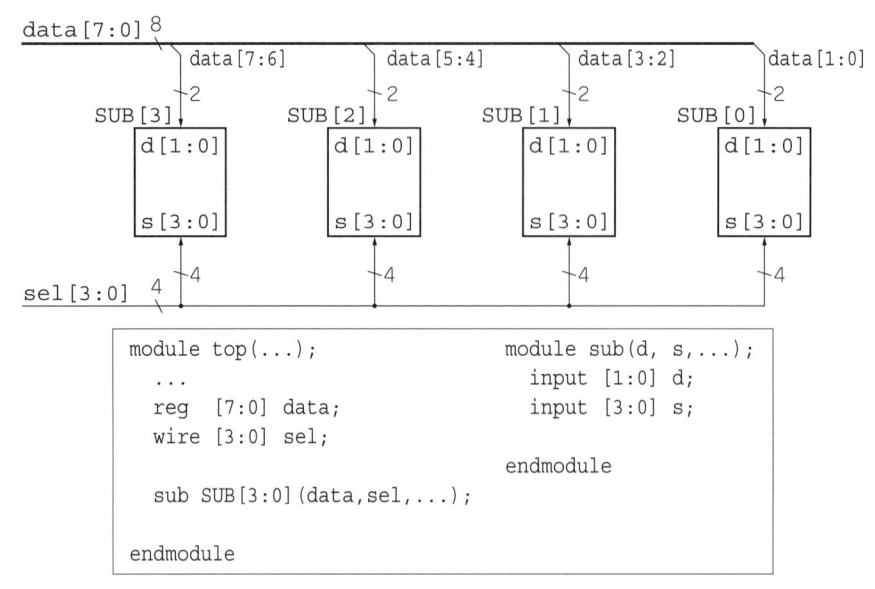

第5章　Verilog HDLで複雑なシステムを表記する方法

```
data[7:0] 8
           data[7:6]      data[5:4]      data[3:2]      data[1:0]
              ↓2             ↓2             ↓2             ↓2
    SUB[3]         SUB[2]         SUB[1]         SUB[0]
   ┌──────┐       ┌──────┐       ┌──────┐       ┌──────┐
   │d[1:0]│       │d[1:0]│       │d[1:0]│       │d[1:0]│
   │      │       │      │       │      │       │      │
   │s[3:0]│       │s[3:0]│       │s[3:0]│       │s[3:0]│
   └──────┘       └──────┘       └──────┘       └──────┘
       ↑4             ↑4             ↑4             ↑4
sel[3:0] 4

    ┌─────────────────────────────────────────────────────┐
    │ module top(...);              module sub(d, s,...); │
    │   ...                           input [1:0] d;      │
    │   reg  [7:0] data;              input [3:0] s;      │
    │   wire [3:0] sel;                                   │
    │                               endmodule             │
    │   sub SUB[3:0](data,sel,...);                       │
    │                                                     │
    │ endmodule                                           │
    └─────────────────────────────────────────────────────┘
```

図5.6　インスタンスの配列と接続信号の関係

　この関係を図にしたものが**図5.6**です．インスタンス化されるモジュール(`sub`)には，4ビットの信号`s[3:0]`と2ビットの信号`d[1:0]`があるとします．上位モジュール(`top`)では，4個の`sub`モジュールを配列的にインスタンス化しており，信号`s`にはすべて同じ信号`sel[3:0]`を接続しますが，信号`d`には8ビットの信号`data[7:0]`を2本ずつ分割して接続しています．

　インスタンスの配列宣言をした場合，インスタンス化されるモジュール側で定義した信号のビット幅と一致したビット幅の信号を接続していると，全モジュールに同じ信号が接続されます．他方，ビット幅が異なると分配して接続することになります．

　実際にインスタンスの配列宣言をしたVerilog HDLによる記述例を，**リスト5.11**に示します．リスト5.11は，3階層のモジュール構成になっています．最下位層は`tbuf_1`で，1個の3ステート・バッファからなります．次の中位階層`tbuf_8`は，`tbuf_1`を8個インスタンス配列として組み込み，8個の3ステート・バッファを構成しています．上位階層の`tbuf_64`は，`tbuf_8`を8個インスタンス配列として組み込み，トータル64個の3ステート・バッファからなるモジュールです．

　この例では，イネーブル信号(`en`)は1本で，全3ステート・バッファの出力制御入力に接続されることになります．これに対して，データ入力(`in`)と出力(`out`)はモジュール側の信号線数に合わせて分配されることになります．

● ROMの記述と初期化

　ROM(Read Only Memory)は，その名のとおり読み出し専用メモリです．Verilog HDLで記述する場合，ROMは`reg`型の配列として宣言し，初期化時に記憶値の設定を行います．**リスト5.12**に，キャ

5.3 さまざまな記述のバリエーションとテクニック

リスト5.11　インスタンスの配列の組み込み例(tbuf_64.v)

```
 1: /* ----------------------------------------------------
 2:  *  sample of array of instances (8 x (8 x (1-bit tbuf)))
 3:  *      (tbuf_64.v)              designed by Shinya KIMURA
 4:  * ---------------------------------------------------- */
 5:
 6: module tbuf_64(en, in, out);
 7:     input         en;
 8:     input  [63:0] in;
 9:     output [63:0] out;
10:
11:    // (8-bit 3 state buffer) × 8
12:    tbuf_8 tbuf_8[7:0] (en, in, out);
13:
14: endmodule
15:
16:
17: module tbuf_8(en, in, out);
18:     input        en;
19:     input  [7:0] in;
20:     output [7:0] out;
21:
22:    // (1-bit 3 state buffer) × 8
23:    tbuf_1 tbuf_1[7:0] (en, in, out);
24:
25: endmodule
26:
27:
28: module tbuf_1(en, in, out);
29:     input  en;
30:     input  in;
31:     output out;
32:
33:    // 1-bit 3 state buffer
34:    assign out = (en) ? in : 1'bZ;
35:
36: endmodule
```

ラクタ・フォントROMの記述の一部を示します．

この記述では，配列型のレジスタに記憶して保存することになりますが，論理合成ツールは初期値の設定のみでそれ以外は更新されることがないと判断し，組み合わせ回路として合成します[注2]．

注2：使用したツールは，XILINX社のXST（WebPACK6.3i）で，自社のデバイス（CPLD，FPGA）用の論理合成ツールとして提供しているものである．

133

第5章　Verilog HDLで複雑なシステムを表記する方法

リスト5.12　ROMの定義と値の設定(fontrom.v)

```verilog
 1: /* ------------------------------------------------------
 2:  *  font ROM for NTSC character display controller
 3:  *        (fontrom.v)             designed by Shinya KIMURA
 4:  * ------------------------------------------------------ */
 5:
 6: module fontROM(reset_N, adrs, data);
 7:     input           reset_N;
 8:     input   [9:0]   adrs;
 9:     output  [7:0]   data;
10:
11:     reg  [7:0] asciifont [10'b0000000_000:10'b1111111_111];
12:                 //                  ***--> line number
13:                 //           *******------> character code
14:     wire [7:0] romdata;
15:
16:   // output
17:     assign romdata = adrs[9:3]>=7'b010_0000 ? asciifont[adrs] : 8'h55;
18:
19:   // reverse bit order of character dot data
20:     assign data = {romdata[0], romdata[1], romdata[2], romdata[3],
21:                    romdata[4], romdata[5], romdata[6], romdata[7]};
22:
23:   // initialize
24:     always @(negedge reset_N) begin
25:         if(!reset_N) begin
26:             asciifont[10'b0110001_000] <= 8'b00000100; // 1 (31)
27:             asciifont[10'b0110001_001] <= 8'b00001100;
28:             asciifont[10'b0110001_010] <= 8'b00000100;
29:             asciifont[10'b0110001_011] <= 8'b00000100;
30:             asciifont[10'b0110001_100] <= 8'b00000100;
31:             asciifont[10'b0110001_101] <= 8'b00000100;
32:             asciifont[10'b0110001_110] <= 8'b00001110;
33:             asciifont[10'b0110001_111] <= 8'b00000000;
34:
35:             asciifont[10'b1000001_000] <= 8'b00000100; // A (41)
36:             asciifont[10'b1000001_001] <= 8'b00001010;
37:             asciifont[10'b1000001_010] <= 8'b00010001;
38:             asciifont[10'b1000001_011] <= 8'b00010001;
39:             asciifont[10'b1000001_100] <= 8'b00011111;
40:             asciifont[10'b1000001_101] <= 8'b00010001;
41:             asciifont[10'b1000001_110] <= 8'b00010001;
42:             asciifont[10'b1000001_111] <= 8'b00000000;
43:
44:             asciifont[10'b1100001_000] <= 8'b00000000; // a (61)
45:             asciifont[10'b1100001_001] <= 8'b00001110;
46:             asciifont[10'b1100001_010] <= 8'b00010001;
47:             asciifont[10'b1100001_011] <= 8'b00001101;
48:             asciifont[10'b1100001_100] <= 8'b00010010;
49:             asciifont[10'b1100001_101] <= 8'b00001111;
50:             asciifont[10'b1100001_110] <= 8'b00000000;
51:             asciifont[10'b1100001_111] <= 8'b00000000;
52:
53:         end else begin
54:             // no update operation
55:         end
56:     end
57:
58: endmodule
```

5.4 タスク

● タスクとは

　タスクはalways @() 構文内の手続き部分を切り出してパッケージ化し，必要なところで呼び出すことができるもので，プログラムのサブルーチンのイメージに近いものと言えます．

　多くの場合，タスクはシミュレーション用のテスト環境(第6章で解説するので，この時点ではあまり気にしなくてよい)においてよく利用されます．しかし，論理合成可能な部分の記述にも使うことができます．

　次に，タスクの特徴をファンクションの特徴と比較して示します．

タスクの特徴
- 入力，出力，入出力信号の受け渡しが可能
- タイミング制御(#, @, wait文)が記述可能(論理合成対象外)
- タスクを含むモジュールで定義された信号の参照/代入が可能

ファンクションの特徴
- 少なくとも一つの入力信号が必要
- 出力信号や入出力信号は受け渡し不可
- ファンクションからのリターン値としてのみ値を返せる
- タイミング制御(#, @, wait文)は記述不可
- ファンクションを含むモジュールで定義された信号の参照は可能(推奨されない)

　タスクとファンクションを比較すると，大きな違いとしてタスクには出力信号や双方向信号が受け渡し可能であることと，タイミング制御を記述できることがあります．タスクの場合には，呼び出す側との間で出力信号や入出力信号の受け渡し(接続)ができ，複数の値を呼び出し側に戻すことができます．また，そのタスクを含むモジュール内のレジスタ型信号への値の設定も可能で，タスクでの処理結果を反映させることができます．

　タイミング制御が行える#, @, wait文は主にシミュレーションの記述で利用するもので，論理合成対象外の記述になります．#は時間経過を指定するオペレータ，@はイベント(信号変化)の待ち合わせオペレータ，wait文は信号や式が成立，つまり"1"になるまで待つ制御を行うものです(第6章で詳細に解説)．

　これらのタイミング制御機能は論理合成して回路化できないので，論理合成の対象となる部分の一部をタスク化する場合には用いることはできません．

　論理合成の対象部分でタスク化するところは，always @() 構文内のbegin～end内に記述できる範囲と考えてよいでしょう．そこには，タイミング制御機能を記述することはない(できない)ので，必然的にタスク化した部分には#, @, wait文は含まれないことになります．

第5章　Verilog HDLで複雑なシステムを表記する方法

● **タスクの記述方法**

次に，タスクを記述する方法について説明します．基本的なスタイルは，ファンクションと類似しています．図5.7に，タスク定義の構文図を示します．

タスクの定義は，予約語taskで始まりendtaskで終了します．その中にタスク名，入出力信号定義，タスク内信号の定義，タスク内手続きを記述します．

タスクを呼び出す側は，タスク名に続き()内に受け渡す信号をコンマで区切って並べます．信号並びは，タスク側で定義した信号の順番に合わせます．

● **順序回路記述のタスク化…交通信号制御**

では，タスクの記述方法と呼び出し方法を実例で説明しましょう．例題は，交差点の信号制御です．まず，信号制御マシンの仕様を説明します．とはいっても，ごく普通の信号機で，時間がたつと信号の点灯の様子が変化するだけのものです．

図5.8に信号の状態遷移図を示します．

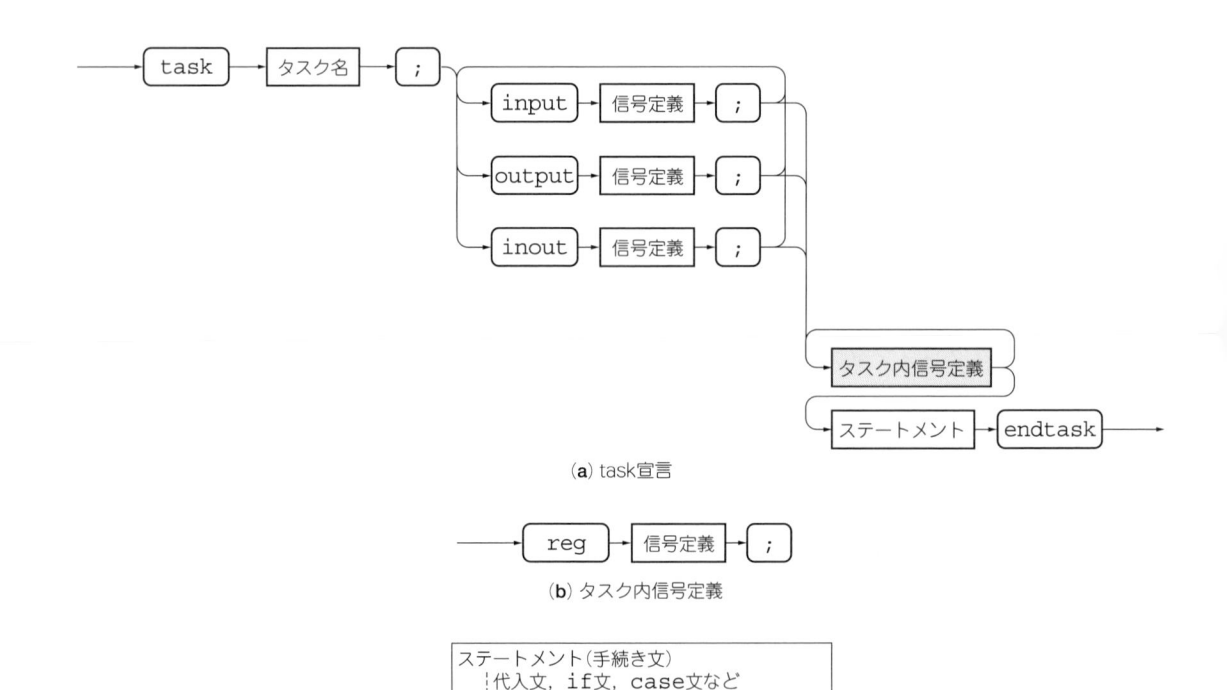

(a) task宣言

(b) タスク内信号定義

```
ステートメント（手続き文）
  代入文，if文，case文など
  複数の文になる場合には；で区切って並
  べ，全体をbeginとendで囲む．
  タイミング制御（#, @, wait）を含む
  ことができるが，論理合成上制約がある．
```

注：主要項目のみに限定してある．
　　厳密には上記以外の記述項目や記述順序の自由度がある．
　　ここの代入文はassing文ではない．

図5.7　タスク定義（task宣言）の構文図

5.4 タスク

信号制御マシンの仕様
- 東西-南北方向の十字交差点の信号機
- 信号点灯時間（基本時間＝1クロック）
    - 青色時間：6クロック
    - 黄色時間：3クロック
    - 全赤時間：2クロック
- 東西方向の青黄赤信号の点灯信号（3ビット幅）を gyr0，
  南北方向の青黄赤信号の点灯信号（3ビット幅）を gyr1 とする．
---

(1) always @() 構文を用いた単純な Verilog HDL による記述例

先の信号制御マシンの仕様に基づき，Verilog HDL で記述してみます．単純に時間待ち合わせをしてから，次の点灯状態へ遷移する記述を示します．

まず，モジュール内にカウンタを用意しておきます．各状態の基本的なスタイルは，「それぞれの状態においては，カウンタをデクリメントしてゼロになったら次の状態へ遷移し，同時にカウンタに次の状態の時間をセットする」ということになります（**リスト5.13**）．

モジュール signal の内部信号には，状態を保持する state と時間経過をカウントする t_count があります．先頭部分で，状態名と経過時間値を `define で定義しています．

リスト5.13を見ればわかるとおり，31行目以降の always @() 構文において6個の状態があります．しかし，その中身は設定時間と遷移先の状態が異なるだけで，それ以外は同じスタイルをしています．プログラムでは，こういう場合，サブルーチン化するのが定石です．Verilog HDL でも同じようにタスク化することができます．

(2) always @() 構文内の類似手続きをタスク化した Verilog HDL による記述例

では早速，タスク化してみましょう．タスク化できる共通部分は，状態判定の if 文の後に続く次の部分になります．

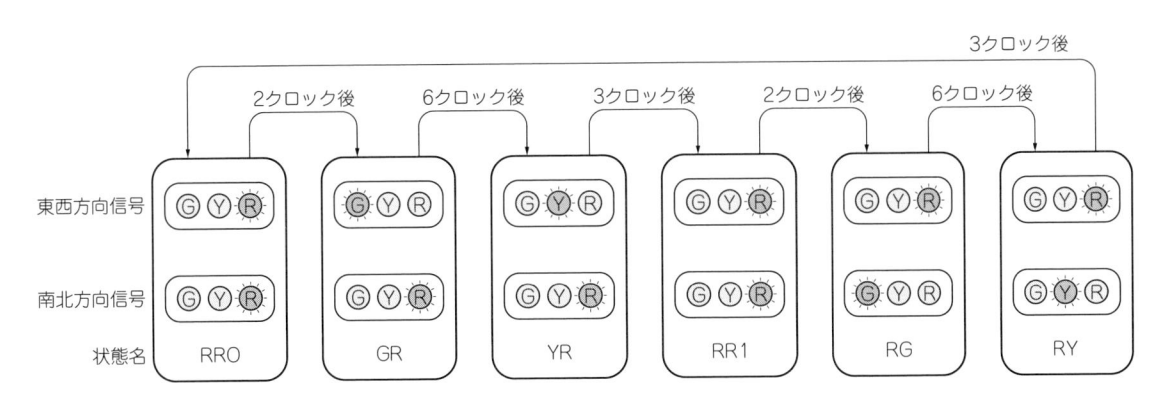

図5.8 信号制御の状態遷移図

リスト5.13 信号制御マシン(基本版, signal_smpl.v)

```verilog
 1: /* -------------------------------------------------
 2:  *  signal controller (simplicity version)
 3:  *      (signal_smpl.v)        designed by Shinya KIMURA
 4:  * ------------------------------------------------- */
 5:
 6: `define RR0 3'b000
 7: `define RG  3'b001
 8: `define RY  3'b010
 9: `define RR1 3'b100
10: `define GR  3'b101
11: `define YR  3'b110
12:
13: `define RR_time 1        // = 1+1
14: `define G_time  5        // = 5+1
15: `define Y_time  2        // = 2+1
16:
17: module signal(clock, reset_N, gyr1, gyr0);
18:     input        clock;
19:     input        reset_N;
20:     output [2:0] gyr1, gyr0;
21:
22:     reg [2:0] state;
23:     reg [5:0] t_count;
24:
25:     assign gyr0 = (state==`RG) ? 3'b100 :
26:                   (state==`RY) ? 3'b010 : 3'b001;
27:
28:     assign gyr1 = (state==`GR) ? 3'b100 :
29:                   (state==`YR) ? 3'b010 : 3'b001;
30:
31:     always @(posedge clock or negedge reset_N) begin
32:         if(!reset_N) begin
33:             state   <= `RR0;
34:             t_count <= `RR_time;
35:         end else if(state==`RR0) begin
36:             if(t_count==0) begin
37:                 state   <= `RG;
38:                 t_count <= `G_time;
39:             end else begin
40:                 t_count <= t_count - 1;
41:             end
42:         end else if(state==`RG) begin
43:             if(t_count==0) begin
44:                 state   <= `RY;
45:                 t_count <= `Y_time;
46:             end else begin
47:                 t_count <= t_count - 1;
48:             end
49:         end else if(state==`RY) begin
50:             if(t_count==0) begin
51:                 state   <= `RR1;
52:                 t_count <= `RR_time;
53:             end else begin
54:                 t_count <= t_count - 1;
55:             end
56:         end else if(state==`RR1) begin
57:             if(t_count==0) begin
58:                 state   <= `GR;
59:                 t_count <= `G_time;
60:             end else begin
61:                 t_count <= t_count - 1;
62:             end
63:         end else if(state==`GR) begin
64:             if(t_count==0) begin
65:                 state   <= `YR;
66:                 t_count <= `Y_time;
67:             end else begin
68:                 t_count <= t_count - 1;
69:             end
70:         end else if(state==`YR) begin
71:             if(t_count==0) begin
72:                 state   <= `RR0;
73:                 t_count <= `RR_time;
74:             end else begin
75:                 t_count <= t_count - 1;
76:             end
77:         end
78:     end
79:
80: endmodule
```

リスト5.14　信号制御マシン(タスク版，signal_task.v)

```verilog
 1: /* ---------------------------------------------------
 2:  *  signal controller (task version)
 3:  *      (signal_task.v)         designed by Shinya KIMURA
 4:  * --------------------------------------------------- */
 5:
 6: `define RR0 3'b000
 7: `define RG  3'b001
 8: `define RY  3'b010
 9: `define RR1 3'b100
10: `define GR  3'b101
11: `define YR  3'b110
12:
13: `define RR_time 1         // = 1+1
14: `define G_time  5         // = 5+1
15: `define Y_time  2         // = 2+1
16:
17: module signal(clock, reset_N, gyr1, gyr0);
18:     input       clock;
19:     input       reset_N;
20:     output [2:0] gyr1, gyr0;
21:
22:     reg [2:0] state;
23:     reg [3:0] t_count;
24:
25:   // signal pattern
26:     assign gyr0 = (state==`RG) ? 3'b100 :
27:                   (state==`RY) ? 3'b010 : 3'b001;
28:
29:     assign gyr1 = (state==`GR) ? 3'b100 :
30:                   (state==`YR) ? 3'b010 : 3'b001;
31:
32:   // wait and transition control task
33:     task wait_transition;
34:         input [3:0] time_count;
35:         input [2:0] next_state;
36:
37:         begin
38:             if(t_count==0) begin
39:                 state   <= next_state;
40:                 t_count <= time_count;
41:             end else begin
42:                 t_count <= t_count - 1;
43:             end
44:         end
45:     endtask
46:
47:   // main sequencer
48:     always @(posedge clock or negedge reset_N) begin
49:         if(!reset_N) begin
50:             state   <= `RR0;
51:             t_count <= `RR_time;
52:         end else if(state==`RR0) begin
53:             wait_transition(`G_time, `RG);
54:         end else if(state==`RG) begin
55:             wait_transition(`Y_time, `RY);
56:         end else if(state==`RY) begin
57:             wait_transition(`RR_time, `RR1);
58:         end else if(state==`RR1) begin
59:             wait_transition(`G_time, `GR);
60:         end else if(state==`GR) begin
61:             wait_transition(`Y_time, `YR);
62:         end else if(state==`YR) begin
63:             wait_transition(`RR_time,`RR0);
64:         end
65:     end
66:
67: endmodule
```

第5章　Verilog HDLで複雑なシステムを表記する方法

```
┌ 信号制御マシンでタスク化できる共通部分 ────────────────
  if(t_count==0) begin
      state    <= `次の状態名;
      t_count  <= `次の状態の経過時間値;
  end else begin
      t_count  <= t_count - 1;
  end
└────────────────────────────────────────────
```

　各状態において，設定する「次の状態名」と「次の状態の経過時間値」が違うので，これは呼び出し側からタスクへ渡す情報になります．また，タスク側においては，stateとt_countへ値を設定する必要があります．これらの信号は，モジュール内信号でタスクから参照も代入も可能であるため，とくに引き数として受け渡しをする必要はありません．

　以上を考慮してVerilog HDLを修正したものが，**リスト5.14**です．タスク本体は，33～45行目にあります．手続き部分（begin～end内部）は，先の**リスト5.13**の設定する値がnext_stateとtime_countになったこと以外，共通部分そのままです．タスクを呼び出す側は，53，55，…，63行目にあります．タスク名に続いて接続する信号（この場合は定数）を()付きで順に並べます．

　リスト5.13で，31～78行目にあった状態遷移制御を行っているalways文が，**リスト5.14**では48～65行に対応し，可読性が向上しているのが明らかです（case文にするとなおよい）．

第6章 Verilog HDLとシミュレーション

これまでは，Verilog HDLの文法と各種の回路を記述する方法について説明してきました．本章からは，いよいよ実習を始めます．実習の第1ステップとして，Verilog HDLで記述したモデルをシミュレータにより動作を確認します．

6.1 シミュレーションとは

ここで言うシミュレーションとは，コンピュータ上でVerilog HDLで記述した回路に信号を与え，模擬動作を行わせることです．その際，各部の信号のようすを観測し，動作の確認を行います．

シミュレーションするためには，信号を順次発生させてテストする回路に与える必要があります．この信号を発生させる部分もVerilog HDLで記述します．つまり，実際に回路化される部分以外も含むことになります．その中には，論理合成できない記述が含まれています．本章では，その点に注意して解説します．

また，本章では，第2章～第4章で解説したVerilog HDLによる記述例のいくつかを元にして，シミュレーションに必要なファイルのさまざまな記述について解説します．その中には，記述例を組み合わせて実用回路に近い形にしたものも含まれています．

Verilog HDLによるモデルの記述の方法とシミュレーションの方法について理解が進んできたら，記述例を元に機能の変更や追加などを行って，実際にシミュレーションしてみてください．また，本書のサポート・サイト[注1]に解説したVerilog HDLファイルとシミュレーションに必要なファイルがあります．必要に応じてダウンロードし，試してみてください．

注1：本書のサポート・サイト http://verilogician.net/

6.2 シミュレーションの準備

● Verilogシミュレータ

　実習にあたり，まずシミュレータを用意する必要があります．EDAツール・メーカ製のシミュレータは高価ですが，最近はフリー版やシェアウェア版，デバイス・メーカがツール・メーカのOEM品を無償提供しているものなど選択肢が増えました．その多くが，インターネットにおいて，簡単な登録をするだけでダウンロードできます．また，「トランジスタ技術」や「Design Wave Magazine」などの技術専門雑誌の付録CD-ROMに収録されていることもあります．

　ここでは，比較的入手が容易なVerilogシミュレータの一覧を**表6.1**に示します．読者の開発環境に合わせて必要なツールを入手してください．

　本書では，2種類のVerilogシミュレータを使用しています．シミュレーション結果のリスト作成用としてGPL Cver，タイム・チャート作成用としてVeritakを使用しました．

● テスト・ベンチとは

　シミュレーションを行うためには，シミュレーション用の環境を用意する必要があります．Verilog HDLの場合，その環境もVerilog HDLで記述します．そこで，はじめにシミュレーションする際に必要となるテスト用環境の基本事項について説明します．

　シミュレーションのための環境とは，テスト対象となる回路（インスタンス化する）と，観測する信号の指定，時間の経過に対応してテスト対象に与える信号の発生，シミュレーションの終了指示などを行うモジュールのことです．

　一般に，このシミュレーション環境のことをテスト・ベンチ，テスト・フィクスチャ，テスト記述

表6.1　入手が容易なVerilogシミュレータ一覧

GPL Cver	Pragmatic C Software Corporation
利用条件	無償（GPL）
ファイル	ソース／バイナリ
OS	Linux, MacOS X, Solaris, Windows XP(cygwin)
URL	http://www.pragmatic-c.com/gpl-cver/
その他	GPL CverをWindows上で実行するためにはcygwinのインストールが前提
Veritak	菅原システムズ
利用条件	シェアウェア
ファイル	バイナリ
OS	Windows 2000/XP
URL	http://japanese.sugawara-systems.com/index.htm
ModelSim Xilinx Edition Ⅲ 評価版	Mentor Graphics社のXILINX社向けOEM品
利用条件	無償（要登録）
ファイル	バイナリ
OS	Windows 2000/XP
URL	http://www.xilinx.co.jp/ise/optional_prod/mxe.htm

などと呼んでいます．また，シミュレーションの対象になる回路に与える信号をテスト・ベクタあるいはテスト・パターンと呼びます．

● **テスト・ベンチの構成と骨格**

Verilogシミュレータでシミュレーションする場合，テスト・ベンチも一つのモジュールとして定義します．テスト・ベンチは最上位のモジュールとなり，その中で被テスト回路へ与える信号の発生，観測する信号の指定，被テスト回路の準備と信号接続，つまりインスタンス化を行います．図6.1に，シミュレーションのためのテスト・システム全体の構成のイメージを示します．

論理合成して実現する設計対象の回路記述の中に，テスト用の記述を含めてもシミュレーションは

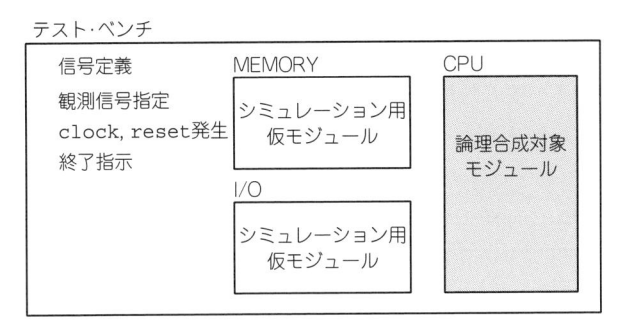

(a) テスト・システムの構成

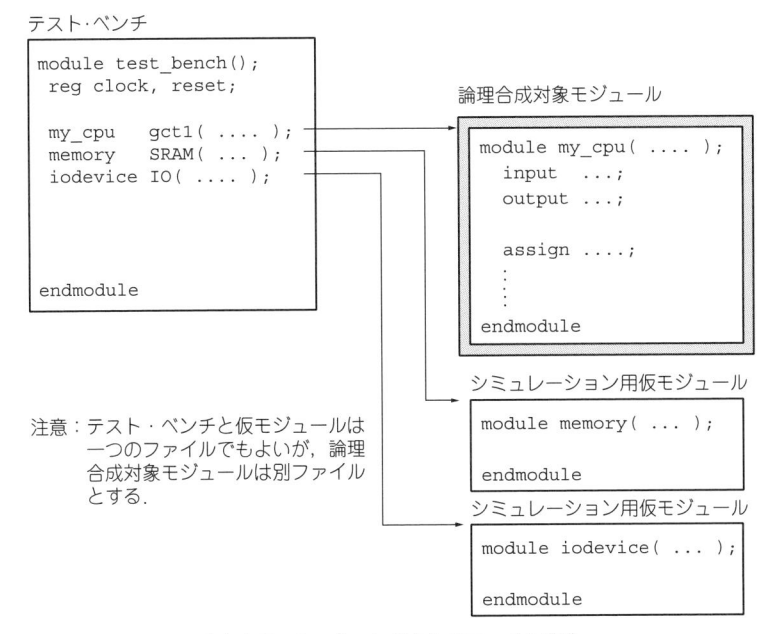

(b) シミュレーションのためのファイル構成

図6.1 テスト・システムの構成とVerilog HDLによる記述

第6章　Verilog HDLとシミュレーション

可能ですが，実際に回路にする場合には，テスト用の余計な回路が付属してしまうことになります．そのため，シミュレーションに必要となる付加回路部は，それだけで独立したモジュールになるように記述し，テスト・ベンチとして分けるようにします．

テスト・ベンチは，論理合成する対象ではありません．したがって，Verilog言語のすべての機能を使用することができます．逆に，論理合成の対象となるモジュールは合成可能な範囲で記述する必要があり，どのような構文を使用してもよいわけではありません．

そのため，同じVerilog HDLという言語体系において，論理合成の対象となるモジュールを記述する場合とテスト・ベンチを記述する場合では区別しなければなりません．プログラミング言語ではこのようなことはないので注意が必要です．

ただ，論理合成の対象となるモジュールを記述する際に，それほど多くの制限があるわけではありません．論理合成可能な定型のフォーマットにしたがって記述すれば，誤りや混乱も少なくなります．

Verilog HDLによる記述が実際にどのような回路になるか，あるいは対応する部品があるかどうかを考えながら記述作業を進めれば，多くの場合，合成可/不可の判断は容易です．論理回路の知識が不足していると難しく感じるかもしれませんが，本書では論理合成可能な記述の事例をそのつど解説していきます．

```
module test_bench();
   wire out_sig;   // 被テスト・モジュールからの出力信号
   reg  in_sig;    // 被テスト・モジュールへの入力信号

//(2) 被テスト・モジュールのインスタンス化
   test name (in_sig, out_sig);

//(3) 観測信号の指定
   initial begin
      $monitor("フォーマット",信号リスト);
   end

//(4) 信号の初期化とテスト・ベクタ発生
   initial begin
      in_sig <= 0;      // 信号初期化
      #100              // 時間経過設定
      in_sig <= 1;      // 信号設定
      #50               // 時間経過設定
      in_sig <= 0;      // 信号設定
      #80               // 時間経過設定
      $finish;          // (5) シミュレーション終了
   end
endmodule
```

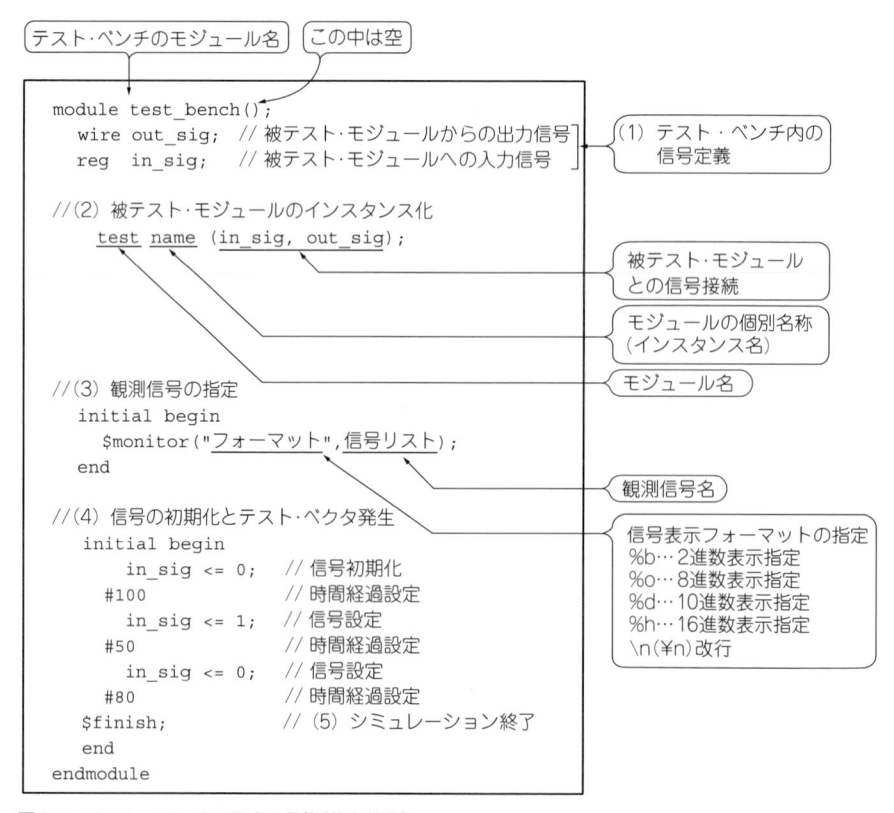

- テスト・ベンチのモジュール名
- この中は空
- (1) テスト・ベンチ内の信号定義
- 被テスト・モジュールとの信号接続
- モジュールの個別名称（インスタンス名）
- モジュール名
- 観測信号名
- 信号表示フォーマットの指定
  - %b…2進数表示指定
  - %o…8進数表示指定
  - %d…10進数表示指定
  - %h…16進数表示指定
  - \n(¥n)改行

図6.2　テスト・ベンチの記述の骨格（基本部分）

図6.2に，テスト・ベンチの記述の骨格を示します．主な記述内容は，
  (1) テスト・ベンチ内の信号定義
  (2) 被テスト・モジュールのインスタンス化
  (3) 観測信号の指定
  (4) 信号の初期化とテスト・ベクタの発生
  (5) シミュレーション終了
です．このほかにも，テスト・ベンチを記述するのに便利な機能が多数ありますが，まず全体像を頭に入れてください．

6.3 テスト・ベンチの作成例

● テスト・ベンチのモジュール宣言と作成例

では，第2章の2.2項で示した加算回路(リスト6.1)とそのテスト・ベンチ(リスト6.2)を例にして詳しく説明します．

まず，リスト6.2を見てください．テスト・ベンチは最上位に位置するモジュール(adder4sim)なので，このモジュールへの入出力信号はありません(6行目)．

モジュールを宣言した後，このモジュール内の信号を定義しています(7～9行目)．被テスト・モジュール(この場合はadder4)へ与える信号は，テスト・ベンチで保持していることになるのでreg宣言します．何らかの組み合わせ回路を経由してテスト・モジュールへ信号を供給する場合はwire宣言した信号となりますが，その信号の元となる信号はreg宣言した信号になります．この例では，加算回路へ与える二つの加算データをreg宣言しています．他方，被テスト・モジュールからの出力信号はwire型で宣言します．

リスト6.1 加算回路のVerilog HDLによる記述例(adder4.v)

```
 1: /* ------------------------------------------------------
 2:  *   4-bit adder
 3:  *       (adder4.v)              designed by Shinya KIMURA
 4:  * ------------------------------------------------------ */
 5:
 6: module adder4(in_data1, in_data2, out_data, cy);
 7:     input   [3:0] in_data1, in_data2;
 8:     output  [3:0] out_data;
 9:     output        cy;
10:
11:     wire    [4:0] rslt;
12:
13:     assign rslt     = in_data1 + in_data2;
14:     assign cy       = rslt[4];
15:     assign out_data = rslt[3:0];
16:
17: endmodule
```

第6章　Verilog HDLとシミュレーション

● 被テスト・モジュールのインスタンス化

次に，被テスト・モジュールをインスタンス化しています(12行目)．つまり，加算回路をテスト・モジュール内に用意して回路の一部とする構成をとっています．

インスタンス化の定義は，モジュール名に続き，対象を区別するための名前(インスタンス名と呼ぶ)，さらに接続する信号名リストを( )内に記述します．

インスタンス名は，識別子の規則にしたがった任意の名前を付けます．この例のように，モジュール名と同じものをインスタンス名にしてもかまいません．ただし，複数のモジュールをインスタンス化する場合には，インスタンス名は重複しないようにします．

接続する信号は，インスタンス名の後の( )の中に指定します．ここでは，モジュール側で定義した

リスト6.2　加算回路のテスト・ベンチ(adder4sim.v)

```
 1: /* --  シミュレーション環境 -----------------------------------
 2:  *   4-bit adder
 3:  *     (adder4sim.v)            designed by Shinya KIMURA
 4:  * -------------------------------------------------------- */
 5:
 6: module adder4sim();
 7:     reg  [3:0] in1, in2;
 8:     wire [3:0] rslt;
 9:     wire       cy;
10:
11:     // 設計対象のインスタンス化
12:     adder4 adder4(in1, in2, rslt, cy);
13:
14:     // 観測信号の指定
15:     initial begin
16:         $monitor("%t: %b + %b => %b, %b", $time, in1, in2, cy, rslt);
17:     end
18:
19:     // テスト信号の発生
20:     initial begin
21:         #10
22:         in1 <= 4'b0000;         // テスト入力信号設定
23:         in2 <= 4'b0000;
24:         #10                     // 時刻経過設定
25:         in1 <= 4'b0110;
26:         in2 <= 4'b0011;
27:         #10
28:         in1 <= 4'b0111;
29:         in2 <= 4'b1100;
30:         #10
31:         in1 <= 4'b1111;
32:         in2 <= 4'b1111;
33:         #10
34:         $finish;                // シミュレーション終了
35:     end
36: endmodule
```

6.3 テスト・ベンチの作成例

順に並べて記述しています．

● シミュレーションのスタートと終了

　initial文は，シミュレーションの開始時に実行することを規定する文です．具体的には，観測信号の指定や信号の初期化，テスト・ベクタの発生などを記述します．

　リスト6.2では，観測信号の定義(15～17行目)と被テスト・モジュールに与える信号列の発生(20～35行目)に使用しています．

　initial文は，テスト・ベンチの中に複数あってもかまいません．なお，initial文で定義した部分は，論理合成の対象外です．よって，論理合成対象モジュールで使用してはいけません．

　#で時間経過を指定しシミュレーションが進行しますが，シミュレーションの終了は$finishシステム・タスクで指定します(34行目)．

● 観測する信号の指定

　観測する信号の指定は，$monitorシステム・タスクを用いて設定します(16行目)．$monitorシステム・タスクは，指定した信号に変化があるとすべて表示してくれます．

　システム・タスクとは，Verilogシミュレータがあらかじめ用意している機能(C言語でいうライブラリ関数)です．先頭に$文字がついているものが，システム・タスクです．

　プログラミング言語のように，シミュレーションがここまで進行したら信号を表示するという方法もあります($display, $writeなど，後で説明する)．しかし，$monitorは一度観測信号を指定すると，指定した信号に変化があるたびにディスプレイに表示してくれるので便利な機能です．

　$monitorシステム・タスクでは，( )内に観測する信号と表示フォーマットを指定します．指定の仕方は，C言語のprintf関数に似ています．まず，表示フォーマットを" "で囲んで記述し，続いて表示する信号名をコンマ(,)で区切って並べます．

　表示フォーマットは，**図6.2**で示すように，信号値の表示基数の指定を%付きで行います．%付きで指定した順に，第2引き数以降の信号の値が表示されます．%bにより2進数表示となり，以下，%oは8進数表示，%dは10進数表示，%hは16進数表示となります．その他，一般の文字はそのまま表示されます．また，\n(もしくは¥n)で改行を指定するのもC言語と同じです．

　リスト6.2の例では，$monitorシステム・タスクにより，最初に表示するものは$timeとなっています．$timeもシステム・タスクの一つで，シミュレーションの時刻を示すものです．このシミュレーション時刻の表示は，表示フォーマット部において%tで指定します．$timeは，64ビット長の値を保持しています．同種のシステム・タスクに32ビット長の時刻値を返す$stimeもあります．また，表示フォーマットにおいて%0tと指定すると，時刻表示において先行するスペースが表示されないようになります．

　シミュレータ内の時間の話がでてきましたが，この段階〔通常，レジスタ・トランスファ・レベル(RTL)と呼ぶ〕では時刻の単位はあまり意味がありません．通常，RTL段階は，具体的な論理回路になる前の抽象的な記述によるシミュレーションなので，遅延は0として論理的な問題の発見に重点を置い

第6章 Verilog HDLとシミュレーション

ています．

　論理合成した後の論理回路や配置配線処理後の段階でゲートやフリップフロップ，配線長が決まります．それに伴って，遅延時間が確定した後のシミュレーションでは，時間単位が意味を持ってきます．Verilog HDLではこの段階のシミュレーションも可能で，時間単位を規定する記述もあります[注2]．

　したがって，このRTL段階では，シミュレータの時計に対して時計の単位を指定する必要はありません．ns(10^{-9}秒)あたりを想定しておけばよいでしょう．

● 被テスト・モジュールへの信号供給

　リスト6.2の第2の`initial`文以降では，時間経過とともにadder4へ与える信号を設定しています．

　プログラミング言語を実行する場合は時間の概念がなく，記述順に実行されます．しかし，論理回路とHDLシミュレータは，時間とともに信号がどのように変化していくかをシミュレーションするため，時間の概念があります．そのため，HDLには時間経過を指定する機能が用意されています．

　Verilog HDLでは，時間の経過は#文字に続いて経過時間を数値や式で指定します．次の動作を開始するまでに時間を経過させることで，遅延を表します．

　ただし，論理合成対象のモジュール部では，この時間経過指定(遅延)は使用すべきではありません．任意の時間経過を発生させるような回路は作ることができないので，論理合成ツールでは遅延指定を無視して合成作業を行います(警告メッセージが出る場合もある)．

　つまり，遅延を含んだ記述でシミュレーションを行って動作を確認しても，論理合成された回路がシミュレーションどおりのタイミングで動作することは期待できません．よって，論理合成の対象となるモジュール部では，この遅延指定記述は使用しないほうが無難です．というより，「使用してはいけません」と言ったほうがいいでしょう．

　加算回路へ与える信号は，

```
    in1 <= 4'b0000;
    in2 <= 4'b0000;
```

というノン・ブロッキング代入文で行っています．`in1`と`in2`は`reg`宣言した信号で，一度設定された信号値は，次に別の値が設定されるまで保持されます．

　信号への代入はノン・ブロッキング代入文で行っていますが，この場合，ブロッキング代入文("="記号を使用)でも可能です．両者の違いについては，すでに解説したとおりです(第3章3.5項参照)．

注2：`` `timescale <time_unit>/<time_precision> ``によって，単位時間と精度を規定することができる．指定できる数値は1，10，100で，時間単位はfs，ps，ns，us，ms，sのいずれかである．たとえば，
　`` `timescale 1ns/100ps ``
とした場合，精度が100psであることを意味し，論理合成用ライブラリでより細かい精度で遅延が規定されていても，この精度に丸められてシミュレーションが行われる．また，次で説明する#記号を使った遅延表現において，#20は1nsを単位とするため20nsを意味することになる．

● モジュール内の信号の観測

シミュレーションを行い，$monitorシステム・タスクなどを使用して信号を観測する場合，モジュール内部の信号を観測したいことがあります．

トップ・モジュール（シミュレーションのためのテスト・ベンチ）で定義した信号を観測したい場合は，その信号名を直接指定します．しかし，モジュール内部の信号は，その信号名を指定しただけでは信号を観測することができません．そのような場合，信号名とどのモジュールの信号かを明記して指定する必要があります．表記方法は，モジュールのインスタンス名（個別に付けた識別名）を先に明記し，ピリオド(.)，信号名を続けて指定します．

たとえば，リスト6.1のadder4モジュール内の信号rsltの指定は，

adder4.rslt

となります．ここで，adder4はモジュール名ではなく，テスト・ベンチで指定したインスタンス名になります．

さらに，モジュールが階層構造をしている場合には，各モジュールのインスタンス名をピリオドで接続する形式で指定します．たとえば，テスト・ベンチ内にインスタンス名top_instanceなるモジュールがあり，そのモジュール内にsub_instanceなるモジュールがあり，さらにその内部にinternal_signalなる信号がある場合，その指定は次のようになります．

top_instance.sub_instance.internal_signal

● adder4のシミュレーション結果

GPL Cverで，4ビット加算モジュールをシミュレーションした結果をリスト6.3に示します．

まず，時刻0において，加算結果出力がxとなっています．このxは，不定値を示すものです．初期状態においてシミュレータは全信号を不定値としてシミュレーションを開始します．

時刻10において，加算回路へ4'b0000と4'b0000を与え，結果として繰り上がり0，和4'b0000を得ています．以下，時刻20，30，40において入力信号を設定し，正しい加算結果を得ています．

リスト6.3　4ビット加算モジュールのシミュレーション結果(adder4.log)

```
 1: GPLCVER_2.11a of 07/05/05 (Cygwin32).
 2: Copyright (c) 1991-2005 Pragmatic C Software Corp.
 3: Compiling source file "adder4sim.v"
 4: Compiling source file "adder4.v"
 5: Highest level modules:
 6: adder4sim
 7:                                              時刻：in1 + in2 => cy,rslt
 8:              0: xxxx + xxxx => x, xxxx
 9:             10: 0000 + 0000 => 0, 0000         0  +  0 =  0
10:             20: 0110 + 0011 => 0, 1001         6  +  3 =  9
11:             30: 0111 + 1100 => 1, 0011         7  + 12 =  3 (キャリ)
12:             40: 1111 + 1111 => 1, 1110        15  + 15 = 14 (キャリ)
13: Halted at location **adder4sim.v(34) time 50 from call to $finish.
14:    There were 0 error(s), 0 warning(s), and 2 inform(s).
```

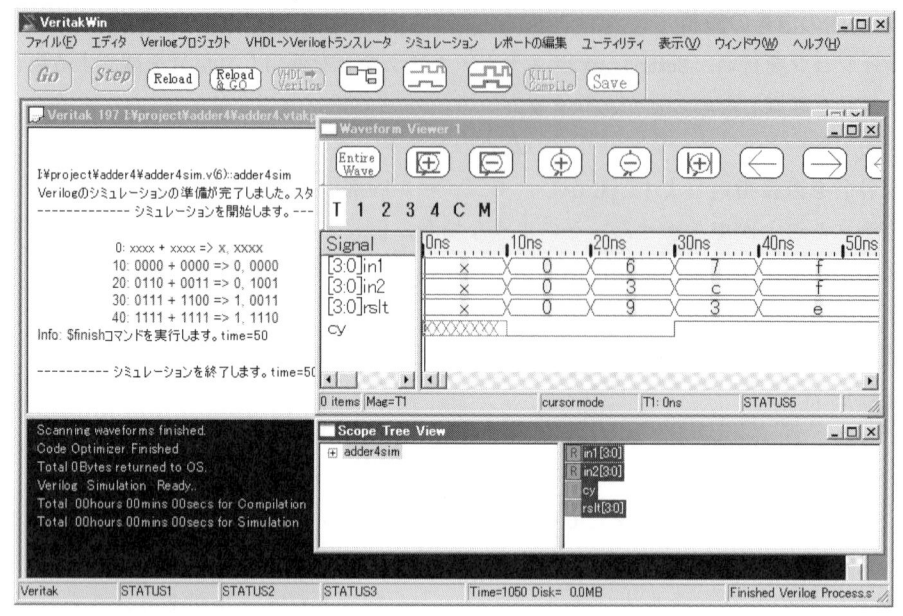

第6章 Verilog HDLとシミュレーション

図6.3 Veritakによる4ビット加算モジュールのシミュレーション結果

同じファイルをVeritakでシミュレーションし，タイム・チャートで表示した結果を図6.3に示します．GPL Cverと同じ結果になっていることがわかります．

● always文によるクロック信号の自動発振

クロック信号のように一定周期で変化する信号は，#を使った時間経過と信号値の設定を繰り返すことで発生させることができます．しかし，数クロック程度なら簡単ですが，1000クロックも記述するのはファイル・サイズも大きくなり大変です．

クロックのように，周期的な信号の発生はalways文と#を使って簡単に生成することができます．リスト6.4に，単相クロックと2相クロックの記述例を示します．

ここで，24行目に"always #10"という記述が初めて出てきました．これは，#に続いて指定した時間経過ごとにbegin～end内を実行することを意味しています．つまり，initial文でシミュレーション開始時点(時刻0)において，clock信号を0とし，その後10ごとにclock信号を反転することで周期20のクロック信号を発生しています．

また，28行目に"always begin"という記述があります．これは，「いつもbegin～end内を実行せよ」ということです．ただし，begin～endに時刻経過指定#10が四つあるので，シミュレータの時計で40ごとに繰り返すことになります．

このような時間経過は実際にハードウェア化することが困難なので，論理合成の対象外の記述になります．しかし，論理合成する必要がないテスト・ベンチでは問題ありません．

この記述をシミュレーションすると，図6.4に示すクロック信号を発生することができます．

リスト6.4　単相クロックと2相クロックの発振(clockgensim.v)

```verilog
 1: /* -- シミュレーション環境 ----------------------------------
 2:  *   clock genetaor (self oscillation)
 3:  *       (clockgensim.v)          designed by Shinya KIMURA
 4:  * ------------------------------------------------------- */
 5:
 6: module clockgen();
 7:     reg   clock, clk1, clk2;
 8:
 9:     // 観測信号の指定
10:     initial begin
11:         $monitor($time, ": clock = %b, clk1 = %b, clk2 = %b",
12:                          clock, clk1, clk2);
13:     end
14:
15:     // テスト信号の発生
16:     initial begin
17:         clock <= 0;
18:         clk1  <= 0;
19:         clk2  <= 0;
20:         #200
21:         $finish;
22:     end
23:
24:     always #10 begin
25:         clock <= ~clock;        ← 単相クロック
26:     end
27:
28:     always begin
29:       #10
30:         clk1 <= 1;
31:       #10
32:         clk1 <= 0;              ← 2相クロック
33:       #10
34:         clk2 <= 1;
35:       #10
36:         clk2 <= 0;
37:     end
38:
39: endmodule
```

● 自動発振クロックとの同期の取り方

　リスト6.4に示すような記述でクロック信号を自動発振した場合，テスト・ベンチで発生する他の信号の発生タイミングを配慮する必要があります．そのためには，@()文を使ってクロック信号の発振状況をとらえることにより，希望どおりの信号を発生させることができます．

　クロック信号(clk)を自動発振にしたアップ/ダウン・カウンタ(リスト3.8)用のテスト・ベンチをリスト6.5に示します．

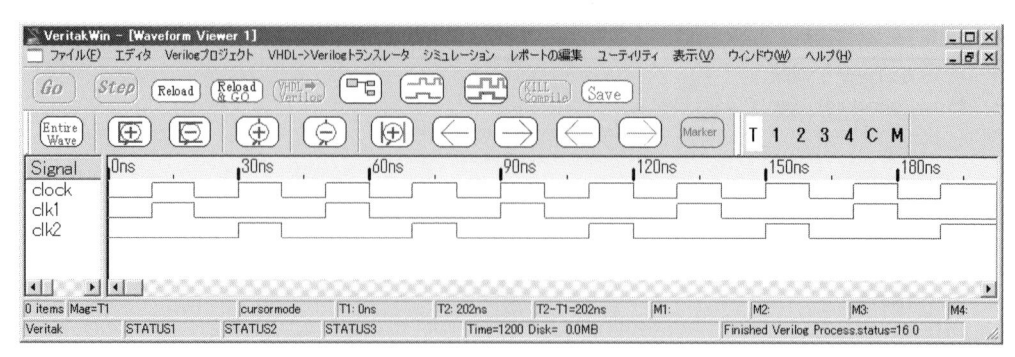

第6章　Verilog HDL とシミュレーション

図6.4　Veritak によるクロック発振のシミュレーション結果

33行目以降の所々に，"@(negedge clk)" という文があります．これは，clk信号の立ち下がりエッジまで待つことを指定しているものです．これにより，クロック信号の発振状況を捕捉することができ，必要なタイミングで信号(この場合，reset_N, up, down)を発生することができます．

● その他のシステム・タスク

先に，$monitor, $time, $finish などのシステム・タスクについて解説をしました．ここでは，その他の比較的よく使用されるシステム・タスクについて説明します．

(1) $display と $write

$display と $write システム・タスクは，信号値をディスプレイに表示するシステム・タスクです．先に，$monitor システム・タスクを解説しましたが，これは一度，観測信号を指定すると，それらの信号に変化があった場合に常に表示が行われます．これに対して，$display と $write では，信号を表示したい時点において使用します．

$display と $write の機能はほとんど同じで，違いは $display では表示の最後に改行が行われることだけです．

$display と $write は $monitor と同じ引き数で，最初に表示フォーマットを指定し，続いて表示信号を並べます．

(2) $readmemb と $readmemh

これらは，メモリなどに初期設定するためのシステム・タスクです．初期化するデータをファイル化しておき，シミュレーション中にファイルを読み込んで設定を行います．

ファイルの形式は2進形式と16進形式があり，それぞれ $readmemb と $readmemh システム・タスクを使用します．

次に，両システム・タスクの呼び出し形式を示します．

──メモリ初期化システム・タスクの呼び出し形式──
$readmemb("ファイル名", メモリ名, 先頭アドレス, 最終アドレス);
$readmemh("ファイル名", メモリ名, 先頭アドレス, 最終アドレス);

リスト6.5 4ビットのアップ/ダウン・カウンタのテスト・ベンチ(udc4sim.v)

```verilog
 1: /* -- シミュレーション環境 ----------------------------------
 2:  *   4-bit up/down counter with async. reset
 3:  *       (udc4sim.v)              designed by Shinya KIMURA
 4:  * ------------------------------------------------------ */
 5:
 6: module udcount4sim();
 7:     reg         clk, up, dn, rst_N;
 8:     wire [3:0]  count_out;
 9:     wire        cy, br;
10:
11:     // 設計対象のインスタンス化
12:     udcount4 udcount4(clk, up, dn, rst_N, count_out, cy, br);
13:
14:     // 観測信号の指定
15:     initial begin
16:         $monitor("%t: clock=%b up=%b dn=%b rst_N=%b count=%b",
17:                  $time, clk, up, dn, rst_N, count_out);
18:     end
19:
20:     // テスト信号の発生
21:     initial begin                   // カウント・クロック信号初期化
22:         clk <= 0;
23:     end
24:
25:     always #10 begin                // カウント・クロック発振
26:         clk <= !clk;
27:     end
28:
29:     initial begin
30:         up      <= 1'b0;            // カウント・イネーブル初期化
31:         dn      <= 1'b0;            //
32:         rst_N   <= 1'b1;            // リセット信号初期化
33:       @(negedge clk)
34:         rst_N   <= 1'b0;            // リセット信号アクティブ
35:       @(negedge clk)
36:         rst_N   <= 1'b1;            // リセット信号インアクティブ
37:       @(negedge clk)
38:         up      <= 1'b1;            // カウント・アップ
39:       @(negedge clk)
40:       @(negedge clk)
41:         up      <= 1'b0;            // カウント・ダウン
42:         dn      <= 1'b1;
43:       @(negedge clk)
44:       @(negedge clk)
45:         dn      <= 1'b0;            // カウント・ストップ
46:       @(negedge clk)
47:         $finish;                    // シミュレーション終了
48:     end
49: endmodule
```

第6章 Verilog HDLとシミュレーション

ファイル名は，初期化データを定義したファイルの名前です．メモリ名は，reg型信号の配列宣言をした際に付けた名前になります．メモリをモジュール化してインスタンス化している場合には，インスタンス名も付けた名称(インスタンス名．メモリ名)になります．

先頭アドレスは，ファイルから読み込んだデータを書き込む先頭のアドレスで，最終アドレスは書き込みを行う最後のアドレスになります．なお，先頭アドレスと最終アドレスは省略することができ，その場合はメモリの先頭からロードします．

また，初期化データ・ファイルにロード先のアドレスを指定することもできます．この方法によって，メモリの飛び飛びのアドレスに値を設定することができます．

ファイルの形式は，**リスト6.6**，**リスト6.7**に示すようにデータを並べただけの単純なフォーマットです．メモリへ書き込む値は，数字(2進データは1と0，16進データは0～9とA～F)の列でビット幅は指定しません．数字の間には，アンダ・スコア_で区切りを入れることができます．データの区切りは，スペースや改行で行います．また，データ間にコメントを入れることもできます．

初期化ファイルの中で書き込みアドレスを指定する場合，アットマーク@に続き，16進数でアドレスを指定します．一度アドレスを指定すると，次のアドレス指定があるまで連続したアドレスにデータを書き込みます．

● シミュレーション結果の保存とファイル操作

GPL Cverのように，シミュレータによってはディスプレイに表示したシミュレーション結果と同じ

リスト6.6 2進形式のメモリ初期化データ・ファイルの例(data.bin)

```
 1: /* ------------------------------------------------------
 2:  *   memory initialize file (binary format)
 3:  *       (data.bin)               designed by Shinya KIMURA
 4:  * ------------------------------------------------------ */
 5:
 6: @000 11110000
 7:      11100001
 8:      11010010
 9:      11000011
10: @100 01101100
11:      10100101
12:      11100001
```

リスト6.7 16進形式のメモリ初期化データ・ファイルの例(data.hex)

```
 1: /* ------------------------------------------------------
 2:  *   memory initialize file (hex format)
 3:  *       (data.hex)               designed by Shinya KIMURA
 4:  * ------------------------------------------------------ */
 5:
 6: @000 F0 E1 D2 C3
 7: @100 6C A5 E1
```

ものをファイルに自動的に保存するものもあります．しかし，場合によっては，必要な部分のみをファイルに保存したいこともあります．そのようなときのために，Verilog HDLにはファイルへの出力を直接行うシステム・タスクが用意されています．

ファイルへ出力するためのシステム・タスクの名称は，ディスプレイに表示するシステム・タスクの名称の前に，"f"を付けた名称になっています(\$fmonitor, \$fdisplay, \$fwrite)．引き数は，ファイルを指定する変数(ファイル・ポインタ)を最初に指定する以外はまったく同じです．

また，これらのシステム・タスクによってファイルへ出力する前にファイルをオープンする必要があり，終了時にはファイルのクローズを行います．これもC言語の手順と同じです．

ファイルのオープンは，\$fopenシステム・タスクで行います．引き数はファイル名となり，C言語のファイル・ポインタに相当するリターン値があります．リターン値はinteger宣言をした変数へ代入し，\$fmonitor, \$fdisplay, \$writeの第1引き数として出力ファイルを指定します．ファイルへの書き込みをすべて終了した後，\$fcloseシステム・タスクによりファイルをクローズします．\$fcloseでのファイル指定も引き数も\$fopenのリターン値を使用します．

Verilog-2001では，さらにC言語のライブラリにあるようなさまざまなファイル操作システム・タスクが用意されました．

Verilog-2001で追加されたファイル操作関連システム・タスク一覧

\$ferror, \$fgetc, \$fgets, \$fflush, \$fread, \$fscanf, \$fseek, \$fsscanf, \$ftel, \$rewind, \$sformat, \$swrite, \$swriteb, \$swriteh, \$swriteo, \$ungetc

---

これらのシステム・タスクを使用することで，たとえば期待値のファイルをあらかじめ用意しておけばシミュレーション時に読み込み，シミュレーション結果と逐一比較し，問題点を発見するようなこともできます．

なお，Verilog HDLにはプログラミング・ランゲージ・インターフェースと呼んでいる機能(通称PLIあるいはVPI)があり，シミュレータからC言語のプログラムをコールすることができます(サポートしていないシミュレータもある)．この機能を使うといろいろおもしろいことができますが，本書の範囲を超えるので説明は割愛します．興味のある方は他書を参考にしてください．

6.4 シミュレーションの実際

これまで，さまざまなVerilog HDLの記述例を示してきました．ここでは，それらをシミュレーションするためのテスト・ベンチを示し，シミュレーションを行ってみます．

● 7セグメントLEDデコーダのシミュレーション

まず，第2章2.3項の**リスト2.5**に示した7セグメントLEDデコーダをシミュレーションしてみます．7セグメントLEDデコーダに与える信号は，4'b0000から順に4'b1010までとします．これには，繰

第6章　Verilog HDLとシミュレーション

り返し制御のためのfor文を使用します．テスト・ベンチを**リスト6.8**に示します．

デコーダへの入力信号countはreg型の信号で，for文内の初期化で"0"に設定します．1ループごとにインクリメントし，10になるまで繰り返します(20行目)．

for文の中の最初に#10で時間経過を設定しています(21行目)が，これがないと時刻0でループがすべて完了してしまい，結果を得ることができない状態になります．

結果の表示は，単に出力信号を表示しても数字の形になっているかどうかすぐには判断しにくいので，7セグメントの形状に合わせて表示するようにします．信号値を表示するためには，\$writeまたは\$displayシステム・タスクを使用します．これらのシステム・タスクは\$monitorと異なり，プログラミング言語のように実行段階に達すると順番に実行されます．

7セグメントLEDの形状に表示する部分は，if文で各セグメント出力が"1"または"0"を判定し，

リスト6.8　7セグメントLEDデコーダのテスト・ベンチ(bcd7segsim.v)

```
 1: /* -- シミュレーション環境 -----------------------------------
 2:  *  bcd 7-seg LED decoder (for bcd7seg1.v & bcd7seg2.v)
 3:  *     (bcd7segsim.v)         designed by Shinya KIMURA
 4:  * ------------------------------------------------------- */
 5:
 6: module bcd7segsim();
 7:     reg   [4:0] count;
 8:     wire  [6:0] seg;
 9:     wire        sega, segb, segc, segd, sege, segf, segg;
10:
11:     // 信号名の置き換え
12:     assign {sega, segb, segc, segd, sege, segf, segg} = seg;
13:
14:     // 被テスト・モジュールのインスタンス化
15:     bcd7seg bcd7seg(count[3:0], seg);
16:
17:     // テスト信号の発生
18:     initial begin
19:       // ループ・カウンタ制御
20:       for(count=0; count<11; count=count+1) begin
21:         #10
22:         // 7-seg スタイル表示
23:           if(sega) $write(" --\n"); else $write("\n");
24:           if(segf) $write("|   ");  else $write("    ");
25:           if(segb) $write("|\n");   else $write("\n");
26:           if(segg) $write(" --\n"); else $write("\n");
27:           if(sege) $write("|   ");  else $write("    ");
28:           if(segc) $write("|\n");   else $write("\n");
29:           if(segd) $write(" --\n"); else $write("\n");
30:           $write("\n");
31:       end
32:       $finish;              // シミュレーション終了
33:     end
34: endmodule
```

リスト6.9　7セグメントLEDデコーダのシミュレーション結果(bcd7seg1.log)

```
 1: GPLCVER_2.11a of 07/05/05 (Cygwin32).
 2: Copyright (c) 1991-2005 Pragmatic C Software Corp.
 3: Compiling source file "bcd7segsim.v"
 4: Compiling source file "bcd7seg1.v"
 5: Highest level modules:
 6: bcd7segsim
 7: 
 8:  --
 9: |  |
10: 
11: |  |
12:  --
13: 
14: 
15:    |
16: 
17:    |
18: 
19: 
20:  --
21:    |
22:  --
23: |
24:  --
25: 
26:  --
27:    |
28:  --
29:    |
30:  --
31: 
32: 
33: |  |
34:  --
35:    |
36: 
37: 
38:  --
39: |
40:  --
41:    |
42:  --
43: 
44:  --
45: |
46:  --
47: |  |
48:  --
49: 
50:  --
51:    |
52: 
53:    |
54: 
55: 
56:  --
57: |  |
58:  --
59: |  |
60:  --
61: 
62:  --
63: |  |
64:  --
65:    |
66:  --
67: 
68: 
69: |  |
70:  --
71: |  |
72: 
73: 
74: Halted at location **bcd7segsim.v(32) time 110 from call to $finish.
75:    There were 0 error(s), 0 warning(s), and 8 inform(s).
```

"1"の場合にはそのセグメントの形状に近い文字を出力します．ここでは，横棒を"--"で，縦棒を"|"としています．シミュレーション結果を**リスト6.9**に示します．7セグメントLEDの表示と同じスタイルになっているので，文字形状に異常があればすぐに気がつきます．

● **加算回路と7セグメントLEDデコーダの結合とシミュレーション**

ここでは，加算回路の出力に先の7セグメントLEDデコーダを接続し，演算結果を文字形状で表示してみます．

加算回路のモジュールは**リスト2.1**を，7セグメントLEDデコーダのモジュールは**リスト2.5**を使用します．両モジュールは，**リスト6.10**のテスト・ベンチで結合します．

リスト6.10の17，18行目において，加算回路のモジュールadder4と7セグメントLEDデコーダのモジュールbcd7segをインスタンス化して信号を結合しています．加算回路へ与えるデータは**リスト6.2**と同じパターンで，結果を数値の形状で表示しています．

数字の形状表示は，**リスト6.8**と同様に$writeシステム・タスクを使用しています．ただし，adder4に演算データを与えるたびに表示処理を記述していたのでは効率がよくありません．このような場合，プログラムでは共通の処理をサブルーチン化することで記述を簡素化します．Verilog HDLにも同様の機能としてタスク(第5章5.4項参照)があります．

タスクは，initial文やalways @()構文内で共通する処理を抜き出してサブルーチン化するようなイメージで記述したものです．ここでは，数字の文字形状表示部をタスク化して，演算結果の表示部でそのタスクを呼び出すようにしています．

タスク本体は，**リスト6.10**の43～55行目にあります．予約語taskに続きタスク名を書きます．続いて，そのタスクへ渡す信号をinput文で宣言します．タスクの本体は，begin～endで囲まれた中に記述します．最後は，予約語endtaskで終了します．

adder4に演算データを与え，#10だけ待った後でタスクchardispを呼び出しています(26，30，34，38行目)．

リスト6.11に，加算回路と7セグメントLEDデコーダの結合シミュレーション結果を示します．adder4へ与える信号として，10進数で[0, 0]，[6, 3]，[7, 12]，[15, 15]となっており，シミュレーション結果として，0，9，3，Hを得ています．7＋12は19で，下位4ビットを取ると3となります．15＋15は30で，下位4ビットは14となり，10以上の数値であるためHが表示されています．

● **カウンタのシミュレーション**

次に，2種類のカウンタをシミュレーションしてみましょう．

(1) ローダブル・カウンタのシミュレーション

まず，第3章3.3項の**リスト3.7**のローダブル・カウンタのモジュールldcount4をシミュレーションします．テスト・ベンチ(**リスト6.12**)ではクロック信号(clock)，ロード信号(ld)，ロード値(in_data)を時間経過とともに順次カウンタへ与えています．

クロック信号の供給は，時間経過をその都度指定し，それに合わせて反転しています．長時間にわ

6.4 シミュレーションの実際

リスト6.10 4ビット加算回路と7セグメントLEDデコーダの結合シミュレーション用テスト・ベンチ（add7segsim.v）

```verilog
 1: /* -- シミュレーション環境 -----------------------------------
 2:  * adder4 + bcd 7-seg LED decoder
 3:  *    (add7segsim.v)          designed by Shinya KIMURA
 4:  * ----------------------------------------------------- */
 5:
 6: module add7segsim();
 7:     reg  [3:0] in1, in2;
 8:     wire [3:0] rslt;
 9:     wire       cy;
10:     wire [6:0] seg;
11:     wire       sega, segb, segc, segd, sege, segf, segg;
12:
13:     // 信号名の置き換え
14:     assign {sega, segb, segc, segd, sege, segf, segg} = seg;
15:
16:     // 被テストモジュールのインスタンス化
17:     adder4  adder4 (in1, in2, rslt, cy);
18:     bcd7seg bcd7seg(rslt, seg);
19:
20:     // テスト信号の発生
21:     initial begin
22:        #10
23:         in1 <= 4'b0000;           // テスト入力信号設定
24:         in2 <= 4'b0000;
25:        #10                         // 時刻経過設定
26:         chardisp(sega, segb, segc, segd, sege, segf, segg);
27:         in1 <= 4'b0110;
28:         in2 <= 4'b0011;
29:        #10
30:         chardisp(sega, segb, segc, segd, sege, segf, segg);
31:         in1 <= 4'b0111;
32:         in2 <= 4'b1100;
33:        #10
34:         chardisp(sega, segb, segc, segd, sege, segf, segg);
35:         in1 <= 4'b1111;
36:         in2 <= 4'b1111;
37:        #10
38:         chardisp(sega, segb, segc, segd, sege, segf, segg);
39:         $finish;                  // シミュレーション終了
40:     end
41:
42:     // 7-seg スタイル表示
43:     task chardisp;
44:         input a, b, c, d, e, f, g;
45:         begin
46:             if(a) $write(" --\n"); else $write("\n");
47:             if(f) $write("|  ");   else $write("   ");
48:             if(b) $write("|\n");   else $write("\n");
49:             if(g) $write(" --\n"); else $write("\n");
50:             if(e) $write("|  ");   else $write("   ");
51:             if(c) $write("|\n");   else $write("\n");
52:             if(d) $write(" --\n"); else $write("\n");
53:             $write("\n");
54:         end
55:     endtask
56:
57: endmodule
```

リスト6.11　4ビット加算回路と7セグメントLEDデコーダの結合シミュレーション結果（add7seg.log）

```
 1: GPLCVER_2.11a of 07/05/05 (Cygwin32).
 2: Copyright (c) 1991-2005 Pragmatic C Software Corp.
 3: Compiling source file "add7segsim.v"
 4: Compiling source file "adder4.v"
 5: Compiling source file "bcd7seg1.v"
 6: Highest level modules:
 7: add7segsim
 8:
 9: --
10: | |
11:
12: | |
13: --
14:
15: --
16: | |
17: --
18:   |
19: --
20:
21: --
22:   |
23: --
24:   |
25: --
26:
27:
28: | |
29: --
30: | |
31:
32:
33: Halted at location **add7segsim.v(39) time 50 from call to $finish.
34:    There were 0 error(s), 0 warning(s), and 9 inform(s).
```

たってテストする場合，この記述スタイルでは長くなってしまいます．よりスマートな記述方法については，次のアップ/ダウン・カウンタで示します．

シミュレーション結果を，**リスト6.13**に示します．時刻20と130において，カウント値のロードが行われていることが確認できます．

(2) 10進2桁のアップ/ダウン・カウンタ

10進アップ/ダウン・カウンタのモジュールは，**リスト3.8**のudcount4を使用します．ただ，それだけではおもしろくないので，ここではカウンタを2個つないで0～99までのカウントができるようにします．

テスト・ベンチ(**リスト6.14**)では，まずカウンタを2個インスタンス化しています(12，13行目)．それぞれインスタンス名として1の桁のカウンタをudc4_1，10の桁をudc4_2としています．1の桁の

6.4 シミュレーションの実際

リスト6.12 ローダブル・カウンタのテスト・ベンチ(ldcount4sim.v)

```verilog
 1: /* --  シミュレーション環境  ----------------------------------
 2:  *    4-bit loadable counter
 3:  *       (ldcount4sim.v)         designed by Shinya KIMURA
 4:  * ---------------------------------------------------- */
 5:
 6: module count4sim();
 7:    reg         clock, ld;
 8:    reg   [3:0] in_data;
 9:    wire  [3:0] count;
10:
11:    // 設計対象のインスタンス化
12:    ldcount4 ldcount4(clock, ld, in_data, count);
13:
14:    // 観測信号の指定
15:    initial begin
16:        $display("                        clock");
17:        $display("                        |  ld");
18:        $display("                        |  |  in_data");
19:        $display("                 TIME:  |  |  |    counter output");
20:        $display("----------------------+--+--+-----+-------------");
21:        $monitor("%t: %b  %b   %b  %b", $time, clock, ld, in_data, count);
22:    end
23:
24:    // テスト信号の発生
25:    initial begin
26:        clock   <= 1'b0;    // カウント信号初期化
27:        ld      <= 1'b0;    // 設定信号初期化
28:        in_data <= 4'b1010; // 設定値設定
29:        #10
30:        ld      <= 1'b1;    // 設定信号アクティブ
31:        #10
32:        clock   <= 1'b1;
33:        #10
34:        clock   <= 1'b0;
35:        #10
36:        ld      <= 1'b0;    // 設定信号インアクティブ
37:        #10                 // 時刻経過設定
38:        clock   <= 1'b1;    // カウント信号アクティブ
39:        #10
40:        clock   <= 1'b0;    // カウント信号インアクティブ
41:        #10
42:        clock   <= 1'b1;
43:        #10
44:        clock   <= 1'b0;
45:        #10
46:        clock   <= 1'b1;
47:        #10
48:        clock   <= 1'b0;
49:        #10
50:        in_data <= 4'b0011; // 設定値設定
51:        #10
52:        ld      <= 1'b1;    // 設定信号
53:        #10                 //       アクティブ
54:        clock   <= 1'b1;
55:        #10
56:        clock   <= 1'b0;
57:        #10
58:        ld      <= 1'b0;    // 設定信号
59:        #10                 //       インアクティブ
60:        clock   <= 1'b1;
61:        #10
62:        clock   <= 1'b0;
63:        #10
64:        clock   <= 1'b1;
65:        #10
66:        clock   <= 1'b0;
67:        #10
68:        clock   <= 1'b1;
69:        #10
70:        clock   <= 1'b0;
71:        #10
72:        clock   <= 1'b1;
73:        #10
74:        clock   <= 1'b0;
75:        #10
76:        $finish;            // シミュレーション終了
77:    end
78: endmodule
```

第6章　Verilog HDLとシミュレーション

リスト6.13　ローダブル・カウンタのシミュレーション結果(ldcount4.log)

```
 1: GPLCVER_2.11a of 07/05/05 (Cygwin32).
 2: Copyright (c) 1991-2005 Pragmatic C Software Corp.
 3: Compiling source file "ldcount4sim.v"
 4: Compiling source file "ldcount4.v"
 5: Highest level modules:
 6: count4sim
 7:
 8:                       clock
 9:                       |  ld
10:                       |  |  in_data
11:                TIME:  |  |          counter output
12: ----------------------+--+--+-----+-------------
13:                    0: 0  0   1010   xxxx
14:                   10: 0  1   1010   xxxx
15:                   20: 1  1   1010   1010
16:                   30: 0  1   1010   1010
17:                   40: 0  0   1010   1010
18:                   50: 1  0   1010   1011
19:                   60: 0  0   1010   1011
20:                   70: 1  0   1010   1100
21:                   80: 0  0   1010   1100
22:                   90: 1  0   1010   1101
23:                  100: 0  0   1010   1101
24:                  110: 0  0   0011   1101
25:                  120: 0  1   0011   1101
26:                  130: 1  1   0011   0011
27:                  140: 0  1   0011   0011
28:                  150: 0  0   0011   0011
29:                  160: 1  0   0011   0100
30:                  170: 0  0   0011   0100
31:                  180: 1  0   0011   0101
32:                  190: 0  0   0011   0101
33:                  200: 1  0   0011   0110
34:                  210: 0  0   0011   0110
35:                  220: 1  0   0011   0111
36:                  230: 0  0   0011   0111
37: Halted at location **ldcount4sim.v(76) time 240 from call to $finish.
38:   There were 0 error(s), 0 warning(s), and 4 inform(s).
```

キャリ出力信号cy1を10の桁のカウント・アップ入力信号に，1の桁のボロー出力信号br1を10の桁のカウント・ダウン入力信号に接続して2桁のカウンタを構成しています．

クロック信号の発生は33〜35行目にあるように，自動発振するようになっています．これに対して，リセット信号やアップ/ダウン信号の供給はクロック信号に同期するように供給する必要があります．信号を適当に与えてもシミュレーション可能ですが，特定の状態で信号を供給するような設定が難しくなります．

クロック信号と同期をとる方法として，"#数値"を使って待ち合わせをする方法がありますが，こ

リスト6.14　10進2桁のアップ/ダウン・カウンタのテスト・ベンチ(udcount4sim.v)

```verilog
 1: /* --  シミュレーション環境 -----------------------------------
 2:  *  2-digit 4-bit up/down counter with async. reset
 3:  *      (udcont4sim.v)           designed by Shinya KIMURA
 4:  * ------------------------------------------------------ */
 5:
 6: module udcount4sim();
 7:     reg         clk, up, dn, rst_N;
 8:     wire [3:0]  c_out1, c_out2;
 9:     wire        cy1, cy2, br1, br2;
10:
11:     // 設計対象のインスタンス化
12:     udcount4 udc4_1(clk, up,  dn,  rst_N, c_out1, cy1, br1);
13:     udcount4 udc4_2(clk, cy1, br1, rst_N, c_out2, cy2, br2);
14:
15:     // 観測信号の指定
16:     initial begin
17:         $display("                   c         r                    ");
18:         $display("                   l         d         e          ");
19:         $display("                   o    o    s    c b        c b");
20:         $display("                   c    u    w    e y r  1     y r") ;
21:         $display("           TIME:   k    p    n    t 1 1  0   1 2 2");
22:         $display("----------------------+--+--+--+--+-+----+----+-+-+-");
23:         $monitor("%t: %b  %b   %b   %b   %b %b %b %b  %b %b",
24:                  $time, clk, up, dn, rst_N, cy1, br1,
25:                  c_out2, c_out1, cy2, br2);
26:     end
27:
28:     // テスト信号の発生
29:     initial begin           // カウント・クロック信号初期化
30:         clk <= 0;
31:     end
32:
33:     always #10 begin        // カウント・クロック発振
34:         clk <= !clk;
35:     end
36:
37:     initial begin
38:         up      <= 1'b0;// カウント・イネーブル初期化
39:         dn      <= 1'b0;//
40:         rst_N   <= 1'b1;// リセット信号初期化
41:       @(negedge clk)
42:         rst_N   <= 1'b0;// リセット信号アクティブ
43:       @(negedge clk)
44:         rst_N   <= 1'b1;// リセット信号インアクティブ
45:       @(negedge clk)
46:         up      <= 1'b1;// カウント・アップ
47:       @(negedge clk)
48:       @(negedge clk)
49:       @(negedge clk)
50:       @(negedge clk)
51:       @(negedge clk)
52:         up      <= 1'b0;// カウント・ダウン
53:         dn      <= 1'b1;
54:       @(negedge clk)
55:       @(negedge clk)
56:       @(negedge clk)
57:         dn      <= 1'b0;// カウント・ストップ
58:       @(negedge clk)
59:       @(negedge clk)
60:         up      <= 1'b1;// 同時アップ・ダウン
61:         dn      <= 1'b1;
62:       @(negedge clk)
63:       @(negedge clk)
64:         rst_N   <= 1'b0;// リセット
65:       @(negedge clk)
66:         rst_N   <= 1'b1;
67:       @(negedge clk)
68:       @(negedge clk)
69:         up      <= 1'b0;// カウント・ダウン
70:       @(negedge clk)
71:       @(negedge clk)
72:       @(negedge clk)
73:       @(negedge clk)
74:         up      <= 1'b1;// カウント・アップ
75:         dn      <= 1'b0;
76:       @(negedge clk)
77:       @(negedge clk)
78:       @(negedge clk)
79:       @(negedge clk)
80:       @(negedge clk)
81:         $finish;        // シミュレーション終了
82:     end
83: endmodule
```

リスト6.15　10進2桁のアップ/ダウン・カウンタのシミュレーション結果(udcount4.log)

```
 8:                     c        r
 9:                     l        d      e
10:                     o        o   s  c  b            c  b
11:                     c   u    w   e  y  r   l        y  r
12:               TIME: k   p    n   t  1  1   0        1  2  2
13: ----------------------+--+--+--+-+-----+----+-+-
14:                    0: 0   0    0   0  0  0  0000    0000    0  0
15:                   10: 1   0    0   0  0  0  0000    0000    0  0
16:                   20: 0   0    0   1  0  0  0000    0000    0  0
17:                   30: 1   0    0   1  0  0  0000    0000    0  0
18:                   40: 0   1    0   1  0  0  0000    0000    0  0 ┐
19:                   50: 1   1    0   1  0  0  0000    0001    0  0 │
20:                   60: 0   1    0   1  0  0  0000    0001    0  0 │
21:                   70: 1   1    0   1  0  0  0000    0010    0  0 │
22:                   80: 0   1    0   1  0  0  0000    0010    0  0 ├─→ カウント・アップ
23:                   90: 1   1    0   1  0  0  0000    0011    0  0 │
24:                  100: 0   1    0   1  0  0  0000    0011    0  0 │
25:                  110: 1   1    0   1  0  0  0000    0100    0  0 │
26:                  120: 0   1    0   1  0  0  0000    0100    0  0 │
27:                  130: 1   1    0   1  0  0  0000    0101    0  0 ┘
28:                  140: 0   0    1   1  0  0  0000    0101    0  0 ┐
29:                  150: 1   0    1   1  0  0  0000    0100    0  0 │
30:                  160: 0   0    1   1  0  0  0000    0100    0  0 │
31:                  170: 1   0    1   1  0  0  0000    0011    0  0 ├─→ カウント・ダウン
32:                  180: 0   0    1   1  0  0  0000    0011    0  0 │
33:                  190: 1   0    1   1  0  0  0000    0010    0  0 ┘
34:                  200: 0   0    0   1  0  0  0000    0010    0  0
35:                  210: 1   0    0   1  0  0  0000    0010    0  0
36:                  220: 0   0    0   1  0  0  0000    0010    0  0
37:                  230: 1   0    0   1  0  0  0000    0010    0  0
38:                  240: 0   1    1   1  0  0  0000    0010    0  0
39:                  250: 1   1    1   1  0  0  0000    0010    0  0
40:                  260: 0   1    1   1  0  0  0000    0010    0  0
41:                  270: 1   1    1   1  0  0  0000    0010    0  0
42:                  280: 0   1    1   0  0  0  0000    0000    0  0
43:                  290: 1   1    1   0  0  0  0000    0000    0  0
44:                  300: 0   1    1   1  0  0  0000    0000    0  0
45:                  310: 1   1    1   1  0  0  0000    0000    0  0           ┌─ 繰り下がり
46:                  320: 0   1    1   1  0  0  0000    0000    0  0           │
47:                  330: 1   1    1   1  0  0  0000    0000    0  0           │
48:                  340: 0   0    1   1  0  1  0000    0000    0  1 ┐ ←───────┘
49:                  350: 1   0    1   1  0  0  1001    1001    0  0 │
50:                  360: 0   0    1   1  0  0  1001    1001    0  0 │
51:                  370: 1   0    1   1  0  0  1001    1000    0  0 ├─→ カウント・ダウン
52:                  380: 0   0    1   1  0  0  1001    1000    0  0 │
53:                  390: 1   0    1   1  0  0  1001    0111    0  0 │
54:                  400: 0   0    1   1  0  0  1001    0111    0  0 │
55:                  410: 1   0    1   1  0  0  1001    0110    0  0 ┘
56:                  420: 0   1    0   1  0  0  1001    0110    0  0 ┐
57:                  430: 1   1    0   1  0  0  1001    0111    0  0 │
58:                  440: 0   1    0   1  0  0  1001    0111    0  0 │
59:                  450: 1   1    0   1  0  0  1001    1000    0  0 │
60:                  460: 0   1    0   1  0  0  1001    1000    0  0 ├─→ カウント・アップ
61:                  470: 1   1    0   1  1  0  1001    1001    1  0 │
62:                  480: 0   1    0   1  1  0  1001    1001    1  0 │
63:                  490: 1   1    0   1  0  0  0000    0000    0  0 ┤ ←─── 繰り上がり
64:                  500: 0   1    0   1  0  0  0000    0000    0  0 │
65:                  510: 1   1    0   1  0  0  0000    0001    0  0 ┘
66: Halted at location **udcount4sim.v(81) time 520 from call to $finish.
67:    There were 0 error(s), 0 warning(s), and 6 inform(s).
```

こでは@()文を使用しています．この@()文は，()内の条件が満たされるまで待ち合わせをする文です．つまり，@(negedge clock)はクロック信号の立ち下がりエッジまで待ち合わせを行うことを意味しており，それに同期して各信号を供給するようにしています．これにより，何クロック目まで待ち合わせるかを簡単に記述することができます．

シミュレーション結果を**リスト6.15**に示します．

この段階まで修得すれば，かなり自由にテスト・ベンチを作成することができます．練習問題として，この2桁のカウンタに7セグメントLEDデコーダを接続し，数字の形状で結果を表示するようなテスト・ベンチを作成してシミュレーションしてみてください．

● 可変長符号デコーダのシミュレーション

第4章4.3項において，シリアル入力型可変長符号デコーダを各種の回路構成で実装する記述例を示しました．ここでは，その中から1状態1フリップフロップ法・個別フリップフロップ実装によるミーリ・タイプとムーア・タイプについてシミュレーションを行ってみます．

(1) ミーリ・タイプ

リスト4.1の可変長符号デコーダ(ミーリ・タイプ)のモジュールをシミュレーションしてみます．テスト・ベンチ(**リスト6.16**)では，全文字(A～G)のテストを行うようにシリアル・データを設定しています．また，デコーダの内部状態を観測するようにしています．

ここでは，clock信号の立ち下がりエッジを待ち合わせ，sdata(シリアル・データ)を設定する部分をタスク化しています．また，タスク内に@(negedge clock)がありますが，時間待ち合わせのような時間経過を伴う記述も可能です．ファンクションの場合は，このような時間経過を伴う記述はできません．また，入力信号に定義していない信号(ここではclock)は，そのモジュール内の同じ名前の信号を参照します．

シミュレーション結果を**リスト6.17**に示します．シミュレーション時刻550において，文字Aを示す信号がアクティブになっています．続いて，時刻600において，文字Bを示す信号がアクティブになっています．これは，S1状態において，シリアル入力データが0から1に変化したために発生した現象です．クロックの立ち上がりエッジ直前で文字が確定することになるので，この場合は文字Bを検出したことになります．

現在の状態とその時点の入力信号から出力信号を生成するミーリ・タイプの典型的な動作を示しています．

検出した文字を示す信号を安定して出力するためには，クロックの立ち上がりエッジにおいてこの順序回路からの出力信号(この場合，文字を示す信号)を記憶するフリップフロップを追加する必要があります．

(2) ムーア・タイプ

それでは，**リスト4.2**の可変長符号デコーダ(ムーア・タイプ)をシミュレーションしてみます．テスト・ベンチは，**リスト6.16**をそのまま使用します．

シミュレーション結果を**リスト6.18**に示します．シミュレーション時刻650～700(正確には749まで)

リスト6.16　可変長符号デコーダのテスト・ベンチ(`vldecsim.v`)

```verilog
 1: /* --  シミュレーション環境 -----------------------------------
 2:  *   serial input variable length code decoder
 3:  *       (vldecsim.v)           designed by Shinya KIMURA
 4:  * ---------------------------------------------------- */
 5:
 6: module vldectest();
 7:     wire [6:0] charsig, chardata;
 8:     wire       a, b, c, d, e, f, g, dot;
 9:     reg        clock, reset_N, sdata;
10:
11:   // 設計対象のインスタンス化
12:     vldec   vldec   (clock, reset_N, sdata, charsig);
13:
14:   // 観測信号の指定
15:     initial begin
16:         $display("                         C S                     charsig ");
17:         $display("                         L D    S S S S S S              ");
18:         $display("              time: K T   0 1 2 3 4 5 X    ABCDEFG ");
19:         $display("--------------------:-----+---------------+--------");
20:     end
21:
22:     initial begin
23:         $monitor("%t: %b %b | %b %b %b %b %b %b %b | %b",
24:                  $time, clock, sdata,
25:                  vldec.S0, vldec.S1, vldec.S2, vldec.S3,
26:                  vldec.S4, vldec.S5, vldec.SX, charsig);
27:     end
28:
29:   // テスト信号の発生
30:   // clock generator
31:     always #50 begin
32:         clock <= ~clock;
33:     end
34:
35:     task at_negedge_sdata;
36:         input s;
37:         begin
38:             @(negedge clock)
39:                 sdata    <= s;
40:         end
41:     endtask
42:
43:     initial begin
44:         clock   <= 0;
45:         reset_N <= 0;
46:         sdata   <= 0;
47:         @(posedge clock)
48:         @(posedge clock)
49:         @(posedge clock)
50:         reset_N <= 1;
51:         at_negedge_sdata(0);    // A
52:         at_negedge_sdata(0);    // B
53:         at_negedge_sdata(0);    // B
54:         at_negedge_sdata(1);
55:         at_negedge_sdata(1);    // C
56:         at_negedge_sdata(0);
57:         at_negedge_sdata(0);
58:         at_negedge_sdata(1);    // D
59:         at_negedge_sdata(0);
60:         at_negedge_sdata(1);
61:         at_negedge_sdata(1);    // E
62:         at_negedge_sdata(1);
63:         at_negedge_sdata(0);
64:         at_negedge_sdata(1);    // F
65:         at_negedge_sdata(1);
66:         at_negedge_sdata(1);
67:         at_negedge_sdata(0);
68:         at_negedge_sdata(1);    // G
69:         at_negedge_sdata(1);
70:         at_negedge_sdata(1);
71:         at_negedge_sdata(1);
72:         @(negedge clock)
73:         @(negedge clock)
74:         $finish;
75:     end
76:
77: endmodule
```

の間，つまり文字コード受信直後の1クロックの間，Bを示す文字信号が有効になっていることがわかります．ムーア・タイプの回路構成で記述したことにより，出力信号がクロックに同期した信号となっています．

(3) 文字表示デコーダの接続

　前述した二つのシミュレーション結果は，単に文字受信信号を観測しているだけでした．そこで，次に7セグメントLEDを使って受信した文字がわかるように表示する回路を追加し，シミュレーションしてみます．

　まず，文字受信信号を7セグメントLEDで文字形状に表示するためのデコーダを用意します(**リスト6.19**)．文字の形状は，**表4.1**に示した形とします．このデコーダは，組み合わせ回路になります．なお，文字受信信号がいずれもインアクティブの場合には，小数点のドットを表示するようにしています．

　リスト6.20に，テスト・ベンチを示します．13，14行目で可変長符号デコーダとLED表示デコーダをインスタンス化し，36～38行目でクロック信号を発振させています．

リスト6.19　7セグメントLEDを利用したA～G文字表示デコーダ回路(ドット表示あり，`leddec.v`)

```
 1: /* -------------------------------------------------------
 2:  *   7-segment LED character decoder
 3:  *      for variable length code decoder
 4:  *      (leddec.v)              designed by Shinya KIMURA
 5:  * ------------------------------------------------------- */
 6:
 7: module leddec(charsig, sega, segb, segc, segd, sege, segf, segg, dot);
 8:     input   [6:0] charsig;
 9:     output        sega, segb, segc, segd, sege, segf, segg, dot;
10:
11:     assign {sega, segb, segc, segd,
12:             sege, segf, segg, dot  } = charfig(charsig);
13:
14:     function [7:0] charfig;
15:         input [6:0] char;
16:
17:         case (char)
18:             7'b1000000: charfig = 8'b11101110;  // A
19:             7'b0100000: charfig = 8'b00111110;  // B
20:             7'b0010000: charfig = 8'b10011100;  // C
21:             7'b0001000: charfig = 8'b01111010;  // D
22:             7'b0000100: charfig = 8'b10011110;  // E
23:             7'b0000010: charfig = 8'b10001110;  // F
24:             7'b0000001: charfig = 8'b10111100;  // G
25:             default   : charfig = 8'b00000001;  // DOT
26:         endcase
27:     endfunction
28:
29: endmodule
```

リスト6.17　可変長符号デコーダ（1状態1フリップフロップ法ミーリ・タイプ）のシミュレーション結果（vldec_ol1.log）

```
 8:                   C S                charsig
 9:                   L D  S S S S S S
10:            time:  K T  0 1 2 3 4 5 X  ABCDEFG
11:     --------------------:-----+---------------+---------
12:               0: 0 0 | 1 0 0 0 0 0 | 0000000
13:              50: 1 0 | 1 0 0 0 0 0 | 0000000
14:             100: 0 0 | 1 0 0 0 0 0 | 0000000
15:             150: 1 0 | 1 0 0 0 0 0 | 0000000
16:             200: 0 0 | 1 0 0 0 0 0 | 0000000
17:             250: 1 0 | 1 0 0 0 0 0 | 0000000
18:             300: 0 0 | 1 0 0 0 0 0 | 0000000
19:             350: 1 0 | 0 1 0 0 0 0 | 1000000
20:             400: 0 0 | 0 1 0 0 0 0 | 1000000
21:             450: 1 0 | 1 0 0 0 0 0 | 0000000
22:             500: 0 0 | 1 0 0 0 0 0 | 0000000
23:             550: 1 0 | 0 1 0 0 0 0 | 1000000
24:             600: 0 1 | 0 1 0 0 0 0 | 0100000   ←──B受信
25:             650: 1 1 | 1 0 0 0 0 0 | 0000000
26:             700: 0 1 | 1 0 0 0 0 0 | 0000000
27:             750: 1 1 | 0 0 1 0 0 0 | 0000000
28:             800: 0 0 | 0 0 1 0 0 0 | 0000000
29:             850: 1 0 | 0 0 0 1 0 0 | 0010000
30:             900: 0 0 | 0 0 0 1 0 0 | 0010000
31:             950: 1 0 | 1 0 0 0 0 0 | 0000000
32:            1000: 0 1 | 1 0 0 0 0 0 | 0000000
33:            1050: 1 1 | 0 0 1 0 0 0 | 0000000
34:            1100: 0 0 | 0 0 1 0 0 0 | 0000000
35:            1150: 1 0 | 0 0 0 1 0 0 | 0010000
36:            1200: 0 1 | 0 0 0 1 0 0 | 0001000   ←──D受信
37:            1250: 1 1 | 1 0 0 0 0 0 | 0000000
38:            1300: 0 1 | 1 0 0 0 0 0 | 0000000
39:            1350: 1 1 | 0 0 1 0 0 0 | 0000000
40:            1400: 0 1 | 0 0 1 0 0 0 | 0000000
41:            1450: 1 1 | 0 0 0 1 0 0 | 0000000
42:            1500: 0 0 | 0 0 0 0 1 0 | 0000100   ←──E受信
43:            1550: 1 0 | 1 0 0 0 0 0 | 0000000
44:            1600: 0 1 | 1 0 0 0 0 0 | 0000000
45:            1650: 1 1 | 0 0 1 0 0 0 | 0000000
46:            1700: 0 1 | 0 0 1 0 0 0 | 0000000
47:            1750: 1 1 | 0 0 0 1 0 0 | 0000000
48:            1800: 0 1 | 0 0 0 1 0 0 | 0000000
49:            1850: 1 1 | 0 0 0 0 1 0 | 0000001
50:            1900: 0 0 | 0 0 0 0 1 0 | 0000010
51:            1950: 1 0 | 1 0 0 0 0 0 | 0000000
52:            2000: 0 1 | 1 0 0 0 0 0 | 0000000
53:            2050: 1 1 | 0 0 1 0 0 0 | 0000000
54:            2100: 0 1 | 0 0 1 0 0 0 | 0000000
55:            2150: 1 1 | 0 0 0 1 0 0 | 0000000
56:            2200: 0 1 | 0 0 0 1 0 0 | 0000000
57:            2250: 1 1 | 0 0 0 0 1 0 | 0000001
58:            2300: 0 1 | 0 0 0 0 1 0 | 0000001
59:            2350: 1 1 | 1 0 0 0 0 0 | 0000000
60:            2400: 0 1 | 1 0 0 0 0 0 | 0000000
61:            2450: 1 1 | 0 0 1 0 0 0 | 0000000
62: Halted at location **vldecsim.v(87) time 2500 from call to $finish.
63:    There were 0 error(s), 0 warning(s), and 32 inform(s).
```

リスト6.18　可変長符号デコーダ(1状態1フリップフロップ法ムーア・タイプ)のシミュレーション結果(vldec_or2.log)

```
 8:                      C S              charsig
 9:                      L D  S S S S S S
10:               time:  K T  0 1 2 3 4 5 X  ABCDEFG
11: --------------------:----+---------------+---------
12:                   0: 0 0 | 1 0 0 0 0 0 | 0000000
13:                  50: 1 0 | 1 0 0 0 0 0 | 0000000
14:                 100: 0 0 | 1 0 0 0 0 0 | 0000000
15:                 150: 1 0 | 1 0 0 0 0 0 | 0000000
16:                 200: 0 0 | 1 0 0 0 0 0 | 0000000
17:                 250: 1 0 | 1 0 0 0 0 0 | 0000000
18:                 300: 0 0 | 1 0 0 0 0 0 | 0000000
19:                 350: 1 0 | 0 1 0 0 0 0 | 0000000
20:                 400: 0 0 | 0 1 0 0 0 0 | 0000000
21:                 450: 1 0 | 0 0 0 0 0 0 | 1000000
22:                 500: 0 0 | 0 0 0 0 0 0 | 1000000
23:                 550: 1 0 | 0 1 0 0 0 0 | 0000000
24:                 600: 0 1 | 0 1 0 0 0 0 | 0000000
25:                 650: 1 1 | 0 0 0 0 0 0 | 0100000     ← B受信
26:                 700: 0 1 | 0 0 0 0 0 0 | 0100000
27:                 750: 1 1 | 0 0 1 0 0 0 | 0000000
28:                 800: 0 0 | 0 0 1 0 0 0 | 0000000
29:                 850: 1 0 | 0 0 0 1 0 0 | 0000000
30:                 900: 0 0 | 0 0 0 1 0 0 | 0000000
31:                 950: 1 0 | 0 0 0 0 0 0 | 0010000
32:                1000: 0 1 | 0 0 0 0 0 0 | 0010000
33:                1050: 1 1 | 0 0 1 0 0 0 | 0000000
34:                1100: 0 0 | 0 0 1 0 0 0 | 0000000
35:                1150: 1 0 | 0 0 0 1 0 0 | 0000000
36:                1200: 0 1 | 0 0 0 1 0 0 | 0000000
37:                1250: 1 1 | 0 0 0 0 0 0 | 0001000     ← D受信
38:                1300: 0 1 | 0 0 0 0 0 0 | 0001000
39:                1350: 1 1 | 0 0 1 0 0 0 | 0000000
40:                1400: 0 1 | 0 0 1 0 0 0 | 0000000
41:                1450: 1 1 | 0 0 0 1 0 0 | 0000000
42:                1500: 0 0 | 0 0 0 1 0 0 | 0000000
43:                1550: 1 0 | 0 0 0 0 0 0 | 0000100     ← E受信
44:                1600: 0 1 | 0 0 0 0 0 0 | 0000100
45:                1650: 1 1 | 0 0 1 0 0 0 | 0000000
46:                1700: 0 1 | 0 0 1 0 0 0 | 0000000
47:                1750: 1 1 | 0 0 0 1 0 0 | 0000000
48:                1800: 0 1 | 0 0 0 1 0 0 | 0000000
49:                1850: 1 1 | 0 0 0 0 1 0 | 0000000
50:                1900: 0 0 | 0 0 0 0 1 0 | 0000000
51:                1950: 1 0 | 0 0 0 0 0 0 | 0000010
52:                2000: 0 1 | 0 0 0 0 0 0 | 0000010
53:                2050: 1 1 | 0 0 1 0 0 0 | 0000000
54:                2100: 0 1 | 0 0 1 0 0 0 | 0000000
55:                2150: 1 1 | 0 0 0 1 0 0 | 0000000
56:                2200: 0 1 | 0 0 0 1 0 0 | 0000000
57:                2250: 1 1 | 0 0 0 0 1 0 | 0000000
58:                2300: 0 1 | 0 0 0 0 1 0 | 0000000
59:                2350: 1 1 | 0 0 0 0 0 0 | 0000001
60:                2400: 0 1 | 0 0 0 0 0 0 | 0000001
61:                2450: 1 1 | 0 0 1 0 0 0 | 0000000
62: Halted at location **vldecsim.v(87) time 2500 from call to $finish.
63:    There were 0 error(s), 0 warning(s), and 31 inform(s).
```

リスト6.20 文字表示デコーダを含む可変長符号デコーダのテスト・ベンチ (vldecledsim.v)

```verilog
 1: /* -- シミュレーション環境 -----------------------------------
 2:  * serial input variable length code decoder
 3:  *     led shape display version
 4:  *     (vldecledsim.v)         designed by Shinya KIMURA
 5:  * ------------------------------------------------------ */
 6:
 7: module vldecledtest();
 8:     wire [6:0] charsig;
 9:     wire       a, b, c, d, e, f, g, dot;
10:     reg        clock, reset_N, sdata;
11:
12:     // 設計対象のインスタンス化
13:     vldec   vldec   (clock, reset_N, sdata, charsig);
14:     leddec  leddec  (charsig, a, b, c, d, e, f, g, dot);
15:
16:     // LED形状表示タスク
17:     task leddisp;
18:         input a, b, c, d, e, f, g, dot;
19:         begin
20:             if(dot)
21:                 $write(".\n");
22:             else begin
23:                 if(a) $write(" --\n"); else $write("\n");
24:                 if(f) $write("|  ");    else $write("   ");
25:                 if(b) $write("|\n");    else $write("\n");
26:                 if(g) $write(" --\n");  else $write("\n");
27:                 if(e) $write("|  ");    else $write("   \n");
28:                 if(c) $write("|\n");    else $write("\n");
29:                 if(d) $write(" --\n");  else $write("\n");
30:             end
31:         end
32:     endtask
33:
34:     // テスト信号の発生
35:     // clock generator
36:     always #50 begin
37:         clock <= ~clock;
38:     end
39:
40:     initial begin
41:         clock   <= 0;
42:         reset_N <= 0;
43:         sdata   <= 0;
44:         @(posedge clock) leddisp(a, b, c, d, e, f, g, dot);
45:         @(posedge clock) leddisp(a, b, c, d, e, f, g, dot);
46:         @(posedge clock) leddisp(a, b, c, d, e, f, g, dot);
47:         @(negedge clock) leddisp(a, b, c, d, e, f, g, dot);
```

```
48:        reset_N <= 1;
49:        sdata   <= 0;    // A
50:        @(negedge clock) leddisp(a, b, c, d, e, f, g, dot);
51:        sdata   <= 0;
52:        @(negedge clock) leddisp(a, b, c, d, e, f, g, dot);
53:        sdata   <= 0;    // B
54:        @(negedge clock) leddisp(a, b, c, d, e, f, g, dot);
55:        sdata   <= 1;
56:        @(negedge clock) leddisp(a, b, c, d, e, f, g, dot);
57:        sdata   <= 1;    // C
58:        @(negedge clock) leddisp(a, b, c, d, e, f, g, dot);
59:        sdata   <= 0;
60:        @(negedge clock) leddisp(a, b, c, d, e, f, g, dot);
61:        sdata   <= 0;
62:        @(negedge clock) leddisp(a, b, c, d, e, f, g, dot);
63:        sdata   <= 1;    // D
64:        @(negedge clock) leddisp(a, b, c, d, e, f, g, dot);
65:        sdata   <= 0;
66:        @(negedge clock) leddisp(a, b, c, d, e, f, g, dot);
67:        sdata   <= 1;
68:        @(negedge clock) leddisp(a, b, c, d, e, f, g, dot);
69:        sdata   <= 1;    // E
70:        @(negedge clock) leddisp(a, b, c, d, e, f, g, dot);
71:        sdata   <= 1;
72:        @(negedge clock) leddisp(a, b, c, d, e, f, g, dot);
73:        sdata   <= 0;
74:        @(negedge clock) leddisp(a, b, c, d, e, f, g, dot);
75:        sdata   <= 1;    // F
76:        @(negedge clock) leddisp(a, b, c, d, e, f, g, dot);
77:        sdata   <= 1;
78:        @(negedge clock) leddisp(a, b, c, d, e, f, g, dot);
79:        sdata   <= 1;
80:        @(negedge clock) leddisp(a, b, c, d, e, f, g, dot);
81:        sdata   <= 0;
82:        @(negedge clock) leddisp(a, b, c, d, e, f, g, dot);
83:        sdata   <= 1;    // G
84:        @(negedge clock) leddisp(a, b, c, d, e, f, g, dot);
85:        sdata   <= 1;
86:        @(negedge clock) leddisp(a, b, c, d, e, f, g, dot);
87:        sdata   <= 1;
88:        @(negedge clock) leddisp(a, b, c, d, e, f, g, dot);
89:        sdata   <= 1;
90:        @(negedge clock) leddisp(a, b, c, d, e, f, g, dot);
91:        $finish;
92:    end
93:
94: endmodule
```

第6章 Verilog HDLとシミュレーション

　LEDの形状に合わせて表示する部分は，**リスト6.10**と同じようにタスク化しています．LED表示タスク leddisp は，クロックの立ち下がりエッジの待ち合わせで呼び出しています．その後，次のシリアル・データを与えています．シリアル・データは，先のテスト・ベンチと同じタイミングで発生しています．シミュレーション結果を**リスト6.21**に示します．

● 乗算回路のシミュレーション

　第4章の4.4項において，乗算回路のVerilog HDLによる記述例を示しました（**リスト4.8**）．そこで述

リスト6.21 文字表示デコーダを含む可変長符号デコーダのシミュレーション結果(vldecled.log)

```
 1: GPLCVER_2.11a of 07/05/05 (Cygwin32).
 2: Copyright (c) 1991-2005 Pragmatic C Software Corp.
 3: Compiling source file "vldecledsim.v"
 4: Compiling source file "leddec.v"
 5: Compiling source file "vldec_or2.v"
 6: Highest level modules:
 7: vldecledtest
 8:
 9: .
10: .
11: .
12: .
13: .
14:   --
15: |    |
16:   --
17: |    |
18:
19: .
20:
21: |
22:   --
23: |    |
24:   --
25: .
26: .
27:   --
28: |
29:
30: |
31:   --
32: .
33: .
34:
35:      |
36:   --
37: |    |
38:   --
39: .
40: .
41:   --
42: |
43:   --
44: |
45:   --
46: .
47: .
48: .
49:   --
50: |
51:   --
52: |
53:
54: .
55: .
56: .
57:   --
58: |
59:
60: |    |
61:   --
62: Halted at location **vldecledsim.v(91) time 2400 from call to $finish.
63:    There were 0 error(s), 0 warning(s), and 12 inform(s).
```

リスト6.22　ストップ制御付き乗算回路(multi4sc.v)

```verilog
 1: /* ---------------------------------------------------------
 2:  *   multiplier (stop control version)
 3:  *      (multi4sc.v)          designed by Shinya KIMURA
 4:  * --------------------------------------------------- */
 5:
 6: `define ON  1
 7: `define OFF 0
 8:
 9: module multiplier(clock, reset_N, wrstb_N, MLsel, sw_data,
10:                   start_N, ready_N, Hreg, Lreg);
11:
12:    // {Hreg, Lreg} <= Lreg * Mreg
13:
14:    input       clock, reset_N, wrstb_N, MLsel, start_N;
15:    input  [3:0] sw_data;
16:    output       ready_N;
17:    output [4:0] Hreg;
18:    output [3:0] Lreg;
19:
20:    reg   [4:0] Hreg;
21:    reg   [3:0] Lreg, Mreg;
22:    reg         Istate, Astate, Sstate;
23:    reg         ready_N;
24:    reg   [1:0] counter;              // loop counter
25:
26:    always @(posedge clock or negedge reset_N) begin
27:       if(!reset_N) begin              // reset
28:          Hreg     <= 0;
29:          Lreg     <= 0;
30:          Mreg     <= 0;
31:          ready_N  <= 0;               // status = ready
32:          counter  <= 0;
33:          Istate   <= `ON;
34:          Astate   <= `OFF;
35:          Sstate   <= `OFF;
36:       end else if(Istate) begin
37:          if(!wrstb_N) begin
38:             case(MLsel)               // initial data setting
39:                0: Lreg <= sw_data;
40:                1: Mreg <= sw_data;
41:             endcase
42:          end else if(!start_N) begin
43:             ready_N <= 1;             // status = not ready
44:             Hreg    <= 0;
45:             Istate  <= `OFF;
46:             Astate  <= `ON;
47:          end else begin
48:             /* no change */
49:          end
50:       end else if(Astate) begin
```

リスト6.22 ストップ制御付き乗算回路(multi4sc.v)(つづき)

```
51:             Hreg    <= Hreg + (Lreg[0] ? Mreg : 4'b0000);
52:             Astate  <= `OFF;
53:             Sstate  <= `ON;
54:         end else if(Sstate) begin
55:             {Hreg, Lreg} <= {1'b0, Hreg, Lreg[3:1]};
56:             Sstate  <= `OFF;
57:             counter <= counter + 1;
58:             if(counter==3) begin        // operation end
59:                 ready_N <= 0;           // status = ready
60:                 Istate  <= `ON;
61:             end else begin              // operation continue
62:                 Astate  <= `ON;
63:             end
64:         end else begin                  // illegal state
65:             Istate <= `OFF;
66:             Astate <= `OFF;
67:             Sstate <= `OFF;
68:         end
69:     end
70: endmodule
```

リスト6.23 ストップ制御付き乗算回路のテスト・ベンチ(multi4scsim.v)

```
 1: /* --  シミュレーション環境 ----------------------------------
 2:  *  multiplier (stop control version)
 3:  *     (multi4scsim.v)        designed by Shinya KIMURA
 4:  * ---------------------------------------------------- */
 5:
 6: `define PIRIOD 100
 7:
 8: module multi_test;
 9:     reg         clock, reset_N, wrstb_N, MLsel, start_N;
10:     reg  [3:0]  sw_data;
11:     wire        ready_N;
12:     wire [4:0]  Hreg;
13:     wire [3:0]  Lreg;
14:
15:     // 設計対象のインスタンス化
16:     multiplier multi (clock, reset_N, wrstb_N, MLsel,
17:                       sw_data, start_N, ready_N, Hreg, Lreg );
18:
19:     // 観測信号の指定
20:     initial begin
21:         $display("\t\t      r s       w   r                        ");
22:         $display("\t\t      c e t     r   e        M    H    L     ");
23:         $display("\t\t      l s a     s   a        r    r    r     ");
24:         $display("\t\t      o e r   s t   d  I A S e    e    e     ");
25:         $display("\t\t      c t t   w b   y  s s s g    g    g     ");
26:         $display("\t\ttime| k - -   3210 -   - t t t   3210 43210 3210 ");
27:         $display("--------------------+-------+--------+---+-------+---------------");
```

リスト6.23 ストップ制御付き乗算回路のテスト・ベンチ(multi4scsim.v)(つづき)

```
28:         $monitor("%t: %b %b %b : %b %b : %b : %b %b %b : %b %b %b",
29:                 $time, clock, reset_N, start_N, sw_data, wrstb_N,
30:                 ready_N, multi.Istate, multi.Astate, multi.Sstate,
31:                 multi.Mreg, Hreg, Lreg);
32:     end
33:
34:     // テスト信号の発生
35:     initial begin
36:         clock    <= 1'b0;
37:         reset_N  <= 1'b1;
38:         wrstb_N  <= 1'b1;
39:         MLsel    <= 1'b0;
40:         sw_data  <= 4'b0000;
41:         start_N  <= 1'b1;
42:
43:       #`PIRIOD
44:         reset_N <= 1'b0;
45:       #(`PIRIOD*2)
46:         reset_N <= 1'b1;        // reset off
47:       #(`PIRIOD/2)
48:         sw_data <= 4'b0101;     // setting data to Mreg
49:         MLsel   <= 1'b1;
50:       #(`PIRIOD/2)
51:         wrstb_N <= 1'b0;        // write strobe on
52:       #`PIRIOD
53:       #`PIRIOD
54:         wrstb_N <= 1'b1;
55:       #(`PIRIOD/2)
56:         sw_data <= 4'b0111;     // setting data to Lreg
57:         MLsel   <= 1'b0;
58:       #(`PIRIOD/2)
59:         wrstb_N <= 1'b0;        // wreite strobe on
60:       #`PIRIOD
61:         wrstb_N <= 1'b1;
62:       #`PIRIOD
63:         start_N <= 1'b0;        // start on
64:       #`PIRIOD
65:         start_N <= 1'b1;
66:       #(`PIRIOD*10)
67:         $finish;
68:     end
69:
70:     // クロック発生
71:     always #(`PIRIOD/2) begin
72:         clock <= ~clock;
73:     end
74:
75: endmodule
```

リスト6.24 ストップ制御付き乗算回路のシミュレーション結果 (multi4sc.log)

```
11:                       r s     w   r
12:                       c e t   r   e             M    H     L
13:                       l s a   s   a             r    r     r
14:                       o e r   s   t   d   I A S e    e     e
15:                       c t t   w   b   y   s s s g    g     g
16:               time| k - -   3210 -   -   t t t 3210 43210 3210
17: --------------------+-------+--------+---+-------+----------------
18:                  0: 0 1 1 : 0000 1 : x : x x x : xxxx xxxxx xxxx
19:                 50: 1 1 1 : 0000 1 : x : 0 0 0 : xxxx xxxxx xxxx
20:                100: 0 0 1 : 0000 1 : 0 : 1 0 0 : 0000 00000 0000
21:                150: 1 0 1 : 0000 1 : 0 : 1 0 0 : 0000 00000 0000
22:                200: 0 0 1 : 0000 1 : 0 : 1 0 0 : 0000 00000 0000
23:                250: 1 0 1 : 0000 1 : 0 : 1 0 0 : 0000 00000 0000
24:                300: 0 1 1 : 0000 1 : 0 : 1 0 0 : 0000 00000 0000
25:                350: 1 1 1 : 0101 1 : 0 : 1 0 0 : 0000 00000 0000
26:                400: 0 1 1 : 0101 0 : 0 : 1 0 0 : 0000 00000 0000
27:                450: 1 1 1 : 0101 0 : 0 : 1 0 0 : 0101 00000 0000
28:                500: 0 1 1 : 0101 0 : 0 : 1 0 0 : 0101 00000 0000
29:                550: 1 1 1 : 0101 0 : 0 : 1 0 0 : 0101 00000 0000
30:                600: 0 1 1 : 0101 1 : 0 : 1 0 0 : 0101 00000 0000
31:                650: 1 1 1 : 0111 1 : 0 : 1 0 0 : 0101 00000 0000
32:                700: 0 1 1 : 0111 0 : 0 : 1 0 0 : 0101 00000 0000
33:                750: 1 1 1 : 0111 0 : 0 : 1 0 0 : 0101 00000 0111
34:                800: 0 1 1 : 0111 1 : 0 : 1 0 0 : 0101 00000 0111
35:                850: 1 1 1 : 0111 1 : 0 : 1 0 0 : 0101 00000 0111
36:                900: 0 1 0 : 0111 1 : 0 : 1 0 0 : 0101 00000 0111
37:                950: 1 1 0 : 0111 1 : 1 : 0 1 0 : 0101 00000 0111
38:               1000: 0 1 1 : 0111 1 : 1 : 0 1 0 : 0101 00000 0111
39:               1050: 1 1 1 : 0111 1 : 1 : 0 0 1 : 0101 00101 0111
40:               1100: 0 1 1 : 0111 1 : 1 : 0 0 1 : 0101 00101 0111
41:               1150: 1 1 1 : 0111 1 : 1 : 0 1 0 : 0101 00010 1011
42:               1200: 0 1 1 : 0111 1 : 1 : 0 1 0 : 0101 00010 1011
43:               1250: 1 1 1 : 0111 1 : 1 : 0 0 1 : 0101 00111 1011
44:               1300: 0 1 1 : 0111 1 : 1 : 0 0 1 : 0101 00111 1011
45:               1350: 1 1 1 : 0111 1 : 1 : 0 1 0 : 0101 00011 1101
46:               1400: 0 1 1 : 0111 1 : 1 : 0 1 0 : 0101 00011 1101
47:               1450: 1 1 1 : 0111 1 : 1 : 0 0 1 : 0101 01000 1101
48:               1500: 0 1 1 : 0111 1 : 1 : 0 0 1 : 0101 01000 1101
49:               1550: 1 1 1 : 0111 1 : 1 : 0 1 0 : 0101 00100 0110
50:               1600: 0 1 1 : 0111 1 : 1 : 0 1 0 : 0101 00100 0110
51:               1650: 1 1 1 : 0111 1 : 1 : 0 0 1 : 0101 00100 0110
52:               1700: 0 1 1 : 0111 1 : 1 : 0 0 1 : 0101 00100 0110
53:               1750: 1 1 1 : 0111 1 : 0 : 1 0 0 : 0101 00010 0011
54:               1800: 0 1 1 : 0111 1 : 0 : 1 0 0 : 0101 00010 0011
55:               1850: 1 1 1 : 0111 1 : 0 : 1 0 0 : 0101 00010 0011
56:               1900: 0 1 1 : 0111 1 : 0 : 1 0 0 : 0101 00010 0011
57:               1950: 1 1 1 : 0111 1 : 0 : 1 0 0 : 0101 00010 0011
58: Halted at location **multi4scsim.v(68) time 2000 from call to $finish.
59:    There were 0 error(s), 0 warning(s), and 9 inform(s).
```

0101（=5）×0111（=7）の乗算（加算とシフト）

演算結果 000100011（=35）

べたように，**リスト4.8**の記述では，クロック信号を供給し過ぎると演算結果が破壊されてしまいます．そこで，部分積の加算と右シフトを必要な回数だけ実行し，乗算結果を得た段階でIステート（アイドル状態）に戻り，かつ演算終了信号ready_N信号（アクティブ・ロー）を出力するように修正を加えます．

乗算結果を得るために必要となるAステートとSステートの繰り返し回数は，乗算データのビット幅と同じ（この場合は4回）になります．ループ制御にはカウンタを用意し，ループするたびにカウント・アップし，必要回数ループしたかどうかを判定して停止させればよいわけです．ループ・カウンタはリセット時に"0"にし，Sステートにおいてカウント・アップさせます．また，Sステートにおいて，所定の回数（この場合は3）をループしたかどうかを判定し，少ない場合にはAステートへ，必要回数ループした場合にはIステートに遷移させるようにします．

また，演算終了を示す信号ready_Nは，演算開始から終了までの間，インアクティブになる信号を生成すればよいわけです．つまり，IステートからAステートに遷移した時点でインアクティブとなり，SステートからIステートに遷移する時点でアクティブになる信号ということになります．なお，この場合，演算終了はIステートと一致するので，IステートのNOTをとった信号をready_N信号とすることができます．

リスト6.22に，ループ・カウンタ制御と演算終了信号を追加した乗算回路のVerilog HDLによる記述例を示します．ループ・カウンタのインクリメントは，57行目で行っています．また，58行目のif文でループ回数のチェックを行っています．ここで注意してほしいのは，57行目でインクリメントした値を58行目のif文で判定しているのではないことです．つまり，counterへの値の設定はノン・ブロッキング代入で記述しているので，次の状態へ遷移する直前に行われます．他方，58行目のif文で判定したcounterはその時点の値になるので，インクリメントされる前の値になります．

counterへの値の代入が位置的にif文の前にあるので，プログラム的な感覚でリストを読むと，そこで値が設定されてしまうような錯覚をしてしまいますが，そうではないということです．

次に，テスト・ベンチの作成に入ります（**リスト6.23**）．各種信号を初期化した後，乗算のために演算データを初期値として与える必要があります．ここでは，Mregに4'b0101，Lregに4'b0111を与えています．レジスタへの値の設定は，レジスタの選択信号MLsel，設定データ信号sw_dataに値をセットした後，書き込み信号wrstb_Nをアクティブにします（Mregの設定は49～55行目，Lregの設定は57～62行目）．続いて，スタート信号start_Nをアクティブにします（64～66行目）．その後は自動的に演算が行われるので，必要個数以上のクロックを供給することになります．

シミュレーション結果を**リスト6.24**に示します．時刻1750においてready_N信号がアクティブとなり，Iステートで停止していることがわかります．演算結果はHregとLregに格納されており，2進数で00100011となっています．初期値が5と7なので，正しい結果35になっています．

第7章 論理合成・配置配線とCPLD実装テスト

 前章までの説明で，Verilog HDLで記述した回路をシミュレーションする方法を理解できたと思います．そこで本章では，回路を実装するための装置および対応するVerilog HDLファイルの準備について解説し，今まで解説してきたVerilog HDLファイルを実際に実装してみます．
 ここで紹介する装置に使用しているデバイスはCPLD(Complex Programmable Logic Device)ですが，FPGAでも同様に使用することができます．もちろん，メーカは問いません．メーカごとに使用するツールや信号および端子の対応などは異なってきますが，基本的な考え方と作業手順に変わりはありません．

7.1 CPLD論理回路実習システムの構成

 まず，本書で解説してきたVerilog HDLによる記述例を実装テストするための，CPLDを利用した装置について説明します注1．CPLDは，ユーザ自身が簡単に回路機能を設定できるプログラマブル・ロジック・デバイスの一種です．なお，Verilog HDLの記述例は，市販されているCPLDやFPGAの評価ボードを使用しても，スイッチやLEDを付ければ実験ができます．

● CPLD論理回路実習システムの概要

 CPLD論理回路実習システム(以下，メイン・ボードと呼ぶ)は，CPLDを実装ターゲットとしており，スイッチやLED，発振器などを搭載したプリント基板です．メイン・ボードの主な機能・特徴を下記

注1：CPLD論理回路実習システムに関する情報(回路図や入手方法など)は，本書のサポート・サイト(http://verilogician.net/)で公開している．また，ユニバーサル基板上に自作することも可能である．

に示します．

CPLD論理回路実習システム(メイン・ボード)の概要

- XC95108 - PC84(XILINX社)を使用
    - 2400ゲート相当
- 3種類のクロック・ソースから二つを選択しCPLDへ供給
    - 水晶発振器(発振器の取り替え可能)
        - 原発振周波数(最大10 MHz)とその1/2～1/128をDIPスイッチで選択可能
    - NE555可変発振器(約1～10 kHz)
    - マニュアル・クロック(マイクロ・スイッチ)
- リセット・スイッチ
- 信号供給用スイッチ(12個)
    - トグル・スイッチ …4個(チャタリングあり)
    - DIPスイッチ ………8ビット
- 発光ダイオード
    - 単体 ………………8個
    - 7セグメント型 ……2個(ダイナミック点灯)
- 機能拡張用コネクタ2個装備(14ピン，30ピン)
- オンボード・コンフィギュレーション・インターフェース
    - ホスト・パソコンとは標準プリンタ・ケーブルで直結
- 使用部品は，作成が容易なように表面実装部品なし

メイン・ボード上には基礎的な実験ができるようにスイッチやLEDがありますが，第9章で紹介するスロット・マシンやステッピング・モータの制御回路のような応用回路を実装するために，さらに多くのスイッチやLED，その他のインターフェースを搭載した拡張スイッチLEDボード(以下，拡張ボードと呼ぶ)があります．拡張ボードは，メイン・ボードの機能拡張用コネクタに接続します．**図7.1**に，メイン・ボードと拡張ボードのブロック図を示します．また，**写真7.1**と**写真7.2**に，メイン・ボードと拡張ボードの外観を示します．

拡張スイッチLEDボード(拡張ボード)の機能

- スイッチ(16個)
    - トグル・スイッチ…………8個(チャタリングあり，うち4個はメイン・ボードと共通信号)
    - トグル・スイッチ…………4個(チャタリング除去済み)
    - プッシュ・スイッチ………4個(チャタリングあり)
- 発光ダイオード
    - 単体……………………8個
    - 7セグメント型 …………4個(ダイナミック点灯)
    - 16×16 LEDマトリクス …1個

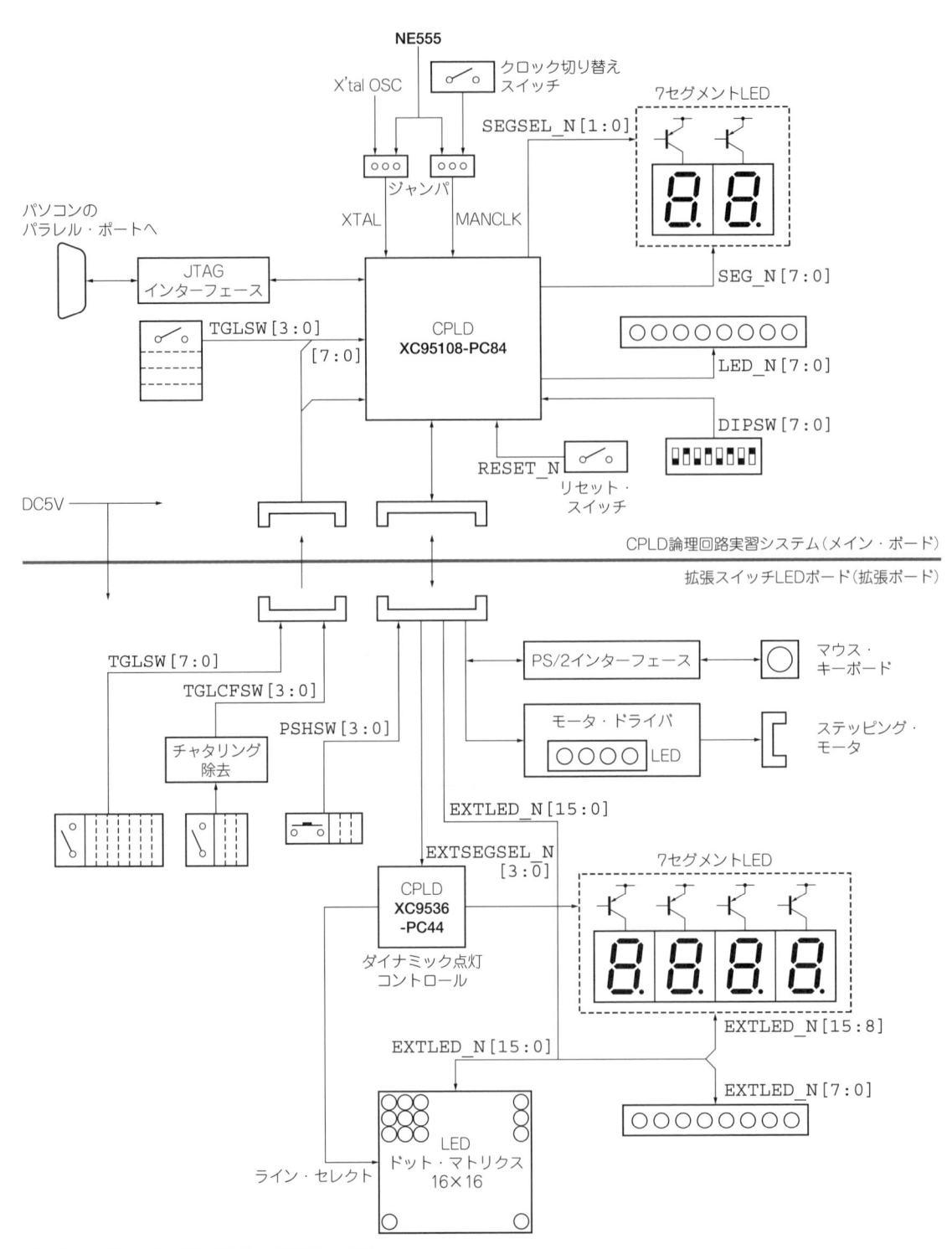

第7章　論理合成・配置配線とCPLD実装テスト

図7.1　メイン・ボードと拡張ボードのブロック図

7.1 CPLD論理回路実習システムの構成

写真7.1 メイン・ボードの外観

写真7.2 拡張ボードの外観

- ステッピング・モータ・ドライバ
   LED表示付き
- PS/2インターフェース
- 使用部品は，作成が容易なように表面実装部品なし

● **XILINX社のXC9500ファミリ**

　ここで解説する実装装置では，XILINX社のCPLDを使用しています．型名は，XC9500ファミリの中のXC95108です．XC9500ファミリは特別なプログラミング装置を必要とせず，パソコンとの簡単なインターフェース回路を用意することにより回路機能を設定することができ，10000回までの再プログラムを保障しています．一度プログラムすると，設定した回路データは電源を切っても消失せず，次回に電源を投入するとすぐに機能させることができます．実装できる回路規模はおよそ2400ゲートで，基本的な論理回路から実用的なものまで実装することができます．

XC9500ファミリの特徴(データ・シートからの抜粋)
- ピン間遅延5 ns，動作周波数125 MHz(最大)
- 集積度は，800～6400ゲート規模
- 5 Vのイン・システム・プログラミング(ISP)
- IEEE 1149.1バウンダリ・スキャン(JTAG)をサポート
- 各出力のスルー・レート・コントロールが可能
- 24 mAと駆動電流が大きい
- 3.3 Vまたは5 VのI/Oレベル選択が可能

(1) XC9500ファミリの内部構成

　XC9500ファミリのチップ内部は，図7.2に示すようにI/Oブロック，高速接続スイッチ・マトリクス，ファンクション・ブロックで構成され，AND-OR構成を基本としたロジックが組めるようになっています．

　I/Oブロックは，端子と内部ロジックを接続します．また，高速接続スイッチ・マトリクスは，ファンクション・ブロック間の信号を柔軟かつ高速に接続します．

　図7.3に，ファンクション・ブロックの内部構造を示します．ファンクション・ブロックの内部は，36入力までの積項を生成できるANDアレイ部と任意の積項を選択しマクロ・セルに接続するための積項アロケータ，18個のマクロ・セルで構成されています．ファンクション・ブロックの個数は，ファミリの製品によって異なります．ここで使用しているXC95108には，ファンクション・ブロックが6個，つまり108個のマクロ・セルがあります．

　マクロ・セルは，内部には和項(OR部)，正/負反転選択部，セット/リセット機能付きDフリップフロップがあります．マクロ・セルからの出力は，AND-OR-正/負反転選択部またはフリップフロップの出力のいずれかとなります．

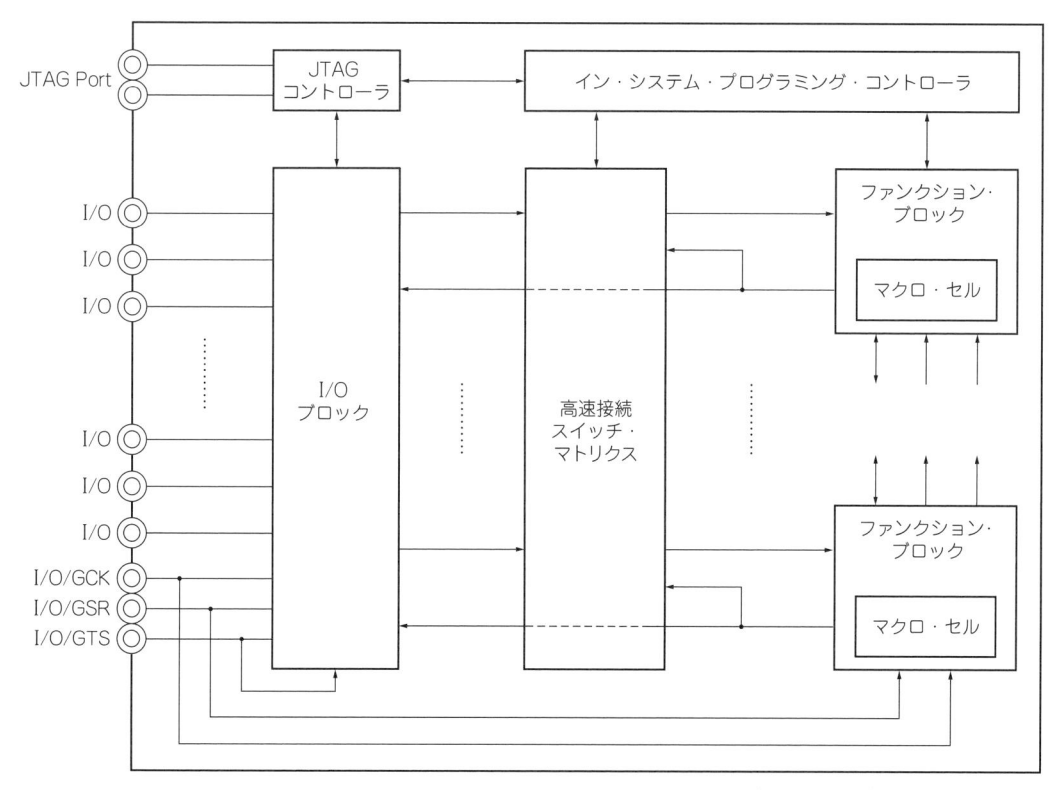

図7.2　XC9500ファミリの内部構成

GCK：グローバル・クロック
GSR：グローバル・セット/リセット
GTS：グローバル3ステート・コントロール

(2) XC9500ファミリのコンフィギュレーション

　XC9500ファミリのデバイスのコンフィギュレーション(回路情報の書き込み)は，JTAGプロトコルにより行います．JTAGとは，IEEE 1149.1バウンダリ・スキャン機能のことで，デバイスのコンフィギュレーション以外の機能も含む各種テスト機能の総称です．

　また，XC9500ファミリは，デバイスを応用システムに装着した状態でコンフィギュレーションができるようになっています．この機能をイン・システム・プログラミング機能(略してISP)と呼んでいます．

　メイン・ボードでは，ホスト・パソコンのパラレル・ポートとCPLDのJTAG端子を接続するためのインターフェース回路を内蔵しており，デバイスを搭載したままコンフィギュレーションできるようになっています．パソコン上で実行するコンフィギュレーション用ファイルの生成とコンフィギュレーションを行うソフトウェアは，デバイス・メーカ(XILINX社)が無償で提供している開発用ツール(ISE WebPACK)を使用します．

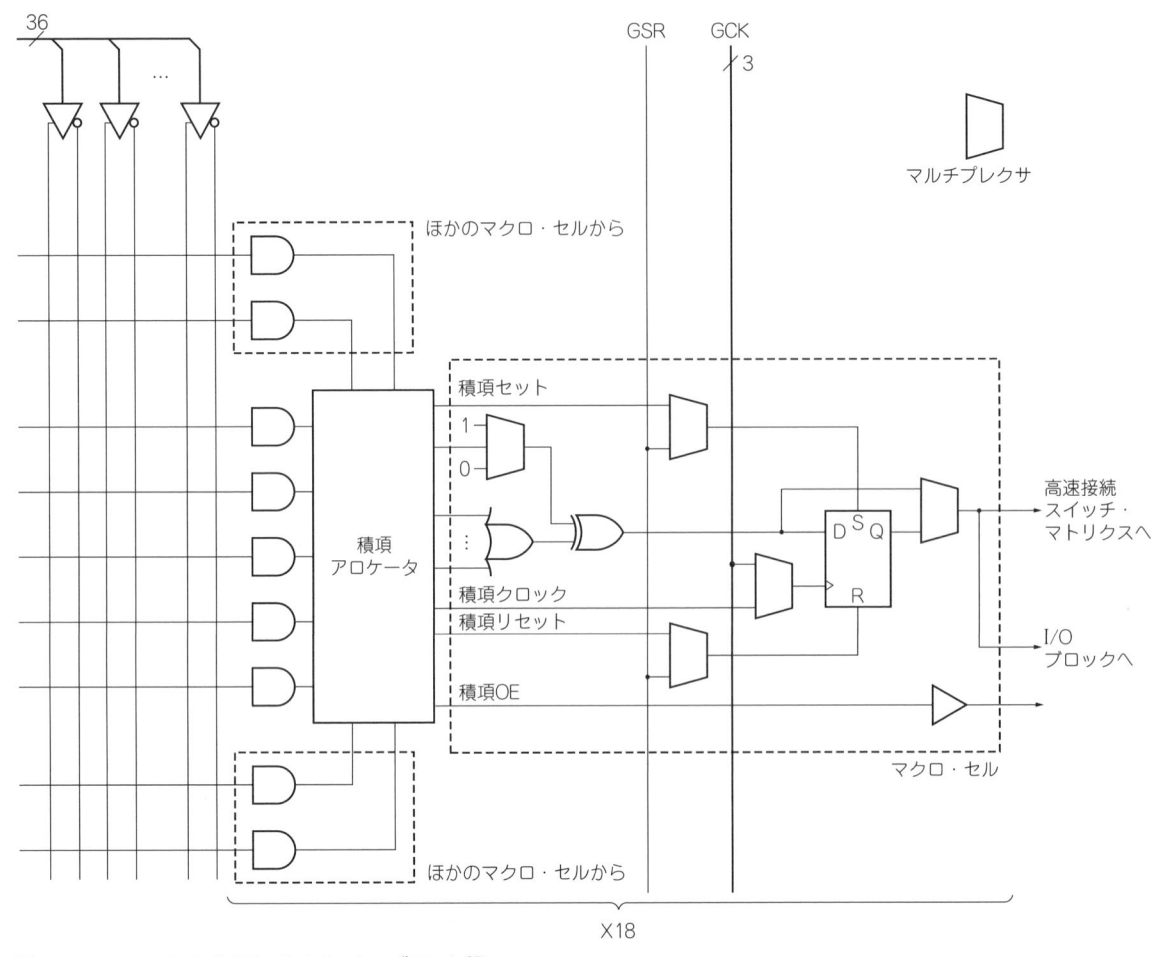

第7章　論理合成・配置配線とCPLD実装テスト

図7.3　XC9500ファミリのファンクション・ブロック部

7.2　トップ・モジュールを用意する

　はじめに説明したように，メイン・ボードには各種の実験ができるようにスイッチやLEDが搭載されており，それらはCPLDと接続されています．そのため，CPLDの各端子は，機能や信号の入力/出力方向が決まっています注2．設計した回路モジュールの実装にあたり，そのモジュールの信号をCPLDの端子に割り当てる必要があります．実装回路ごとにその端子指定を行うことは，毎回同じような作業をすることになり，ミスをする可能性も増加します．

　そこで，設計した回路モジュール（以下，コア・モジュールと呼ぶ）をインスタンス化し，端子信号の接続を容易にするトップ・モジュール（モジュール名XC95top）を用意し，合わせて端子番号の設定

注2：拡張コネクタのピン配置は，拡張ボードを接続する場合に合わせている．

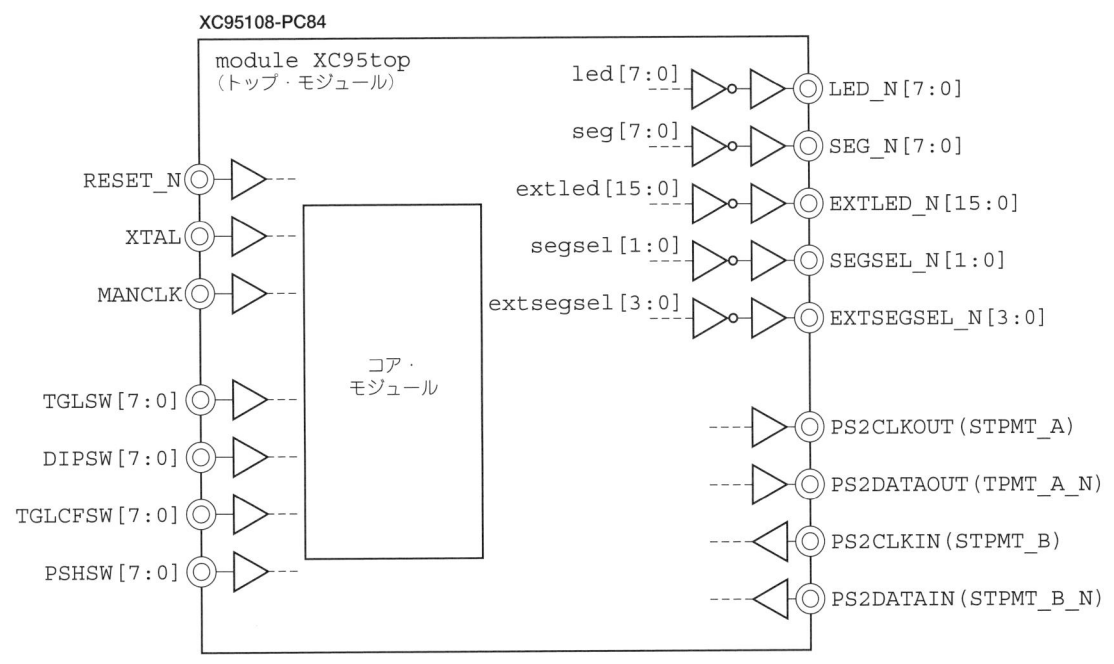

図7.4　トップ・モジュールとコア・モジュール（設計対象モジュール）の関係

用ファイル（端子制約ファイル）も用意します[注3]．

● **トップ・モジュールとコア・モジュールの関係**

　図7.4に，トップ・モジュールとコア・モジュールの関係を示します．コア・モジュールが，実装テスト対象のモジュールになります．メイン・ボード上に設計したモジュールを実装するには，トップ・モジュールとコア・モジュールを合わせて論理合成し，配置配線することになります．

● **トップ・モジュールのVerilog HDLによる記述**

　リスト7.1に，トップ・モジュールのVerilog HDLによる記述例を示します．種々のコア・モジュールに対応できるように汎用的な記述になっています．したがって，個々のコア・モジュールを実装する場合には，若干の追加や修正が必要になります．

　それでは，**リスト7.1**について説明します．まず，ポート・リスト部はANSI Cスタイルで定義しており（第5章の5.3項参照），端子信号は内部信号と区別がつきやすいようにすべて大文字にしています（10～46行目）．信号名の最後に"_N"が付いているもの（RESET_N，LED_N，SEG_N，SEGSEL_N，EXTLED_N，EXTSEGSEL_N）は，"0"で有効を示すアクティブ・ロー信号です．

注3：端子制約ファイルは，開発ツールISE WebPACKを使って作成する．一度作成すれば，ファイルをコピーして他のプロジェクトで再利用できるので，端子番号を再定義する必要がない．また，端子制約ファイルはテキスト・ファイルなので，適当なエディタを使って編集することも可能である．

第7章　論理合成・配置配線とCPLD実装テスト

　入力端子の信号をコア・モジュールに接続する場合は，その信号名を直接記述します．

　出力端子のうち，LEDとLED制御信号はアクティブ・ローになっており，そのままでは混乱する可能性があるので，アクティブ・ハイ信号(led, seg, segsel, extled, extsegsel)を用意し，NOTゲートを経由して端子に接続(59～63行目)しています．したがって，コア・モジュールと接続する場合は led, seg, segsel, extled, extsegselを接続し，"1"で発光することになります．

　led[7:0]は単体LEDの信号に，seg[7:0]は7セグメントLEDの各セグメント信号(dot, g, f,

リスト7.1　トップ・モジュールのVerilog HDLによる記述例(XC95top2001.v)

```
 1: /* -- Xilinx XC95108 論理合成用トップ・モジュール ---------------
 2:  *   title
 3:  *      XC95top2001.v           designed by Shinya KIMURA
 4:  * ---------------------------------------------------- */
 5: `default_nettype none
 6:
 7: //`define PS2
 8: //`define LED_MATRIX
 9:
10: module XC95top(
11:     input           XTAL,       // X'tal OSC clock / NE555 clock
12:     input           MANCLK,     // manual clock    / NE555 clock
13:     input           RESET_N,    // reset (active low)
14:     input   [ 7:0] DIPSW,       // main board DIP switch
15:     input   [ 7:0] TGLSW,       // toggle switch with chattering
16:                                 //   tglsw[3:0] = on main board,
17:                                 //   tglsw[7:4] = on ext. board
18:     input   [ 3:0] PSHSW,       // push switch with chattering
19:     input   [ 3:0] TGLCFSW,     // toggle switch chattering free
20:     output  [ 7:0] LED_N,       // main board LED
21:     output  [ 7:0] SEG_N,       // main board 7-segment LED
22:                                 //   [ 7:0] = {dot,g,f,e,d,c,b,a}
23:     output  [ 1:0] SEGSEL_N,    // main board 7-segment LED select
24:                                 //   [ 1:0] = {left, right}
25:     output  [15:0] EXTLED_N,    // extension board LED
26:                                 //   [15:0] = LED matrix column
27:                                 //          = {right, ... left}
28:                                 //   [15:8] = 7-segment LED
29:                                 //          = {dot,g,f,e,d,c,b,a}
30:                                 //   [ 7:0] = single LED
31:     output  [ 3:0] EXTSEGSEL_N, // extension 7-segment LED select
32:                                 //   [ 3:0] = {left, ... right} for 7-seg. LED
33:                                 //   [   1] = matrix clock for matrix LED
34:                                 //   [   0] = matrix reset for matrix LED
35: `ifdef PS2                      // for PS/2 interface
36:     input           PS2CLKIN,   // PS/2 mouse/keyboard clock input
37:     input           PS2DATAIN,  // PS/2 mouse/keyboard data  input
38:     output          PS2CLKOUT,  // PS/2 mouse/keyboard clock output
39:     output          PS2DATAOUT, // PS/2 mouse/keyboard data  output
40: `else                           // for stepping motor control interface
41:     output          STPMT_A,    // step motor drive (phase A+)
```

e, d, c, b, aの順に対応)になります．7セグメントLEDは2桁ありますが，各セグメント信号は共通になっています．よって，二つの7セグメントLEDに同時に異なるパターンを表示することはできません．

そこで，どちらのLEDを発光させるかを指定する信号segsel[1:0]を使用し，表示する方を切り替えながら異なるパターンを表示させます．この切り替えをある程度高速に行うことで，人間の目では点滅が検知できなくなり，両方の7セグメントLEDが点灯し続けているように見えます．この方式

```
42:    output        STPMT_A_N,    //              (phase A-)
43:    output        STPMT_B,      //              (phase B+)
44:    output        STPMT_B_N     //              (phase B-)
45: `endif
46:                                );
47:
48:    // internal signal (active high)
49:    wire [ 7:0] led;
50:    wire [ 7:0] seg;
51:    wire [ 1:0] segsel;
52:    wire [15:0] extled;
53:    wire [ 3:0] extsegsel;
54:
55:    // additional internal signals
56:       ....
57:
58:    // active level change for positive logic
59:    assign LED_N       = ~led;
60:    assign SEG_N       = ~seg;
61:    assign SEGSEL_N    = ~segsel;
62:    assign EXTLED_N    = ~extled;
63:    assign EXTSEGSEL_N = ~extsegsel;
64:
65: `ifdef LED_MATRIX
66:    wire [15:0] mtrx_clm;         // matrix column data [0:15] !!!
67:    wire        mtrx_clk;         // row counter clock
68:    wire        mtrx_rst_N;       // row counter reset
69:
70:    assign extled       = mtrx_clm;
71:    assign extsegsel[1] = mtrx_clk;
72:    assign extsegsel[0] = mtrx_rst_N;
73: `else
74:    wire [ 7:0] extseg;
75:
76:    assign extled[15:8] = extseg;     // = {dot, g, f, e, d, c, b, a}
77: `endif
78:
79:    // core module instantiation and additional logic
80:       ....
81:
82: endmodule
```

第7章　論理合成・配置配線とCPLD実装テスト

をダイナミック点灯方式と呼んでいます(具体的な制御回路は7.3項の7セグメントLEDデコーダ付き10進2桁アップ/ダウン・カウンタで解説する).

　また，拡張ボードへの対応として，`ifdef～`else～`endifで端子機能を選択するようになっています(35～45行目).これは，拡張ボードのステッピング・モータ・インターフェース部とPS/2インターフェースが同一端子を使用しているため，両方の機能を同時に使用することはできません.

　同様に，拡張ボード上のドット・マトリクスLEDと単体LED，7セグメントLEDも同時に使用できません(単体LEDと7セグメントLEDは同時使用可).

　ドット・マトリクスLEDを使用する場合は，mtrx_clm信号が行単位の発光信号(左端のLEDがmtrx_clm[0]，右端のLEDがmtrx_clm[15]となる)，mtrx_clkが行カウンタ用クロック信号（カウンタは拡張ボード上のCPLD内にあり，カウント値が0が最上位の行，15が最下位の行に対応），mtrx_rst_Nは行カウンタのリセット信号になります.

　また，単体LED，7セグメントLEDを使用する場合は，extled[7:0]が拡張ボードのLED発光信号に，extseg[7:0]が拡張ボードの7セグメントLED(extled[15:8]になる)用信号になります.さらに，extsegsel[3:0]がセグメント選択信号になります(65～77行目).

　トップ・モジュール内のローカル信号は56行目から，コア・モジュールのインスタンス化は80行目から記述します.

7.3　記述例の論理合成・配置配線・実装テスト

● 加算回路の実装テスト

　最初の例題として，解説した加算回路(adder4)をメイン・ボード上に実装し，動作を検証します.

(1)トップ・モジュールの作成

　まず，CPLDに実装するためのトップ・モジュールを作成します.adder4の端子機能の割り当てを，**表7.1**のようにします.

　二つの4ビットの加算データは，DIPスイッチの[7:4]と[3:0]に対応させ，加算結果はLEDの[3:0]，キャリはLEDの[4]に対応させることにします.

　リスト7.1に示したメイン・ボードのCPLD用トップ・モジュールの汎用ファイルに，adder4をインスタンス化して，スイッチとLEDを接続することで論理合成に必要なファイルができあがります.以上の修正を行ったadder4用のトップ・モジュール(変更部のみ)を**リスト7.2**に示します.

　リスト7.2のトップ・モジュールでは，未使用の入力信号(リセットやクロックなど)や未接続の出力信号(7セグメントLEDなど)があります.今回の場合，論理合成/配置配線ツールは未使用入力を削除し，未使用出力には"0"を接続します.そのため，未使用のLEDなどは消灯状態になります.これらの処理はツールに依存するので，他のデバイスやツールを使用する場合にもこのようになるという保証はありません.気をつけてください.

(2)論理合成からデバイス・コンフィギュレーションまで

　論理合成から配置配線，デバイス・コンフィギュレーションの作業は，デバイス・メーカが無償で

7.3 記述例の論理合成・配置配線・実装テスト

表7.1 加算回路のCPLD端子機能

モジュール・ポート名	
adder4	XC95top
in_data1[3]	DIPSW[7]
in_data1[2]	DIPSW[6]
in_data1[1]	DIPSW[5]
in_data1[0]	DIPSW[4]
in_data2[3]	DIPSW[3]
in_data2[2]	DIPSW[2]
in_data2[1]	DIPSW[1]
in_data2[0]	DIPSW[0]
cy	LED_N[4]
out_data[3]	LED_N[3]
out_data[2]	LED_N[2]
out_data[1]	LED_N[1]
out_data[0]	LED_N[0]

_Nのついた出力ポートは反転して出力する．

リスト7.2 加算回路のトップ・モジュール（変更部のみ，XC95top2001.v）

```
 1: /* -- Xilinx XC95108 論理合成用トップ・モジュール --------------
 2:  * top module for adder4
 3:  *     XC95top2001.v           designed by Shinya KIMURA
 4:  * -------------------------------------------------- */
...
79:    // core module instantiation and additional logic
80:    adder4 adder4(
81:                  DIPSW[7:4],    // in_data1
82:                  DIPSW[3:0],    // in_data2
83:                  led[3:0],      // out_data
84:                  led[4]);       // cy
85:
86: endmodule
```

作業の流れ	作業項目	作業内容	ツールでの指定事項	XILINX ISE WebPACKでの作業
↓	プロジェクトの作成	新規に開発を行う場合，作業ディレクトリを作成		
		ターゲット・デバイスを指定		
			端子制約ファイルなども指定する場合がある	
	論理合成	論理合成		Synthesize
			各種論理合成条件	
			最適化の条件(スピード/エリア)	
	配置配線	デバイス構造にマッチするように論理分割		Translate Fit
		配置・配線 動作速度の制約指定		
			最適化の条件(スピード/エリア)	
	デバイス・コンフィギュレーション・ファイルの生成			Generate Programming File
	デバイス・コンフィギュレーション			iMPACT

図7.5 論理合成/配置配線/デバイス・コンフィギュレーションまでの流れ

提供しているツールを使用します[注4]．

ここでは，特定のデバイスやメーカにとらわれずに論理合成/配置配線の作業の大まかな流れについて説明します．

図7.5に，Verilog HDLの論理回路をデバイスに実装するまでの大まかな作業を示します．

注4：XC9500ファミリ用 XILINX ISE WebPACKの使い方は，本書のサポート・サイトにあるので，そちらを参照されたい．

189

第7章　論理合成・配置配線とCPLD実装テスト

　論理合成や配置配線作業では，さまざまな制約および最適化条件を設定して目標の性能（動作速度や回路規模など）が得られることを目指します．あまり厳しい条件を与えると，ツールが目標性能を得るまでに時間を要することになります．

(3) 論理合成～配置配線の実際

　adder4 を論理合成すると，次のようなワーニング・メッセージが出ます．

```
─論理合成（Synthesize）時のワーニング・メッセージ（一部）─────
WARNING:Xst:647 - Input <RESET_N> is never used.
WARNING:Xst:1306 - Output <STPMT_A> is never assigned.
WARNING:Xst:653 - Signal <seg> is used but never assigned. Tied to value
    00000000.
```

　最初のメッセージは，使用していない入力端子に対する警告です．もし，使用している入力端子にこのメッセージが出ている場合は，Verilog HDLファイルをチェックする必要があります．
　2番目のメッセージは，何も出力していない信号（つまり未使用）に対するものです．これも，もし使用しているはずの出力端子に対して出ている場合は，確認が必要です．
　最後のメッセージは，モジュール内部の信号に対して値の設定をしていないものがあり，"0"を接続した旨のワーニング・メッセージです．これも，もし使用している信号に対して出ている場合はチェックが必要になります．
　続いて，配置配線作業を行うと次に示すメッセージが出ます．

```
─配置配線（Translate～Fit）時のワーニング・メッセージ（一部）───
WARNING:Cpld:936 - The output buffer 'STPMT_A_OBUF' is missing an input and
    will be deleted.
WARNING:Cpld:1007 - Removing unused input(s) 'RESET_N'. The input(s) are
    unused after optimization. Please verify functionality via simulation.
```

　最初のメッセージは，未使用の出力端子にあるバッファ回路の入力にミスがあり，削除したという警告です．未使用の出力端子であれば無視してかまいません．
　次のメッセージは，未使用の入力端子を削除したことを警告しているもので，これも未使用の入力端子であれば無視してかまいません．
　このように，ワーニング・メッセージには無視してよい場合と，何らかの問題があり修正が必要な場合があります．「ワーニングだからまあいいだろう」と内容をよく確認しないで次の作業へ進み，実装テストをしてみたら期待どおりに動作しないということがしばしば発生します．ワーニング・メッセージには，バグを解決するヒントになる情報が含まれている可能性があるので，ひととおり目を通す習慣を付けましょう．なお，エラー・メッセージが出た場合には，必ず修正が必要になります．

(4) 実装テスト

　DIPスイッチを操作して，正しく加算されることを確認しましょう．なお，テスト・ボードで消費す

7.3 記述例の論理合成・配置配線・実装テスト

る電流は，約0.3 Aです．大きく異なるような場合には，何らかの問題があると考えられます．とくに，CPLDチップが熱くなるような場合には，すぐに電源を切って確認してください．

基本的に，CPLDチップの内部回路にはあまり問題はないと考えられます．ただ，端子の設定をまちがえると，大電流が流れる可能性があります．端子設定ファイルの指定を忘れると，ツールが自動的に端子割り当てを行います．そうすると，CPLDの出力端子にスイッチが接続されてしまうことがあります．両者で異なる信号レベルを駆動すると衝突が起こり，大きな電流が流れてデバイスが破損・劣化する可能性があります．実装に当たっては，とくに端子関係の設定をしっかり確認しましょう．

● 7セグメントLEDデコーダの実装テスト

次に，7セグメントLEDデコーダを実装してみます．7セグメントLEDデコーダ本体モジュールは，bcd7seg1.v(**リスト2.5**)を使用します．

デコーダへの入力はTGLSW[3:0]を対応させ，出力は7セグメントLEDの各端子に接続します(**表7.2**)．トップ・モジュールの記述例を**リスト7.3**に示します．リストの80行目で7セグメントLEDデコーダをインスタンス化しています．デコーダからの出力信号の並びが{a, b, c, d, e, f, g, dot}となっているのに対して，led[7:0]が{dot, g, f, e, d, c, b, a}と逆順になっているため，連結演算子を使って信号の並べ替えを行っています．合わせて86行目で小数点(dot)の表示をオフにしています．また，87行目で右側の7セグメントLEDにのみ表示させるため，segsel[1:0]を"01"に設定しています．

● ローダブル・カウンタの実装テスト

ローダブル・カウンタの本体モジュールは，ldcount4.v(**リスト3.7**)を使用します．ローダブル・カウンタへの初期値設定は，トグル・スイッチ3～0(TGLSW[3:0])で行います．ロード信号loadは，

表7.2 7セグメントLEDデコーダのCPLD端子機能

モジュール・ポート名	
bcd7seg	XC95top
bcd[3]	TGLSW[3]
bcd[2]	TGLSW[2]
bcd[1]	TGLSW[1]
bcd[0]	TGLSW[0]
seg[6]	SEG_N[0]
seg[5]	SEG_N[1]
seg[4]	SEG_N[2]
seg[3]	SEG_N[3]
seg[2]	SEG_N[4]
seg[1]	SEG_N[5]
seg[0]	SEG_N[6]

固定値　SEG_N[7]=1
　　　　SEGSEL_N[1:0]=10
_Nのついた出力ポートは反転して出力する．

リスト7.3 7セグメントLEDデコーダのトップ・モジュール
(変更部のみ，XC95top2001.v)

```
 1: /* -- Xilinx XC95108 論理合成用トップ・モジュール --------------
 2:  *   top module for BCD 7-segment LED decoder
 3:  *     XC95top2001.v           designed by Shinya KIMURA
 4:  * ------------------------------------------------------ */
...
79:   // core module instantiation and additional logic
80:   bcd7seg bcd7seg(TGLSW[3:0],         // bcd
81:                   {seg[0], seg[1],
82:                    seg[2], seg[3],
83:                    seg[4], seg[5],
84:                    seg[6]        });  // seg
85:
86:   assign seg[7] = 1'b0;
87:   assign segsel = 2'b01;
88:
89: endmodule
```

第7章 論理合成・配置配線とCPLD実装テスト

リセット・スイッチ(RESET_N)のNOTをとった信号を対応させます。その他の信号は、**表7.3**を参照してください。

リスト7.4に、トップ・モジュールの記述例を示します。これは、ローダブル・カウンタldcount4とスイッチおよびLEDを接続しているだけの記述になっています。

リセット・スイッチは、そのままの状態でload信号が"0"になり、カウント動作指定になっています。よって、マニュアル・クロック・スイッチを押すたびにカウント・アップするようすを確認できます。トグル・スイッチを適当に設定し、リセット・スイッチを押した状態でマニュアル・クロック・スイッチを押すとカウント値の設定ができます。リセット・スイッチを離し、マニュアル・クロック・スイッチを押すと、設定した値からカウント動作することがわかります。

● 7セグメントLEDデコーダ付き10進2桁アップ/ダウン・カウンタ

第6章6.4項において、2個のアップ/ダウン・カウンタを用いて00〜99までのカウントができるカウンタを構成してシミュレーションを行いました。ここではさらに、BCD 7セグメントLEDデコーダを接続し、00〜99を数字の形状で表示するカウンタをメイン・ボードに実装してみます。

アップ/ダウン・カウンタの本体モジュールはudcount4.v(**リスト3.8**)を、7セグメントLEDデコーダの本体モジュールはbcd7seg1.v(**リスト2.5**)を使用します。今回は、2桁の7セグメントLEDに異なる値を表示することになるので、ダイナミック点灯制御が必要になります。

切り替え用クロック信号は、ボード上のNE555で発生した約1kHzのパルス(XC95topモジュール上はXTAL)を使用します。あまり高速なクロックにするとLEDの点灯/消灯が追従せず、となりの桁のパターンがうっすらと表示されてしまいます。逆に、低速すぎるとちらつきが気になります。

この制御を行うためには、二つのカウンタの出力信号を切り替えて、デコーダへ供給するためのマルチプレクサが必要になります。合わせて、各7セグメントLEDの点灯を指定するsegsel信号を制御する必要があります。

以上を考慮してできあがる各モジュールの接続関係は、**図7.6**のようになります。

表7.3 ローダブル・カウンタのCPLD端子機能

モジュール・ポート名	
ldcount4	XC95top
clock	MANCLK
load	~RESET_N
in_data[3]	TGLSW[3]
in_data[2]	TGLSW[2]
in_data[1]	TGLSW[1]
in_data[0]	TGLSW[0]
count[3]	LED_N[3]
count[2]	LED_N[2]
count[1]	LED_N[1]
count[0]	LED_N[0]

_Nのついた出力ポートは反転して出力する。

リスト7.4 ローダブル・カウンタのトップ・モジュール
(変更部のみ、XC95top2001.v)

```
 1: /* -- Xilinx XC95108 論理合成用トップ・モジュール --------------
 2:  *  top mudule for loadable counter
 3:  *      XC95top2001.v           designed by Shinya KIMURA
 4:  * ---------------------------------------------------- */
...
79:    // core module instantiation and additional logic
80:    ldcount4 U1(MANCLK,         // clock
81:                ~RESET_N,       // load/count-
82:                TGLSW[3:0],     // initialize value
83:                led[3:0]);      // counter output
84:
85: endmodule
```

1の桁のカウント・アップ信号upとカウント・ダウン信号downには，トグル・スイッチのTGLSW[1]とTGLSW[0]を割り当てます．10の桁のカウント・アップ入力とカウント・ダウン入力は，1の桁のキャリcry1とボローbrw1を接続します．なお，クロック信号MANCLKとリセット信号RESET_Nは，1の桁と10の桁に共通に接続します．また，各桁で発生するキャリ信号とボロー信号も確認できるようにLED[3:0]に接続します(図7.6では省略)．以上の端子接続関係をまとめると，**表7.4**になります．

以上の関係を元にトップ・モジュールを作成すると，**リスト7.5**になります．82～97行目において，udcount4を2個，102～103行目でbcd7segをインスタンス化して接続しています．ダイナミック点灯用マルチプレクサと制御信号発生は，99～100行目にあります．

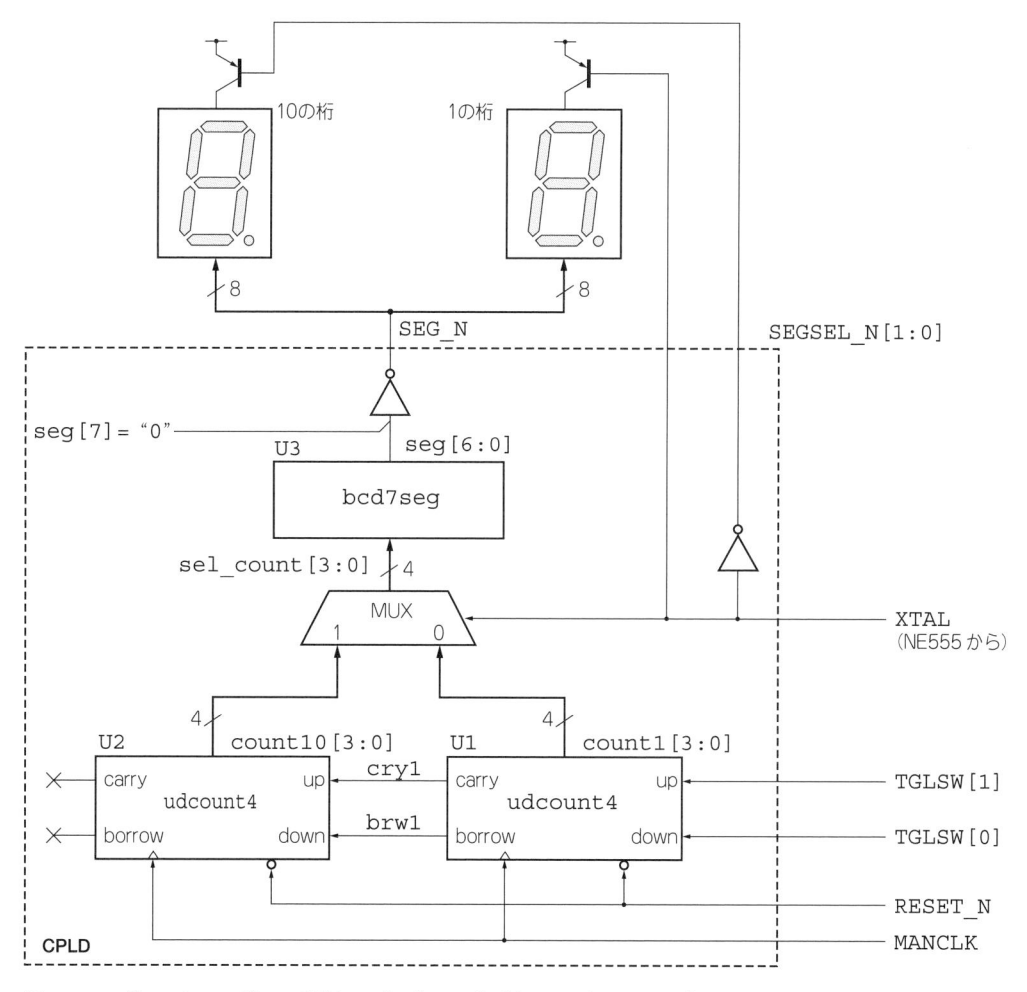

図7.6 7セグメントLEDデコーダ付き10進2桁アップ/ダウン・カウンタのモジュール間の接続

第7章　論理合成・配置配線とCPLD実装テスト

● 可変長符号デコーダの実装テスト(1)…ミーリ・タイプ

次に，可変長符号のデコーダ回路を2種類実装してみます．まず，ミーリ・タイプを実装します．本体モジュールは，vldec_ol1.v(**リスト4.1**)を使用します．シリアル・データ信号はトグル・スイッチのTGLSW[0]に対応させ，受信した文字A～GはLED[0]～LED[6]に対応させ発光させます．**表7.5**に，CPLDの端子対応を示します．また，トップ・モジュールの記述例を**リスト7.6**に示します．

実装テストでは，ミーリ・タイプの特徴である出力信号が入力信号によって変化する点を確認することができます．つまり，文字Aを認識した状態でトグル・スイッチTGLSW[0]を"1"に切り替える

表7.4　10進2桁アップ/ダウン・カウンタのCPLD端子機能

モジュール・ポート名	
XC95top 内部	XC95top
cry1	LED_N[0]
brw1	LED_N[1]
cry10	LED_N[2]
brw10	LED_N[3]
XTAL	SEGSEL_N[0]
~XTAL	SEGSEL_N[1]
udcount4(U1)	XC95top
clock	MANCLK
reset_N	RESET_N
up	TGLSW[1]
down	TGLSW[0]
udcount4(U2)	XC95top
clock	MANCLK
reset_N	RESET_N
bcd7seg(U3)	XC95top
seg[6:0]	SEG_N[6:0]

固定値　SEG_N[7]=1
_Nのついた出力ポートは反転して出力する．

リスト7.5　10進2桁アップ/ダウン・カウンタのトップ・モジュール
(変更部のみ，XC95top2001.v)

```
1: /* -- Xilinx XC95108 論理合成用トップ・モジュール ---------------
2:  *    top module for 2-digit up/down counter
3:  *       XC95top2001.v            designed by Shinya KIMURA
4:  * ------------------------------------------------------- */
...
55:    // additional internal signals
56:    wire [3:0] count1, count10; // counter output
57:    wire [3:0] sel_count;       // selected counter output
58:    wire       cry1, cry10;
59:    wire       brw1, brw10;
...
82:    // core module instantiation and additional logic
83:    udcount4 U1(MANCLK,       // clock
84:             TGLSW[1],        // up
85:             TGLSW[0],        // down
86:             RESET_N,         // reset_N
87:             count1,          // count
88:             cry1,            // carry
89:             brw1);           // borrow
90:
91:    udcount4 U2(MANCLK,       // clock
92:             cry1,            // up
93:             brw1,            // down
94:             RESET_N,         // reset_N
95:             count10,         // count
96:             cry10,           // carry
97:             brw10);          // borrow
98:
99:    assign sel_count = XTAL ? count10 : count1;
100:   assign segsel    = XTAL ? 2'b10   : 2'b01;
101:
102:   bcd7seg U3(sel_count, {seg[0], seg[1], seg[2],
103:                          seg[3], seg[4], seg[5], seg[6]});
104:   assign seg[7]    = 1'b0;
105:
106:   assign led[3:0] = {brw10, cry10, brw1, cry1};
107:
108: endmodule
```

と，受信した文字がBに変化してしまいます．同じことが，文字CとD，FとGで発生します．

● **可変長符号デコーダの実装テスト(2)…文字表示デコーダ付きムーア・タイプ**

次に，同じ機能をムーア・タイプで実装してみます．ミーリ・タイプの実装では，文字受信信号を単体のLEDで発光させていたため，どの文字か判断しにくい状態でした．

そこで，シミュレーションで行ったように，7セグメントLEDを用いて受信した文字を文字らしく表示する文字形状デコーダ(**リスト6.19**)を追加して，メイン・ボードに実装してみます．文字コードの受信が完了するまでは，7セグメントLEDに付属するドットを点灯させます．

使用する本体モジュールは，vldec_or2.v(**リスト4.2**)です．CPLDの端子対応を**表7.6**に示します．また，トップ・モジュールの記述例を**リスト7.7**に示します．

今度は，文字を受信した状態で，トグル・スイッチTGLSW[0]を操作しても受信した文字に変化のないことが確認できます．ムーア・タイプでは，出力信号が状態信号からのみで生成されているため，ミーリ・タイプと異なった動作になります．

● **乗算回路の実装テスト**

それでは最後に，乗算回路を実装してみます．乗算回路の本体モジュールには，multi4sc.v(**リスト6.22**)を使用します．まず，端子対応ですが，MレジスタとLレジスタの初期値設定用にDIPスイッチのDIPSW[3:0]を対応させます．MレジスタとLレジスタの選択にはトグル・スイッチTGLSW[0]を("1"でMレジスタ，"0"でLレジスタ)，書き込み信号(アクティブ・ロー)はトグル・スイッチTGLSW[1]を割り当てます．また，乗算のスタート信号(アクティブ・ロー)はトグル・スイッチ

表7.5 可変長符号デコーダ(ミーリ・タイプ)のCPLD端子機能

モジュール・ポート名	
vldec	XC95top
clock	MANCLK
reset_N	RESET_N
sdata	TGLSW[0]
charsig[6]	LED_N[0]
charsig[5]	LED_N[1]
charsig[4]	LED_N[2]
charsig[3]	LED_N[3]
charsig[2]	LED_N[4]
charsig[1]	LED_N[5]
charsig[0]	LED_N[6]

_Nのついた出力ポートは反転して出力する．

リスト7.6 可変長符号デコーダ(ミーリ・タイプ)のトップ・モジュール
(変更部のみ，XC95top2001.v)

```
 1: /* -- Xilinx XC95108 論理合成用トップ・モジュール ----------------
 2:  * top module for variable length code decoder
 3:  *     XC95top2001.v              designed by Shinya KIMURA
 4:  * ------------------------------------------------------- */
...
79:   // core module instantiation and additional logic
80:     vldec vldec(MANCLK,        // clock
81:                 RESET_N,       // reset_N
82:                 TGLSW[0],      // sdata
83:                 {led[0],       // charsig
84:                  led[1],
85:                  led[2],
86:                  led[3],
87:                  led[4],
88:                  led[5],
89:                  led[6]} );
90:
91: endmodule
```

第7章　論理合成・配置配線とCPLD実装テスト

表7.6 文字表示デコーダ付き可変長符号デコーダ（ムーア・タイプ）のCPLD端子機能

モジュール・ポート名	
vldec	XC95top
clock	MANCLK
reset_N	RESET_N
sdata	TGLSW[0]
leddec	XC95top
sega	SEG_N[0]
segb	SEG_N[1]
segc	SEG_N[2]
segd	SEG_N[3]
sege	SEG_N[4]
segf	SEG_N[5]
segg	SEG_N[6]
dot	SEG_N[7]

_Nのついた出力ポートは反転して出力する．

リスト7.7 文字表示デコーダ付き可変長符号デコーダ（ムーア・タイプ）のトップ・モジュール（変更部のみ，XC95top2001.v）

```
 1: /* -- Xilinx XC95108 論理合成用トップ・モジュール ---------------
 2:  * top module for variable length code decoder
 3:  *     XC95top2001.v            designed by Shinya KIMURA
 4:  * ------------------------------------------------------- */
...
55:    // additional internal signals
56:    wire [6:0] charsig;
...
79:    // core module instantiation and additional logic
80:    vldec   vldec  (MANCLK,       // clock
81:                    RESET_N,      // reset_N
82:                    TGLSW[0],     // sdata
83:                    charsig);     // charasig
84:
85:    leddec leddec (charsig,       //
86:                   seg[0],        // sega
87:                   seg[1],        // segb
88:                   seg[2],        // segc
89:                   seg[3],        // segd
90:                   seg[4],        // sege
91:                   seg[5],        // segf
92:                   seg[6],        // segg
93:                   seg[7]);       // dot
94:
95:    assign segsel = 2'b01;
96:
97: endmodule
```

TGLSW[2]とします．

乗算結果は{Hreg, Lreg}に格納されるので，{Hreg[3:0], Lreg[3:0]}をLED_N[7]～LED_N[0]に対応させ，Hreg[4]を7セグメントLED（右側）のdot(SEG_N[7])に表示します．また，乗算終了のready_N信号は，7セグメントLED（右側）のsega(SEG_N[0])に表示します．SEG_N[0]は点灯していると乗算中を，消灯すると演算終了を示します．以上をまとめると，**表7.7**となります．

最後に，トップ・モジュール（**リスト7.8**）ですが，とくに説明することはないでしょう．

実装した乗算回路のテストは，次に示す手順で行います．

①トグル・スイッチ2，1，0を"1"側にセットする．

②リセット・スイッチを押す．

③Mregレジスタに値を設定する．

　　DIPスイッチDIPSW[3:0]を適当に設定する（Mregの初期値）．

　　トグル・スイッチTGLSW[1]（書き込み信号）を"0"側に倒す．

　　マニュアル・クロック・スイッチMANCLKを一度押す．

　　トグル・スイッチTGLSW[1]（書き込み信号）を"1"側に倒す．

表7.7 乗算回路のCPLD端子機能

モジュール・ポート名	
multiplier	XC95top
clock	MANCLK
reset_N	RESET_N
start_N	TGLSW[2]
wrstb_N	TGLSW[1]
MLsel	TGLSW[0]
sw_data[3]	DIPSW[3]
sw_data[2]	DIPSW[2]
sw_data[1]	DIPSW[1]
sw_data[0]	DIPSW[0]
ready_N	SEG_N[0]
Hreg[4]	SEG_N[7]
Hreg[3]	LED_N[7]
Hreg[2]	LED_N[6]
Hreg[1]	LED_N[5]
Hreg[0]	LED_N[4]
Lreg[3]	LED_N[3]
Lreg[2]	LED_N[2]
Lreg[1]	LED_N[1]
Lreg[0]	LED_N[0]

_Nのついた出力ポートは反転して出力する.

リスト7.8 乗算回路のトップ・モジュール(変更部のみ,XC95top2001.v)

```verilog
 1: /* -- Xilinx XC95108 論理合成用トップ・モジュール ---------------
 2:  *  top module for multiplier (stop control version)
 3:  *      XC95top2001.v               designed by Shinya KIMURA
 4:  * ------------------------------------------------------ */
...
79:    // core module instantiation and additional logic
80:    multiplier multi(MANCLK,            // clock
81:                     RESET_N,           // reset_N  (active low)
82:                     TGLSW[1],          // wrstb_N  (active low)
83:                     TGLSW[0],          // MLsel
84:                     DIPSW[3:0],        // sw_data
85:                     TGLSW[2],          // start_N  (active low)
86:                     seg[0],            // ready_N  (active low)
87:                     {seg[7],led[7:4]}, // Hreg
88:                     led[3:0]);         // Lreg
89:
90:    assign segsel = 2'b01;
91:
92: endmodule
```

④Lregレジスタに値を設定する.

　　トグル・スイッチTGLSW[0]を"0"側に倒す(Lregレジスタの選択).

　　DIPスイッチDIPSW[3:0]を適当に設定する(Lregの初期値).

　　トグル・スイッチTGLSW[1](書き込み信号)を"0"側に倒す.

　　マニュアル・クロック・スイッチMANCLKを一度押す.

　　トグル・スイッチTGLSW[1](書き込み信号)を"1"側に倒す.

⑤スタート信号をアクティブにする.

　　トグル・スイッチTGLSW[2]を"0"側に倒す.

　　マニュアル・クロック・スイッチを一度押す.

　　トグル・スイッチTGLSW[2]を"1"側に戻す.

　　ここで,7セグメントLEDのsega(SEG_N[0])が点灯することを確認する.

⑥続けて,マニュアル・クロック・スイッチMANCLKを押す.

　　スタート後,8回マニュアル・クロック・スイッチを押すと演算を終了する.

　　演算が終了するとsega(SEG_N[0])が消灯することを確認する.

　　演算結果をLED[7:0]で確認する.

　以上,乗算回路のVerilog HDLの記述に合わせて操作することで,計算が行われます.なお,スタート信号(トグル・スイッチTGLSW[2])をアクティブ("0")のままにしてクロックを供給し続けると,乗算が終了した直後に,再び乗算処理を開始してしまうので注意が必要です.

第8章 Verilog HDLによる記述の注意点とノウハウ

これまでVerilog HDLの文法からはじめて，各種の論理機能の記述方法，シミュレータによる設計検証の方法，CPLDに実装する方法などについて解説してきました．そこで本章の前半では，Verilog HDLを記述する上で必要となる注意点をまとめます．

また後半では，同じ機能でもVerilog HDLによる記述の違いによって，論理合成される論理回路がどのようになるかを実例で示します．はじめのうちは，この点についてはあまり気にとめなくてもよいでしょう．Verilog HDLによるモデル化にある程度慣れてきたところで見直してみてください．

8.1 シミュレーションと論理合成のための記述スタイル

Verilog HDLでは，さまざまな記述が可能です．そのため，逆に初心者は混乱したり，発見しにくいバグを作り込むことがあります．本書では，これまでにもさまざまな注意点を説明してきましたが，ここではそれらをまとめて，Verilog HDLで記述する上での注意点とバグの混入を少なくするための記述スタイルについて解説します．

どのような記述スタイルにするかは目標とする性能や回路規模によって異なるため，一概に結論を出すわけにはいきません．ケース・バイ・ケースで異なり，経験を必要とするところです．

● Verilog HDLによる記述全般の注意点

まず，論理合成が可能な記述をするための注意点をまとめておきます．論理合成が不可能な記述をしたり，予期せぬ回路が合成されることを避けるために初心者が参考にしてほしい推奨記述スタイルも含んでいます．したがって，すべてここで述べるように記述しなければならないということではありません．また，一部はすでに解説した項目も含んでいます．

特殊な記述をしたい場合には，その骨格のみからなる単純な例を用いて，シミュレーションや論理合成を行い，どのような結果になるかを確認した上で使用するのがよいでしょう．

(1) 論理合成の対象部とテスト・ベンチ部を別モジュール(ファイル)にする

大規模なシステムの設計では，設計の初期の段階からシステム全体をイメージしてHDLで記述することがあります．そのような段階からスタートした場合，しだいに各部の検討が進み，切り分けが具体化してきます．そして，論理合成して実装する部分とテスト・ベンチやテストに必要となる付加部分が明確になってくるので，それぞれ別モジュールとして記述していきます．

実装部分とテスト・ベンチを混在する形で一つのモジュールとして記述した場合は，そのまま論理合成することができないので，分離する手間がかかります．

(2) wire型信号とreg型信号の使い分け方法

一般に，wire型信号とreg型信号の区別として，
- wire宣言するネット型信号は，組み合わせ回路の出力信号としてassign文でのみ代入する
- reg宣言するレジスタ型信号は，信号値を記憶するために，always文，initial文でのみ用いる

と考えて，はっきりと使い分けるほうがトラブルの発生を少なくできます．

ただし，reg型信号はalways文の記述方法によっては，組み合わせ回路の出力信号となります．

(3) 不定値"x"を使用するときは要注意

Verilog HDLには，不定値として"x"があります．シミュレーションの段階では，ありえない場合の信号値として使用し，デバッグを容易にするために利用することがあります．

しかし，実際の論理回路では，出力信号値として不定値はありません．このような記述を論理合成すると，"x"を出力する条件は無視して回路を合成します．

たとえば，リスト8.1に示すような記述では，入力信号{in1, in2}に対して入力が{01}または{10}が不定となっています．そこで，この2種類の入力組み合わせのときの出力を"0"と見なせばANDゲートに，"1"と見なせばORゲートに対応することになります．実際に複数の論理合成ツールで試したところ，ANDゲートが合成される場合とORゲートが合成される場合がありました．

不定値"x"を使用する場合は，このようなことを踏まえておく必要があります．

リスト8.1 不定値を出力する記述例(xout.v)

```
 1: /* ------------------------------------------------------
 2:  *   不定値出力例
 3:  *      (xout.v)             designed by Shinya KIMURA
 4:  * ------------------------------------------------------ */
 5:
 6: module xtest(in1, in2, out);
 7:     input  in1, in2;
 8:     dwoutput  out;
 9:
10:     assign out = ( in1 &&  in2) ? 1'b1 :
11:                  (~in1 && ~in2) ? 1'b0 : 1'bX;
12:
13: endmodule
```

(4) 不定値やハイ・インピーダンス値は比較対象としない

条件演算子を用いた式の条件部やif文では，"==="や"!=="によって不定値やハイ・インピーダンス値も比較することができます．

論理合成ツールでは，これらの演算子を"=="や"!="と解釈して回路を合成するものもありますが，実際の論理回路において"==="や"!=="は実現できないので，論理合成の対象部を記述する場合に使用すべきではありません．

(5) casex文，casez文の条件判定

Verilogシミュレータでは，casex文やcasez文の条件指定部において"?"，"x"，"z"を記述すると，対応するビットを「ドント・ケア扱い」にします．しかし，被判定信号において"x"や"z"が含まれている場合にも，そのビットをドント・ケア扱いにしてしまいます．被判定信号が不定値やハイ・インピーダンス値になることがある場合のシミュレーションでは注意が必要です．

ただし，合成される論理回路は条件指定部の"?"，"x"，"z"だけをドント・ケア扱いする形の回路になるので，まったく問題はありません．

● 組み合わせ回路の記述…ビット幅の異なる信号の演算

符号なしでビット幅の異なる信号間の演算を記述した場合，シミュレータや論理合成ツールでは不足するビット部分を"0"拡張して処理します．

例として，a[3:0]とb[3:0]の加減算(a+bとa-bとする)を，下の桁からのキャリ/ボロー(cyとする)を含めて行う回路を考えます．ここで，aとbを2の補数形式で表現した数値であるとすると，減算は「2の補数の加算」で計算することができます．この場合，演算の結果として発生するキャリ/ボローは，引けた場合は"1"，引けずに借りが発生した場合は"0"となります．つまり，減算においても上の桁の演算を行う場合，下の桁からのキャリ/ボローをそのまま加えればよいことになります．

それでは，この減算処理をVerilog HDLで記述した例を示します．まず，引き算をそのまま記述した場合は，次のようになります．

```
    assign {cyout, rslt} = a + add_sub ? (b + cy) : (- b - ~cy)  ……………(8.1)
```
また，減算を「2の補数の加算」で行う場合の記述は，
```
    assign {cyout, rslt} = a + (add_sub ? b : ~b) + cy  ……………(8.2)
```
となります．

a, b, cyに適当に値を設定してシミュレーションすると，**表8.1**のような結果が得られます．これは，**表8.1**の演算の過程の欄にあるような符号拡張を行って演算した結果と一致します．

- 記述式(8.1) → cyが4ビット分"0"拡張された結果のNOT("0"，"1"反転)をひく
  つまり，"- ~cy"は"- 11110"または"-11111"となる
- 記述式(8.2) → b[3:0]を1ビット分"0"拡張された結果のNOTをたす
  つまり，"+ ~b"は+1…(最上位ビット[4]は常に"1")となる

記述式(8.1)では，演算の下位4ビット自体がおかしな値になってしまっています．また記述式(8.2)は，演算の下位4ビットの結果は正しいのですが，キャリ/ボロー出力cyoutが逆転してしまいます．

表8.1 加減算記述とシミュレーション結果(1)

演算データ			正しい演算結果	シミュレーション結果				2進数表記
				a − b − ~cy		a + ~b + cy		
a[3:0]	b[3:0]	cy		演算結果	演算の過程	演算結果	演算の過程	
0011	0001	1	1_0010	0_0100	0_0011 − 0_0001 − 1_1110	0_0010	0_0011 + 1_1110 + 0_0001	
0011	0001	0	1_0001	0_0011	0_0011 − 0_0001 − 1_1111	0_0001	0_0011 + 1_1110 + 0_0000	
0011	0101	1	0_1110	0_0000	0_0011 − 0_0101 − 1_1110	1_1110	0_0011 + 1_1010 + 0_0001	
0011	0101	0	0_1101	1_1111	0_0011 − 0_0101 − 1_1111	1_1101	0_0011 + 1_1010 + 0_0000	
1001	1001	1	1_0000	0_0010	0_1001 − 0_1001 − 1_1110	0_0000	0_1001 + 1_0110 + 0_0001	
1001	1001	0	0_1111	0_0001	0_1001 − 0_1001 − 1_1111	1_1111	0_1001 + 1_0110 + 0_0000	

{cyout_rslt[3:0]}

　では，「2の補数の加算」で正しい演算結果を得るための記述はどうすればよいでしょうか．記述式(8.2)において，問題はbのNOT演算で「上位ビットを"0"拡張した結果をNOT」した点にあるので，そこを「bの4ビットのみNOTする」ように明記した記述をすればよいことになります．

```
assign {cyout, rslt} = a + (addsub ? b : (~b & 4'hF)) + cy;   ……………(8.3)
```

つまり，bのNOTをとりますが，下位4ビットのみを取り出して演算するようにしています．記述式(8.3)に同じ値を設定してシミュレーションすると，**表8.2**に示す結果が得られます．これで，ようやく正しい結果を得ることができました．

　これらの記述は，シミュレーションだけではなく，論理合成・配置配線したチップでも同じ動作をします．

　また一般に，定数を記述する場合，ビット幅の指定をしないと32ビット長の値として扱われます．符号なし信号の場合，その式の中にビット幅の少ない信号があると，"0"拡張して扱われます．「上位ビットはない」と思い込んでしまうと，なかなか発見しにくいバグを作り込んでしまうので，注意が必要です．なお，符号付き信号の場合は符号拡張されます．

● 組み合わせ回路におけるその他の注意点
(1)条件演算子やif文，case文では条件をもれなく記述する
　条件演算子で条件が満たされなかった場合やファンクション内でのif文のelse節，case文のdefault節を省略する場合は，そのような条件にならないことを十分に確認する必要があります．

(2) ファンクションの入力信号はもれなく定義する

ファンクションでは，入力信号の定義を省略できます．省略した信号を参照する場合，そのモジュールにある同じ名称の信号が対応します．ただし，省略した信号に変化があっても，ファンクションの評価は行われないので，正しい出力信号値が得られないことになります．

このようなことが起こらないようにするためには，ファンクション内で参照する信号はすべて入力信号として定義するようにします．

(3) ファンクションの入出力信号のビット幅の一致を確認する

ファンクション側の入出力信号のビット幅の定義とファンクションを使用する側の接続信号のビット幅の不一致も見落としやすいバグになります．シミュレータや論理合成ツールのワーニング・メッセージを注意深く調べるとよいでしょう．

● 順序回路の記述

(1) 完全クロック同期式とする

完全クロック同期式とは，すべてのフリップフロップにエッジ・トリガ・タイプを使用し，そのトリガ信号に同一のクロック信号を直接接続する方式です．現在の論理合成ツールでは，このクロック方式が最適化を行うのに適した方式となっています．また，CPLDやFPGAの内部構造とマッチしている方式です．

ただ，完全クロック同期式では，回路規模が大きくなったり，消費電力が大きくなる傾向があります．

表8.2 加減算記述とシミュレーション結果(2)

演算データ			正しい演算結果	シミュレーション結果 2進数表記	
				a + (~b&4'hF) + cy	
a[3:0]	b[3:0]	cy		演算結果	演算の過程
0011	0001	1	1_0010	1_0010	0_0011 + 0_1110 + 0_0001
0011	0001	0	1_0001	1_0001	0_0011 + 0_1110 + 0_0000
0011	0101	1	0_1110	0_1110	0_0011 + 0-1010 + 0_0001
0011	0101	0	0_1101	0_1101	0_0011 + 0-1010 + 0_0000
1001	1001	1	1_0000	1_0000	0_1001 + 0_0110 + 0_0001
1001	1001	0	0_1111	0_1111	0_1001 + 0_0110 + 0_0000

{cyout_rslt[3:0]}

8.1 シミュレーションと論理合成のための記述スタイル

クロック同期式として，このほかにも何種類かの構成方法があります．しかし，初心者は完全クロック同期式を用いるのが無難でしょう．

(2) ノン・ブロッキング代入を使う

always @()構文において，reg型信号への代入はクロックに同期して一斉に代入することを前提として，ノン・ブロッキング代入 "<=" を使用します．

ブロッキング代入 "=" を使用した場合，代入が記述順に進行するので，論理合成した回路がシミュレーションと同じように動作するとは限りません〔複数のalways @()があり相互作用がある場合〕．また，reg宣言した信号が合成された論理回路上に存在しないこともあります．

● **複数のalways @ ( )構文によるreg型信号への代入**

reg型信号は，always @()構文において値を設定します．もし，複数のalways @()構文において同じレジスタに設定するような記述をすると，シミュレーションでは問題なくても，論理合成の段階でエラーになります．具体例として，ローダブル・カウンタの次に示す記述を考えてみます．

リスト8.2には13行目と19行目に二つのalways @()構文があり，値を設定するレジスタ型信号は共通で，それぞれロード動作とカウント動作について分けて記述しています．

適当にテスト・ベンチ(**リスト8.3**)を作成してシミュレーションすると，とくに問題なく動作を確認することができます(**リスト8.4**)．

リスト8.2 ローダブル・カウンタの記述(ldcount.v)

```
 1: /* -------------------------------------------------------
 2:  *   2-always assignment
 3:  *       (ldcount.v)            designed by Shinya KIMURA
 4:  * ------------------------------------------------------- */
 5:
 6: module ld_count(clock, ld, up, datain, countout);
 7:     input         clock, ld, up;
 8:     input   [3:0] datain;
 9:     output  [3:0] countout;
10:
11:     reg     [3:0] countout;
12:
13:     always @(posedge clock) begin
14:         if(ld && !up) begin
15:             countout <= datain;
16:         end
17:     end
18:
19:     always @(posedge clock) begin
20:         if(!ld && up) begin
21:             countout <= countout + 1;
22:         end
23:     end
24:
25: endmodule
```

第8章　Verilog HDLによる記述の注意点とノウハウ

しかし，このモジュールを論理合成するとエラーになります．エラー・メッセージは，

```
WARNING:Xst:528 - Multi-source in Unit <ld_count> on signal
    <countout_ren_0> not replaced by logic
Sources are: countout_0:Q, countout_ren_0:Q
ERROR:Xst:415 - Synthesis failed
```

というもので，「信号の駆動源が複数ある」といったエラー内容で，別の言い方をすれば「出力信号同士がつながっている」ということになります．

リスト8.3　リスト8.2のテスト・ベンチ(ldcountsim.v)

```verilog
 1: /* --   シミュレーション環境  ------------------------------
 2:  *   2-always assignment
 3:  *       (ldcountsim.v)          designed by Shinya KIMURA
 4:  * --------------------------------------------------- */
 5:
 6: module ldcountsim();
 7:     reg         clock, ld, up;
 8:     reg  [3:0] datain;
 9:     wire [3:0] countout;
10:
11:    // 設計対象のインスタンシエーション
12:     ld_count ld_count(clock, ld, up, datain, countout);
13:
14:    // 観測信号の指定
15:     initial begin
16:         $monitor("%t: clock=%b ld=%b up=%b  datain=%b  count=%b",
17:                  $time, clock, ld, up, datain, countout);
18:     end
19:
20:    // テスト信号発生
21:     initial begin
22:         clock <= 0;
23:         ld <= 0; up <= 0; datain <= 0;
24:       @(negedge clock)
25:         ld <= 1; up <= 0; datain <= 1;
26:       @(negedge clock)
27:         ld <= 0; up <= 0; datain <= 2;
28:       @(negedge clock)
29:         ld <= 0; up <= 1; datain <= 4;
30:       @(negedge clock)
31:         ld <= 1; up <= 1; datain <= 8;
32:       @(negedge clock)
33:         ld <= 1; up <= 0; datain <= 15;
34:       @(negedge clock)
35:         $finish;
36:     end
37:
38:    // clock generator
39:     always #10 begin
40:         clock <= ~clock;
41:     end
42:
43: endmodule
```

論理合成ツールは，always @()構文それぞれでレジスタを生成することになります．したがって，レジスタへの値の設定を複数のalways @()構文に分けて定義すると，それだけのレジスタが生成され，それらの出力信号が接続されてしまいます．よって，このような記述をしてはいけません．

● マルチ・ビットのレジスタへの信号値の設定

上記で，複数のalways @()構文で同じレジスタへの代入はいけないと説明しましたが，一つのalways @()構文内の同じ条件下において，同じレジスタへの多重の代入を記述すると同様の問題が発生します．

レジスタへの値の設定をビット・フィールドに分割し，複数の代入文により記述しているような場合に，ビット指定のミスによってこのようなことがおきます．

あるいは，ソフトウェア感覚で記述順に代入が行われるような錯覚をしてしまう場合もあります．ブロッキング代入を使用すれば逐次代入になるので問題を回避できそうですが，記述する順序が回路の動作や論理合成後の回路に影響するのでお勧めできません．

それでは，例を示して説明しましょう．**リスト8.5**は4ビットのレジスタを記述したものですが，下位2ビットの信号を入れ替えて記憶し，また上位2ビットの信号も入れ替えて記憶しています．さらに，ビット1とビット2が二重に設定されています．

リスト8.6に示すシミュレーション結果は，説明を付けにくいものになっています．これは，ノン・ブロッキング代入で記述しているので，三つの代入式の右辺を評価し，その結果を記述順(上から)にレジスタoutの該当ビットに設定した結果であろうと予想されます．このようすを，**図8.1**に示します．

リスト8.4 リスト8.2のシミュレーション結果(ldcount.log)

```
 1: GPLCVER_2.11a of 07/05/05 (Cygwin32).
 2: Copyright (c) 1991-2005 Pragmatic C Software Corp.
 3: Compiling source file "ldcount.v"
 4: Compiling source file "ldcountsim.v"
 5: Highest level modules:
 6: ldcountsim
 7:
 8:                  0: clock=0 ld=1 up=0  datain=0001  count=xxxx
 9:                 10: clock=1 ld=1 up=0  datain=0001  count=0001
10:                 20: clock=0 ld=0 up=0  datain=0010  count=0001
11:                 30: clock=1 ld=0 up=0  datain=0010  count=0001
12:                 40: clock=0 ld=0 up=1  datain=0100  count=0001
13:                 50: clock=1 ld=0 up=1  datain=0100  count=0010
14:                 60: clock=0 ld=1 up=1  datain=1000  count=0010
15:                 70: clock=1 ld=1 up=1  datain=1000  count=0010
16:                 80: clock=0 ld=1 up=0  datain=1111  count=0010
17:                 90: clock=1 ld=1 up=0  datain=1111  count=1111
18: Halted at location **ldcountsim.v(35) time 100 from call to $finish.
19:    There were 0 error(s), 0 warning(s), and 5 inform(s).
```

第8章　Verilog HDLによる記述の注意点とノウハウ

ただし，シミュレーション時にエラーは出ませんし，不定値が現れるわけでもありません．正しく動作しないことを見落としてしまうとミスに気づかないこともあります．

この記述を論理合成してみると，次のようなワーニング・メッセージが表示されます．

```
WARNING:Xst:647 - Input <in<0>> is never used.
    Register <out<3>> equivalent to <out<1>> has been removed
    Found 3-bit register for signal <out<2:0>>.
```

つまり，**リスト8.5**において，14行目でout[1]にin[0]が記憶されますが，次の15行目でin[2]の値が記憶されることになり，結果としてin[0]は意味のない信号として扱われたことになります．

2番目のワーニングは，in[0]がout[1]とout[3]の値となるため1個消去したという意味です．記述順の動作をするという観点で考えると，この結果は理解できます．

この記述をデバイスに実装して動作を確認したところ，シミュレーション結果と一致する論理回路になりました．

リスト8.5はノン・ブロッキング代入で記述しているので，本質的に記述自体がおかしいのですが，シミュレータも論理合成ツールも直接的なエラー・メッセージは出ませんでした．

このように，マルチ・ビットのレジスタを分割して信号値の設定をする記述をしている場合には，シミュレーション条件を慎重に考え，結果を十分にチェックして問題がないことを確認する必要があります．見落としてしまうと，思わぬ回路が合成されてしまうことになります．

問題の発生を回避するためには，あるalways @()構文の一つの条件において，一つの代入文のみ

リスト8.5　多重代入記述の例(multi_sub.v)

```
 1: /* ------------------------------------------------------
 2:  *   multiple assignment
 3:  *      (multi_sub.v)           designed by Shinya KIMURA
 4:  * ------------------------------------------------------ */
 5:
 6: module multi_substitution(wr, in, out);
 7:     input         wr;
 8:     input   [3:0] in;
 9:     output  [3:0] out;
10:
11:     reg     [3:0] out;
12:
13:     always @(posedge wr) begin
14:         out[1:0] <= {in[0], in[1]};
15:         out[2:1] <= {in[1], in[2]};
16:         out[3:2] <= {in[2], in[3]};
17:     end
18:
19: endmodule
```

リスト8.6　リスト8.5のシミュレーション結果の例(multi_sub.log)

```
 1: GPLCVER_2.11a of 07/05/05 (Cygwin32).
 2: Copyright (c) 1991-2005 Pragmatic C Software Corp.
 3: Compiling source file "multi_sub.v"
 4: Compiling source file "multi_sub_sim.v"
 5: Highest level modules:
 6: multi_sub_test
 7:
 8: wr=x: in=0000, out=xxxx
 9: wr=1: in=0000, out=0000
10: wr=0: in=0001, out=0000
11: wr=1: in=0001, out=0000
12: wr=0: in=0010, out=0000
13: wr=1: in=0010, out=0001
14: wr=0: in=0011, out=0001
15: wr=1: in=0011, out=0001
16: wr=0: in=0100, out=0001
17: wr=1: in=0100, out=1010
18: wr=0: in=0101, out=1010
19: wr=1: in=0101, out=1010
20: wr=0: in=0110, out=1010
21: wr=1: in=0110, out=1011
22: wr=0: in=0111, out=1011
23: wr=1: in=0111, out=1011
24: wr=0: in=1000, out=1011
25: wr=1: in=1000, out=0100
26: wr=0: in=1001, out=0100
27: wr=1: in=1001, out=0100
28: wr=0: in=1010, out=0100
29: wr=1: in=1010, out=0101
30: wr=0: in=1011, out=0101
31: wr=1: in=1011, out=0101
32: wr=0: in=1100, out=0101
33: wr=1: in=1100, out=1110
34: wr=0: in=1101, out=1110
35: wr=1: in=1101, out=1110
36: wr=0: in=1110, out=1110
37: wr=1: in=1110, out=1111
38: wr=0: in=1111, out=1111
39: wr=1: in=1111, out=1111
40: wr=0: in=1111, out=1111
41: Halted at location **multi_sub_sim.v(105) time 330 from call to $finish.
42:    There were 0 error(s), 0 warning(s), and 3 inform(s).
```

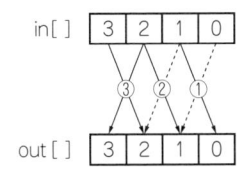

丸数字が実行順序とすると，破線の代入が先に起きて，
- out[1]はin[2]で上書きされるため，in[0]は意味のない信号
- out[1]とout[3]はともにin[2]を記憶

よって，シミュレーション結果や実装結果と一致する．

図8.1　同じレジスタへの同時多重代入の問題

で，レジスタへ一括して値を設定するように記述することです．

　マルチ・ビットのレジスタに対して，ビット分割して代入するような記述はできるだけ避けて，どうしても分割して代入する必要がある場合には，重複がないように十分に気を付ける必要があります．

● #は使用しない

　遅延時間を入れるための#を用いた記述は，合成ツールでは無視してしまいます．クロック信号と無関係な遅延時間を用いるような記述は避けるべきです．遅延時間が必要な場合には，クロック信号をカウントして遅延時間を得るような回路構成にします．

　#を用いた遅延記述は，テスト・ベンチや論理合成の対象外の周辺回路に限定して使用すべきです．

8.2　FPGA/CPLDに対応したVerilog HDLの記述

　Verilog HDLで論理合成できる記述を作成しても，FPGAやCPLDで配置配線して実装する場合に，考えたとおりの回路に合成されておらず，問題を生じることがあります．ここでは，具体例をあげて解決方法を示します．

● FPGA/CPLDの端子部の構成

　まず，一般的なFPGAやCPLDの端子部の回路構成を，図8.2に示します．

　論理合成ツールでは，FPGAやCPLDの構造に合わせて入出力バッファを自動的に挿入します．そのため，論理合成前のシミュレーションで動作を確認しても，合成された回路にバッファが挿入されてしまい，思ったような回路が合成されないことがあります．とくに問題となるのは，出力端子部です．

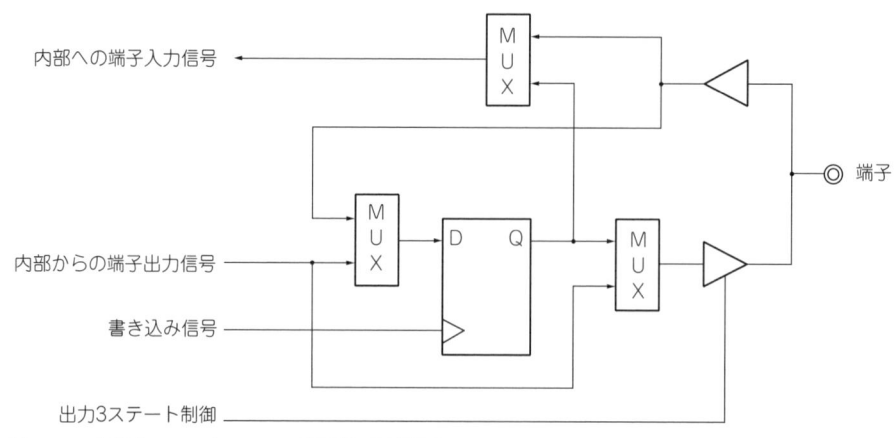

図8.2　一般的なFPGAやCPLDの端子部の回路構成

● 内部構造にマッチしないVerilog HDLの記述

2系統の信号(A, B)を3ステート・バッファで切り換えて出力端子へ接続する回路を考えます(図8.3). 3ステート・バッファの制御信号が2本ともインアクティブの場合には, 出力端子をハイ・インピーダンスにするものとします.

ところが, FPGAやCPLDによっては, このVerilog HDLの記述(リスト8.7)を論理合成すると, 図8.4のような出力バッファを挿入した回路になることがあります.

結果として, 出力端子は3ステート出力ではなくなってしまいます. 通常, FPGAやCPLDでは出力端子部を常時駆動タイプの出力バッファと3ステート・バッファのいずれにも設定できる機能があります. しかし, 3ステート・バッファは端子あたり1個だけ用意されており, 図8.3に示したような回路を構成することはできません.

論理合成ツールでは, 出力端子部を1個の3ステート・バッファになるように記述してあれば, それに対応した回路を合成します. しかし, そうでない場合には単に出力バッファを挿入した回路を合成してしまうことがあります.

そのような観点から, FPGAやCPLDの内部構造に合わせたVerilog HDLの記述をすれば, この問題は解決できます. つまり, 図8.5のように, 信号Aと信号Bを切り替える回路を3ステート・バッファやマルチプレクサで構成し, その出力を3ステート・バッファを経由して出力端子に接続すればよいわ

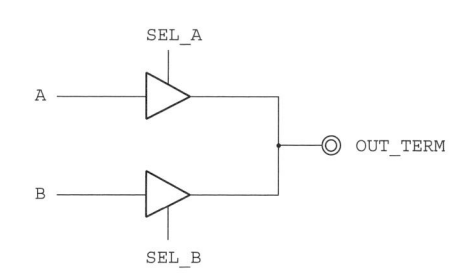

図8.3 問題となる3ステート・バッファの回路例

リスト8.7 問題となる3ステート・バッファの記述例(tbufterm.v)

```
 1: /* ------------------------------------------------------
 2:  *   output terminal structure with three state buffer
 3:  *       (tbufterm.v)            designed by Shinya KIMURA
 4:  * ------------------------------------------------------ */
 5:
 6: module tbufterm(OUT_TERM, SEL_A, SEL_B, A, B);
 7:     input  SEL_A, SEL_B, A, B;
 8:     output OUT_TERM;
 9:
10:     assign OUT_TERM = SEL_A ? A : 1'bZ;
11:     assign OUT_TERM = SEL_B ? B : 1'bZ;
12:
13: endmodule
```

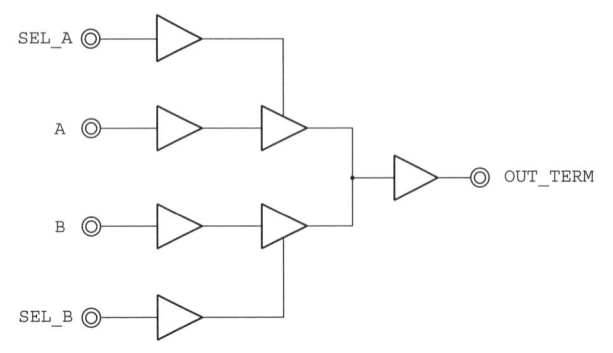

図8.4 リスト8.7から合成される可能性のある回路

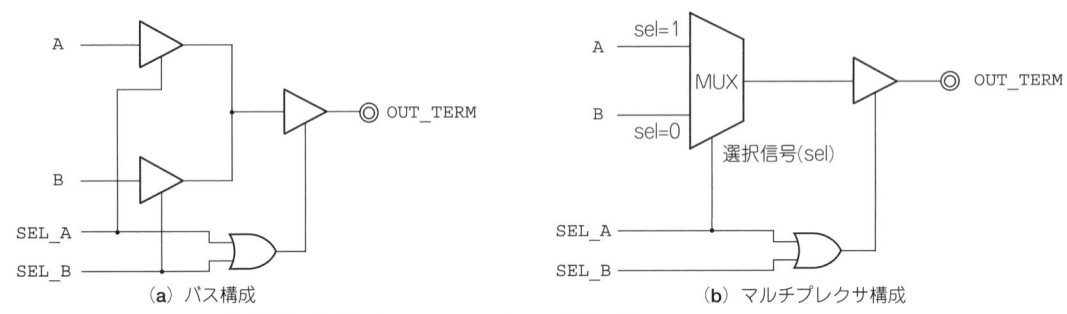

(a) バス構成

(b) マルチプレクサ構成

図8.5 FPGA / CPLDの端子構造に適合した3ステート・バッファ回路の例

けです．Verilog HDLによる記述例を，**リスト8.8**，**リスト8.9**に示します．

すべてのFPGAやCPLDに対して，このように記述する必要はありませんが，出力端子でトラブルが発生した場合には思い出してみてください．

8.3 Verilog HDLの記述と論理合成・配置配線の結果

今まで，さまざまなVerilog HDLによる記述を実例としてあげてきました．ここでは各種のVerilog HDLによる記述が，論理合成・配置配線した後，どのような回路規模になり，動作速度がどの程度になるのかを数値で示しましょう．

実装ターゲットは，XILINX社のSpartanIIファミリで，同社が無償で提供している最新のツール(ISE WebPACK)を使用し，論理合成・配置配線の実行結果から動作速度(クロック周波数)と回路規模の数値を得た結果です．

● シーケンサの記述スタイルと論理合成結果

第4章の4.3項では，可変長符号デコーダ回路をワン・ホット方式/レジスタ・デコーダ方式とミーリ/ムーア・タイプなど，各種の回路構成で記述しました．

ではさっそく，可変長符号デコーダ回路の6種類のVerilog HDLによる記述例を論理合成・配置配線

リスト8.8　FPGA/CPLDの端子構造に適合した3ステート・バッファの記述例(バス, tbufterm2.v)

```
 1: /* ------------------------------------------------------
 2:  * output terminal structure with three state buffer
 3:  *     (tbufterm2.v)          designed by Shinya KIMURA
 4:  * ------------------------------------------------------ */
 5:
 6: module tbufterm2(OUT_TERM, SEL_A, SEL_B, A, B);
 7:     input   SEL_A, SEL_B, A, B;
 8:     output  OUT_TERM;
 9:     wire    bus;
10:
11:     assign OUT_TERM = (SEL_A | SEL_B) ? bus : 1'bZ;
12:     assign bus      = SEL_A ? A : 1'bZ;
13:     assign bus      = SEL_B ? B : 1'bZ;
14:
15: endmodule
```

リスト8.9　FPGA/CPLDの端子構造に適合した3ステート・バッファの記述例(マルチプレクサ, tbufterm3.v)

```
 1: /* ------------------------------------------------------
 2:  * output terminal structure with three state buffer
 3:  *     (tbufterm3.v)          designed by Shinya KIMURA
 4:  * ------------------------------------------------------ */
 5:
 6: module tbufterm3(OUT_TERM, SEL_A, SEL_B, A, B);
 7:     input   SEL_A, SEL_B, A, B;
 8:     output  OUT_TERM;
 9:
10:     assign OUT_TERM = (SEL_A | SEL_B) ? (SEL_A ? A : B) : 1'bZ;
11:
12: endmodule
```

した結果を表8.3に示します．なお，表8.3の数値は，論理合成条件をツールのデフォルト値のままとし，端子配置もツールの自動設定として求めたものです．

　表8.3から，ミーリ・タイプとムーア・タイプを比較すると，一般にミーリ・タイプの方が回路規模が小さく，かつ動作速度が速いことがわかります．ただし，ムーア・タイプの回路は出力信号がクロックに同期して安定していますが，ミーリ・タイプの回路をこれと同じようにするためにはフリップフロップが必要になります．よって，回路規模は単純にこの表の数値のみで比較するわけにはいきません．

　また，ワン・ホット方式とレジスタ・デコーダ方式を比較すると，後者のほうが回路規模が小さくかつ動作速度が速い結果になっています．

　さらに，ツールのバージョンによっても論理合成後の結果に差があることがわかります．場合によっては，旧バージョンのほうがよいこともあります．

　なお，表8.3はほんの一例であり，実装ターゲットが変われば異なった結果になる可能性もあります．論理合成ツールや配置配線ツールの条件設定によっても変化することが考えられるので，あくまで限

第8章　Verilog HDLによる記述の注意点とノウハウ

表8.3　シーケンサの各種記述スタイルと実装評価結果

評価項目 記述スタイル	動作速度[MHz] 6.3i	動作速度[MHz] 8.1i	ゲート・アレイ等価ゲート数 6.3i	ゲート・アレイ等価ゲート数 8.1i	ソース・ファイル
ワン・ホット/ミーリ・タイプ (状態信号＝個別フリップフロップ)	138	138	156	162	vldec_ol1.v
ワン・ホット/ムーア・タイプ (状態信号＝個別フリップフロップ)	106	105	326	329	vldec_or2.v
ワン・ホット/ミーリ・タイプ (状態信号＝レジスタ)	203	204	132	84	vldec_ol3.v
ワン・ホット/ムーア・タイプ (状態信号＝レジスタ)	171	183	188	119	vldec_or4.v
レジスタ・デコーダ/ミーリ・タイプ	203	204	132	84	vldec_rl1.v
レジスタ・デコーダ/ムーア・タイプ	154	179	278	119	vldec_rr2.v

測定条件
対象FPGA： XC2S15-5(XILINX社)
使用ツール：ISE WebPACK(XILINX社)
最適化条件　デフォルト
ピン指定　ツール自動

られた例として参考にしてください．

　動作速度や回路規模の制約に抵触するような場合は，記述を変更したり，ツールやそのバージョンを変えてみるとよい結果を得られるかもしれません．

● レジスタALUのVerilog HDLによる記述と論理合成の結果

　第4章の4.4項では，状態遷移制御とレジスタ・トランスファ・オペレーションを混在させて乗算回路を記述しました．この記述は，そのシステムがどのような動作をするのかという観点から見ると，非常にわかりやすい記述になっています．

　ところが，より複雑なレジスタ・トランスファ・オペレーションをこのような形式で記述し，論理合成してみると，かなり回路規模が大きくなる傾向があります．これは，論理合成ツールでは論理式レベルの簡単化を行っているだけで，データ・パス構造まで考慮していないことに起因しています．

　そこでここでは，データ・パス系を中心にレジスタ・トランスファ・レベルの記述(RTL記述と呼ぶ)から論理合成して得られる回路と，人手によってデータ・パス部を設計し，Verilog HDLで記述した回路について，回路規模と動作速度の比較を行ってみます．

(1) サンプル回路…レジスタALUの仕様

　まず，設計対象とするサンプル回路である，レジスタとALU(Arithmetic Logic Unit)からなる回路の仕様を示します．

┌─サンプル回路の仕様─────────────────────────
│　8ビットのレジスタが8個と4通りの演算(加算，減算，論理積，論理和)を行う算術論理演算ユニット(ALU)があり，任意のレジスタ間で演算を行い，結果を任意のレジスタへ設定する．
│　また，外部からのレジスタへの設定と読み出しも可能とする．
│　インターフェース信号は，次のとおりである．
│　　入出力データ　………………………… data[7:0]
│　　演算ソース・レジスタ指定　………… regsel_l[2:0]　　　(エンコード)

演算ソース・レジスタ指定	………… regsel_r[2:0]	(エンコード)
書き込みレジスタ指定	………… regsel_w[2:0]	(エンコード)
ALU演算指定	………… aluop[1:0]	(エンコード)
外部書き込み指定	………… xwr_N	
外部読み出し指定	………… xrd_N	
レジスタ書き込みイネーブル	………… we_N	
レジスタ書き込みクロック	………… clock	

なお，レジスタはエッジ・トリガ・タイプとし，clock信号の立ち上がりエッジで書き込むものとします．

(2) RTL記述

それでは，この機能のRTL記述を**リスト8.10**に示します．

レジスタはレジスタ・ファイルとして定義し(19行目)，読み出しや書き込みのレジスタ指定は，レジスタ指定信号を直接インデックス指定に使用しています(21，26～29，32行目)．レジスタから外部への読み出しは，assign文を用いて記述します(21行目)．レジスタへの書き込みはclock信号の立ち上がりエッジにおいて(23行目)，we_N信号がアクティブ(ロー・レベル)で，かつ，xwr_N信号がインアクティブ(ハイ・レベル)のときにはALUの演算結果を書き込み(24～30行目)，we_N信号がアクティブ(ロー・レベル)で，かつxwr_N信号がアクティブ(ロー・レベル)の場合には外部からの入力信号(data[7:0])を書き込みます(31～32行目)．

(3) ネット・リスト記述

次に，この機能を3ステート・バッファとバスを使用した回路構成で検討してみます．

まず，任意のレジスタ間で演算できるわけですから，ALUの2系統の入力に対応したバス(lbusとrbusとする)が必要になります．それぞれのバスには，各レジスタの出力が3ステート・バッファを経由して接続します．

演算結果は任意のレジスタに書き込みますが，外部からの書き込みもあるので，ここもバス(wbusとする)が必要になります．

以上を考慮すると，**図8.6**に示すような3バス構成のデータ・パス部となります．

それでは，このブロック図を元に，Verilog HDLで記述してみます(**リスト8.11**)．レジスタからバスへの出力部は，条件演算子を使ってレジスタごとに3ステート・バッファを記述しています(23～39行目，43～46行目)．ALUはファンクション化して記述しています(50～62行目)．

リスト8.10は，非常に簡潔にどのような動作をする回路であるかが記述されており，ドキュメント性が高いと言えます．これに対して，**リスト8.11**はデータ・パス部の構造を定義していますが，行数も多く，わかりにくい記述になっています．

(4) 論理合成・配置配線結果

次に，両方の記述を論理合成し，FPGA/CPLD用の配置配線を行った結果得られた回路規模と動作速度を比較してみます．論理合成の最適化オプションはデフォルトのままとし，端子指定はツールの自動設定としたところ，回路規模(ゲート数)と動作速度は，**表8.4**に示すようになりました．

第8章　Verilog HDLによる記述の注意点とノウハウ

リスト8.10　レジスタALUのRTL記述(`ralu_rtl.v`)

```
 1: /* -----------------------------------------------------
 2:  *  register alu (register transfer description)
 3:  *     (ralu_rtl.v)             designed by Shinya KIMURA
 4:  * ----------------------------------------------------- */
 5:
 6: `define ADD 0
 7: `define SUB 1
 8: `define AND 2
 9: `define OR  3
10:
11: module ralu(clock, data, we_N, xwr_N, xrd_N,
12:             regsel_l, regsel_r, regsel_w, aluop);
13:    input       clock, we_N;
14:    inout [7:0] data;
15:    input       xwr_N, xrd_N;
16:    input [2:0] regsel_l, regsel_r, regsel_w;
17:    input [1:0] aluop;
18:
19:    reg   [7:0] GR [7:0];
20:
21:    assign data = xrd_N ? 8'hZZ  : GR[regsel_l];
22:
23:    always @(posedge clock) begin
24:       if(!we_N && xwr_N) begin
25:          case (aluop)
26:             `ADD : GR[regsel_w] <= GR[regsel_l] + GR[regsel_r];
27:             `SUB : GR[regsel_w] <= GR[regsel_l] - GR[regsel_r];
28:             `AND : GR[regsel_w] <= GR[regsel_l] & GR[regsel_r];
29:             `OR  : GR[regsel_w] <= GR[regsel_l] | GR[regsel_r];
30:          endcase
31:       end else if(!we_N && !xwr_N)begin
32:          GR[regsel_w] <= data;
33:       end
34:    end
35:
36: endmodule
```

　リスト8.11を論理合成・配置配線した結果は，ネット・リスト記述の欄にあります．表8.4から明らかなように，ネット・リスト記述のほうがRTL記述よりも回路規模はかなり小さくなっています．逆に，動作速度は低速になるという結果になっています(ツールのバージョンが新しい場合のみ)．

　ネット・リスト記述(a)と(b)の違いは，レジスタへの書き込み経路を(a)バス記述，(b)マルチプレクサ記述したという点です（**リスト8.11**の43～46行目）．新バージョンでは差が出ませんでしたが，旧バージョンの場合はネット・リスト記述(a)のほうが回路規模が小さくなっています．しかし，他社の論理合成ツールでは，ネット・リスト記述(b)のほうが回路規模が小さくなる結果も得られています．

　こちらも記述や条件が変わると回路規模や回路動作速度に影響が出るので，場合によって，いろいろ試してみるとよいでしょう．

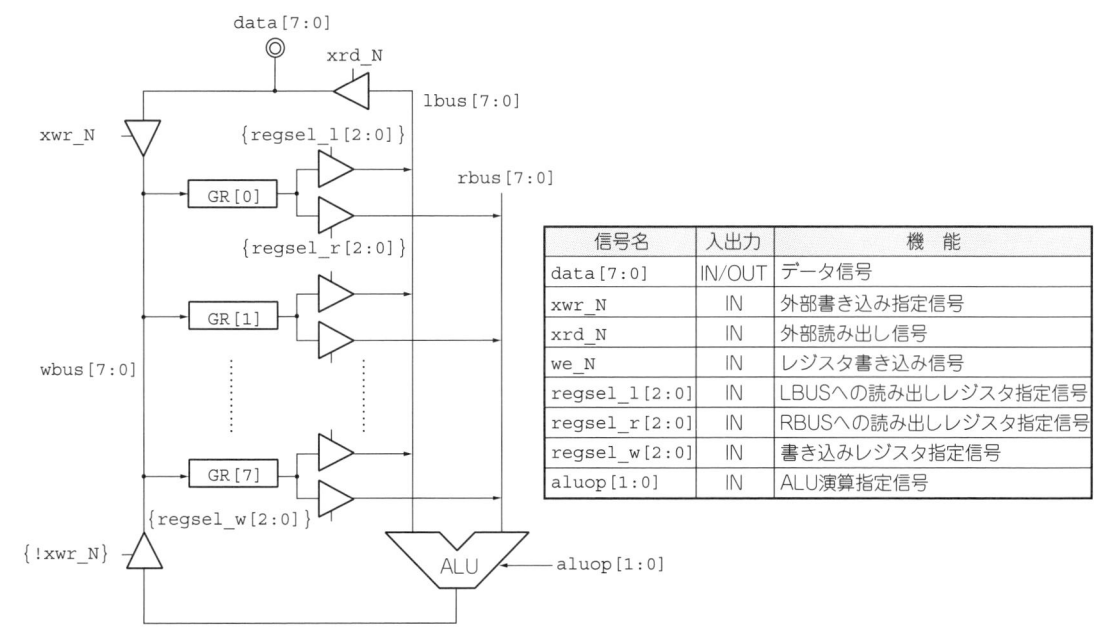

図8.6 レジスタALUの接続構成の例

表8.4 レジスタALUの各種記述スタイルと実装評価結果

記述スタイル		RTL 記述		ネット・リスト記述			
				記述 (a)		記述 (b)	
評価項目	ツール・バージョン	6.3i	8.1i	6.3i	8.1i	6.3i	8.1i
回路規模 [等価ゲート数]		4595	2702	1371	1493	1610	1493
比率：同一バージョン比		1	1	0.30	0.55	0.35	0.55
動作速度 [MHz]		59.8	71.9	64.2	65.3	66.5	65.3
比率：同一バージョン比		1	1	1.07	0.91	1.11	0.91

測定条件
対象 FPGA：XC2S100-5（XILINX 社）
使用ツール：ISE WebPACK（XILINX 社）
　　最適化条件　デフォルト
　　ピン指定　ツール自動

[記述(a)] バス記述
```
assign wbus = xwr_N ? aluout : 8'hZZ;
assign wbus = !xwr_N ? 8'hZZ : lbus;
```

[記述(b)] マルチプレクサ記述
```
assign wbus = xwr_N ? aluout : lbus;
```

　以上の結果から，次のようなことが考えられます．RTL記述から合成される回路は，ALUの一方の入力部分が8ビット幅の8-1マルチプレクサで構成されます．マルチプレクサ自体は簡単化できないので，かなり規模の大きな回路になることが想像できます．また，各レジスタへの書き込み部も8ビット幅の5-1マルチプレクサ（外部1系統と演算結果4系統）で構成されることになります．

　これに対して，ネット・リスト記述の方は，3ステート・バッファを使用することで，回路規模を大幅に縮小できたものと考えられます．

　論理合成ツールを提供しているメーカの資料でも，「データ・パス部と制御部は分けて記述するこ

第8章 Verilog HDLによる記述の注意点とノウハウ

リスト8.11　レジスタALUのネット・リスト記述(ralu_net.v)

```verilog
 1: /* ------------------------------------------------------
 2:  *  register alu (net list description)
 3:  *      (ralu_net.v)           designed by Shinya KIMURA
 4:  * ------------------------------------------------------ */
 5:
 6: `define ADD 0
 7: `define SUB 1
 8: `define AND 2
 9: `define OR  3
10:
11: module ralu(clock, data, we_N, xwr_N, xrd_N,
12:             regsel_l, regsel_r, regsel_w, aluop);
13:     input       clock, we_N;
14:     inout [7:0] data;
15:     input       xwr_N, xrd_N;
16:     input [2:0] regsel_l, regsel_r, regsel_w;
17:     input [1:0] aluop;
18:
19:     wire  [7:0] lbus, rbus, wbus, aluout;
20:
21:     reg   [7:0] GR [7:0];
22:
23:     assign lbus = (regsel_l==0) ? GR[0] : 8'hZZ;
24:     assign lbus = (regsel_l==1) ? GR[1] : 8'hZZ;
25:     assign lbus = (regsel_l==2) ? GR[2] : 8'hZZ;
26:     assign lbus = (regsel_l==3) ? GR[3] : 8'hZZ;
27:     assign lbus = (regsel_l==4) ? GR[4] : 8'hZZ;
28:     assign lbus = (regsel_l==5) ? GR[5] : 8'hZZ;
29:     assign lbus = (regsel_l==6) ? GR[6] : 8'hZZ;
30:     assign lbus = (regsel_l==7) ? GR[7] : 8'hZZ;
31:
32:     assign rbus = (regsel_r==0) ? GR[0] : 8'hZZ;
33:     assign rbus = (regsel_r==1) ? GR[1] : 8'hZZ;
34:     assign rbus = (regsel_r==2) ? GR[2] : 8'hZZ;
35:     assign rbus = (regsel_r==3) ? GR[3] : 8'hZZ;
```

と」と推奨しているケースがあります．

　筆者の設計経験でも，データ・パス部はネット・リスト記述した方が，かなり回路規模を縮小できるという結果を得ています．

　なお，**表8.4**の結果は，特定のFPGAをターゲットとして試験的に行ったものですが，FPGA/CPLDの品種やメーカが異なったり，ゲート・アレイやスタンダード・セルといった基本構造の異なる集積回路の場合にも，おそらく同様の傾向があるものと想像できます．ただし，ケース・バイ・ケースなので，この結果をうのみにしないようにしてください．

```
36:     assign rbus = (regsel_r==4) ? GR[4] : 8'hZZ;
37:     assign rbus = (regsel_r==5) ? GR[5] : 8'hZZ;
38:     assign rbus = (regsel_r==6) ? GR[6] : 8'hZZ;
39:     assign rbus = (regsel_r==7) ? GR[7] : 8'hZZ;
40:
41:     assign data = xrd_N ? 8'hZZ  : lbus;
42:
43: //      assign wbus = xwr_N ? aluout : 8'hZZ;        ← (a) バス記述
44: //      assign wbus = !xwr_N ? 8'hZZ : data;
45:
46:     assign wbus = xwr_N ? aluout : data;        ← (b) マルチプレクサ記述
47:
48:     assign aluout = alu(lbus, rbus, aluop);
49:
50:     function [7:0] alu;
51:         input [7:0] lbus, rbus;
52:         input [1:0] aluop;
53:
54:         begin
55:             case (aluop)
56:                 `ADD: alu = lbus + rbus;
57:                 `SUB: alu = lbus - rbus;
58:                 `AND: alu = lbus & rbus;
59:                 `OR : alu = lbus | rbus;
60:             endcase
61:         end
62:     endfunction
63:
64:     always @(posedge clock) begin
65:         if(!we_N) begin
66:             GR[regsel_w] <= wbus;
67:         end
68:     end
69:
70: endmodule
```

第9章 本格的な応用回路の記述と実装

最後の章では，やや複雑な応用回路をVerilog HDLで記述し，CPLD論理回路実習システム（第7章で紹介したメイン・ボードと拡張ボード）に実装してみます．取り上げる例題は，「スロット・マシン・ゲーム」，「ステッピング・モータ制御」，「赤外線通信」，「TVゲーム」です．

いずれも仕様を考え，それを元に必要なサブ・モジュールを検討し，Verilog HDLで記述するという流れで説明しています．サブ・モジュールは，これまで解説してきた範囲で記述できるものです．

本章の例題はそれほど大きくありませんが，大規模なシステムを開発する場合，まずシステム全体をとらえ，そこから機能を分割して具体化していく方法が一般的にとられます．初心者の場合，どうしても先に細かい部分が気になる傾向があり，全体像をとらえることが難しいのですが，本章で説明する応用回路の開発の流れを参考にしてください．

9.1 スロット・マシン・ゲーム

最初の応用回路は，スロット・マシンを手本にしたゲームの回路です．第7章で紹介したメイン・ボードと拡張ボードを使用します．3桁の7セグメントLEDと押しボタン・スイッチを使用して，7セグメントLEDに適当なパターンを巡回表示させ，個別に対応したストップ・スイッチで巡回表示を停止させ，全桁のパターンがそろったら単体LEDを点滅（フィーバ）させます．

● スロット・マシン・ゲームの仕様

拡張ボード上の3桁の7セグメントLEDを使用し，8種類の表示パターンを適当な速度で巡回表示させることで，スロット・マシンの回転絵柄部に対応させます．ゲームはスタート・スイッチを押すことで開始し，表示パターンが巡回を始めます．このとき，各桁の巡回の始動には時間差をつけること

表9.1 スロット・マシンの操作/表示機能と関連信号

操作/表示機能	対象	関連信号
リセット	リセット・スイッチ	RESET_N
スタート	プッシュ・スイッチ3	PSHSW[3]
ストップ(左)	プッシュ・スイッチ2	PSHSW[2]
ストップ(中)	プッシュ・スイッチ1	PSHSW[1]
ストップ(右)	プッシュ・スイッチ0	PSHSW[0]
各桁巡回表示	7セグメントLED(左) 7セグメントLED(中) 7セグメントLED(右)	EXTLED_N[15:8] EXTSEGSEL_N[3:0]
フィーバ表示	単体LED(拡張ボード)	EXTLED_N[7:0]

にします．各桁に対応したストップ・スイッチを押すことでその桁の表示を停止させ，全桁を停止させた後，3桁ともパターンが一致した場合(＝フィーバ)，単体LEDを派手に点滅させます．その後，スタート・スイッチを押すことでゲームを再開できるようにします．

表9.1に，操作スイッチとLEDの機能を示します．

● システム構成の検討

スロット・マシンの仕様を元に，必要となるモジュールを検討してみます．初心者の場合，ハードウェアでもソフトウェアでもどうしても先に個々のモジュールや関数に目が向いてしまう傾向があります．最初に全体の構成をしっかりと検討しておくことで，全体の見通しがよくなり，先の設計作業を予想できて，むだな記述や作業を減らすことができます．

では，スロット・マシンの場合，どのようなモジュールが必要で，どのような接続関係になるのかを検討してみます．といっても，「このような手順で設計する」という系統だった方法はなく，いろいろ試行錯誤して徐々に全体像を明確にしていくことが多いと思います．ここでは，筆者の思考過程を示して具体的なモジュール構成の検討過程を説明します．

― システム設計時の思考過程(日記風) ―

　まず，8進カウンタが必要になるな．全部で3個．それと，7セグLEDの表示パターン・デコーダも．これはダイナミック点灯だから1個で済むか．

　で，カウンタのスタートはどうしよう．ゲーム開始後，一斉にカウント動作を始めるわけではないので，なんらかの待ち合わせが必要になるかな．これはちょっとおいといて，先にゲームの開始/終了制御を考えよう．

　まず，リセット後，スタート・スイッチが押されるまで待ち，スタートしたら左端のカウンタを起動させる．それから適当に時間が経過したら，次の桁のカウンタを起動させて…．よさそうだ．待てよ，カウンタのストップはどうすればいいのかな．1個のシーケンサで3個のカウンタを制御することはできるけど，ストップの順はプレーヤまかせだから任意だな．結構複雑そうだね？だったら，カウンタのスタート/ストップ・シーケンサをカウンタごとに用意すればシンプルにできそうだ．スタート信号が来たらカウンタのイネーブル信号をアクティブにして，ストップ・スイッチが押されたら停止する．それからスタートしたらタイマを起動し，タイム・アウト

第9章　本格的な応用回路の記述と実装

になったら隣の桁の起動信号を発生すればよしと．この構成なら，桁数が増えても単にモジュールを追加するだけでできるな．

あとはフィーバ制御か．これは，全桁が停止したことを検知する必要があるな．各桁のスタート/ストップ・シーケンサから停止中だと知らせる信号を出すようにして，全桁停止を検知したら各桁のカウンタの値の一致を確認しよう．一致したらLEDを派手に点滅させる．点滅パターンはどうするかな．ここはあまり凝らずに4パターンを繰り返すことにしよう．それから点滅の終了は次にスタートしたときだな．

こんなところで全体が見えてきたかな．

この思考過程で重要なのは，シーケンサをどのように構成するかだと筆者は考えています．シーケンサは全体に1個用意するという方法もありますが，今回は各桁ごとにスタート/ストップを制御するシーケンサを用いることにしました．そうすることで制御をシンプルにでき，それを複数個用いる（インスタンス化する）ことで全体を構成することができると考えたからです．

上記の思考過程の結果，得られたモジュールとそのインターフェースは表9.2のようになります．

表9.2のモジュールを統合してゲーム全体を構成します．全体の構成を決定する際，1点だけシミュレーションのしやすさを考慮したことがあります．それは，7セグメントLEDを表示させるダイナミック点灯制御部です．実装回路ではゲーム本体のクロックを10 Hz，ダイナミック点灯用クロックを1 kHzとしたため，両者をまとめてシミュレーションするとシミュレーション結果が膨大になり，チェッ

表9.2　スロット・マシンの主要モジュールと入出力信号

モジュール(名)	入出力	ポート信号名	機能
8進カウンタ (count8)	入力	clock	クロック
		reset_N	リセット
		en	カウント・イネーブル
	出力	count[2:0]	カウント値
表示パターン・ジェネレータ (pattern)	入力	d_dgt[2:0]	カウント値
	出力	seg_led[7:0]	表示パターン
スタート/ストップ・シーケンサ (swr_state)	入力	clock	クロック
		reset_N	リセット
		start	ゲーム開始
		run	桁起動
		stop	桁ストップ
	出力	running	桁回転中
タイマ (timer)	入力	clock	クロック
		reset_N	リセット
		trigger	タイマ起動
	出力	time_out	タイム・アウト
フィーバ (fever_led)	入力	clock	クロック
		run_stop	ゲーム停止状態
		fever	全桁一致
	出力	led[7:0]	LED駆動

クが面倒になります．そこで，スロット・マシン本体を構成するモジュールslot_bodyを用意し，ダイナミック点灯制御は別のモジュールで行うような構成にして，slot_bodyのみをシミュレーションできるようにしました．

以上の検討の結果，スロット・マシン全体のモジュール構成と接続関係は**図9.1**に示すようになります[注1]．

● **モジュール設計とVerilog HDL記述**

では，各モジュールの詳細を検討します．

(1) 8進カウンタ・モジュール (count8)

8進カウンタは単純な3ビットのカウンタで，同期式，非同期リセット，カウント・イネーブル(en)入力付きとします．今回は，キャリ信号出力は不要です．**リスト9.1**に，Verilog HDLによる記述例を示します．

(2) スタート/ストップ・シーケンサ・モジュール (swr_state)

このモジュールの状態は次の3状態を用意し，対応するカウンタの動作制御を行います．

- STOP状態：リセット直後やゲーム終了を示す状態
- WAIT状態：ゲームがスタートし，カウンタの動作を始めるまでの状態
- RUN状態　：カウンタが動作中の状態

制御入力信号は，ゲーム・スタート信号(start)，桁起動信号(run)，桁停止信号(stop)の3種類になります．**図9.2**に，スタート/ストップ・シーケンサの状態遷移図を示します．

図9.1に示すように，最初に起動するカウンタはゲーム・スタート信号が来た直後に起動させるので，スタート・スイッチからの信号をstart信号とrun信号として接続し，STOP状態から直接RUN状態

リスト9.1　8進カウンタ・モジュール (count8.v)

```
 1: /* ----------------------------------------------------
 2:  *  3-bit counter for slot machine game
 3:  *       (count8.v)              designed by Shinya KIMURA
 4:  * ---------------------------------------------------- */
 5:
 6: module count8(clock, reset_N, en, count);
 7:     input       clock, reset_N;
 8:     input       en;
 9:     output [2:0] count;
10:
11:     reg    [2:0] count;
12:
13:     always @(posedge clock or negedge reset_N) begin
14:         if(!reset_N) begin
15:             count <= 3'b000;
16:         end else if(en) begin
17:             count <= count + 1;
18:         end
19:     end
20: endmodule
```

注1：この構成ではタイマ・モジュールが2個あるが，両方のタイマが同時に働いていることはない．したがって，少しくふうすることで1個のタイマで構成することも可能である．

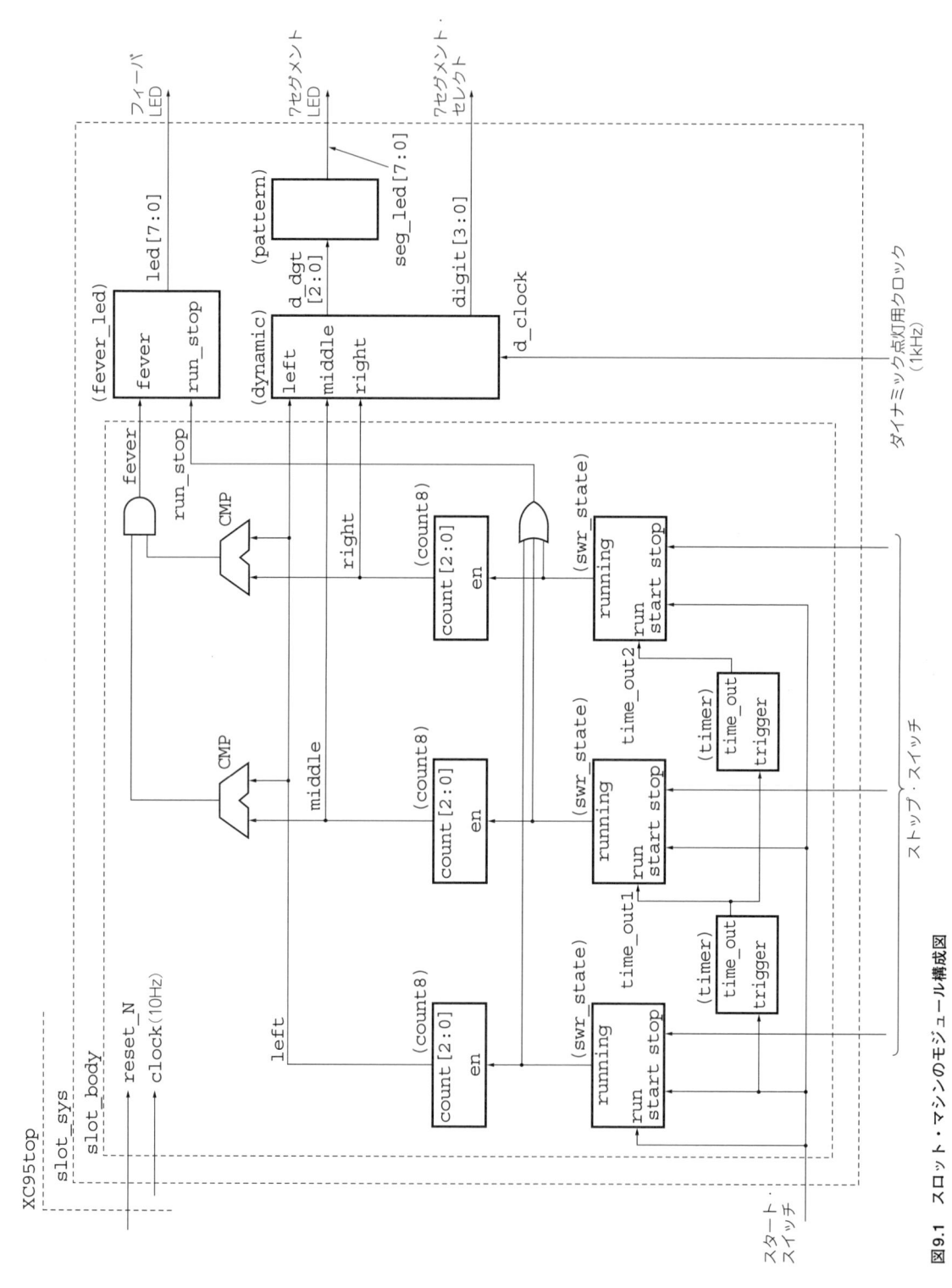

第9章　本格的な応用回路の記述と実装

図9.1　スロット・マシンのモジュール構成図

に遷移するようにしています．出力信号は，カウンタへのイネーブル信号になるラン状態を示す信号(running)になります．

リスト9.2に，Verilog HDLによる記述例を示します．

(3) パターン・デコーダ・モジュール(pattern)

3ビットの信号(カウンタ出力)を入力して，適当な形状パターンを表示するためのデコーダです．図9.3に，信号とパターンの関係を示します．また，リスト9.3にVerilog HDLによる記述例を示します．

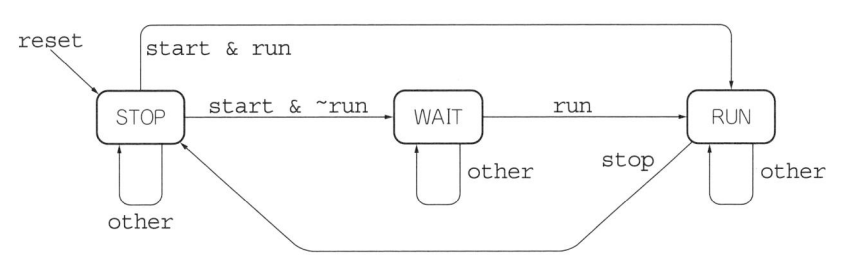

図9.2 スタート/ストップ・シーケンサの状態遷移図

リスト9.2 スタート/ストップ・シーケンサ・モジュール(state.v)

```verilog
 1: /* ------------------------------------------------
 2:  * stop/wait/run state control for slot machine game
 3:  *      (state.v)            designed by Shinya KIMURA
 4:  * ------------------------------------------------ */
 5: `define STOP 2'b00
 6: `define WAIT 2'b01
 7: `define RUN  2'b10
 8:
 9: module swr_state(clock, reset_N, start, run, stop, running);
10:     input  clock, reset_N;
11:     input  start, run, stop;
12:     output running;
13:
14:     wire   clock, reset_N;
15:     wire   start, run, stop;
16:     wire   running;
17:     reg [1:0] state;
18:
19:     always @(posedge clock or negedge reset_N) begin
20:         if(!reset_N) begin
21:             state <= `STOP;
22:         end else if((state==`STOP) && start) begin
23:             if(~run) begin
24:                 state <= `WAIT;
25:             end else begin
26:                 state <= `RUN;
27:             end
28:         end else if((state==`WAIT) && run)   begin
29:             state <= `RUN;
30:         end else if((state==`RUN)  && stop)  begin
31:             state <= `STOP;
32:         end
33:     end
34:
35:     assign running = (state==`RUN);
36: endmodule
```

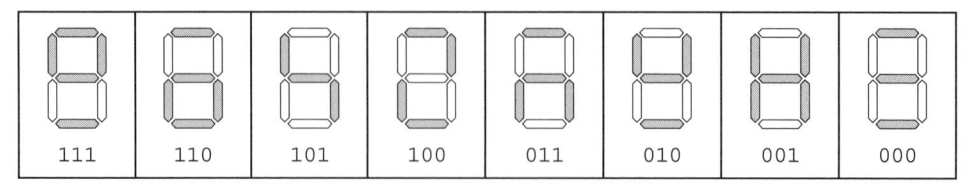

第9章 本格的な応用回路の記述と実装

図9.3 信号の値と表示パターンの対応

リスト9.3 パターン・デコーダ・モジュール(pattern.v)

```
 1: /* ---------------------------------------------------
 2:  *   character pattern for slot machine game
 3:  *        (pattern.v)           designed by Shinya KIMURA
 4:  * --------------------------------------------------- */
 5:
 6: module pattern(d_dgt, seg_led);
 7:     input  [2:0] d_dgt;
 8:     output [7:0] seg_led;
 9:
10:     assign seg_led = (d_dgt==3'b000) ? 8'b01001001:
11:                      (d_dgt==3'b001) ? 8'b01110110:
12:                      (d_dgt==3'b010) ? 8'b01101010:
13:                      (d_dgt==3'b011) ? 8'b01010101:
14:                      (d_dgt==3'b100) ? 8'b00011011:
15:                      (d_dgt==3'b101) ? 8'b01100100:
16:                      (d_dgt==3'b110) ? 8'b01011101:
17:                                        8'b01101011;
18: endmodule
```

(4) フィーバ制御モジュール(fever_led)

ゲームの状態に応じて，8個の単体LEDを次のように点灯させることにします．

- ゲーム停止中で各桁が不一致の場合は，両端のLEDを点灯(点滅はしない)させる．
- ゲーム停止中で各桁のカウンタの値がすべて一致したら，次の4パターンを繰り返して表示させる．

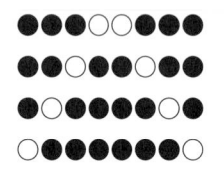

　　●●●○○●●●
　　●●○●●○●●
　　●○●●●●○●
　　○●●●●●●○

- ゲーム進行中は両端のLEDを点滅させる．

四つの状態が必要になるので，2ビット・カウンタを用意し，常時カウント動作をさせておきます．カウント値とゲームの状態信号(run_stopとfever)からLEDの点灯を制御します．リスト9.4に，Verilog HDLによる記述例を示します．

(5) タイマ・モジュール(timer)

タイマは，自分の桁が起動してから隣の桁のカウンタを起動させるまでの時間待ちをするためのものです．待ち合わせ時間を7クロックとして，3ビットのカウンタで構成します．カウント停止状態を3'b000，タイム・アウト状態に3'b111を割り当てることにします．タイマ起動信号(trigger)が来たら，カウンタに3'b001を設定し，3'b000になるまでクロックごとにカウント・アップします．カウンタが3'b111のとき，タイム・アウト信号(time_out)をアクティブにします．

リスト9.4 フィーバ制御モジュール(fever.v)

```verilog
 1: /* ---------------------------------------------------
 2:  *  fever led control for slot machine game
 3:  *       (fever.v)               designed by Shinya KIMURA
 4:  * --------------------------------------------------- */
 5:
 6: module fever_led(clock, run_stop, fever, led);
 7:     input          clock;
 8:     input          run_stop;
 9:     input          fever;
10:     output [7:0]   led;
11:
12:     wire   [7:0]   led;
13:     reg    [1:0]   disp;
14:
15:     function [7:0] led_on_off;
16:         input [1:0] disp;
17:         input       run_stop;
18:         input       fever;
19:
20:         begin
21:             if(!run_stop) begin
22:                 if(!fever) begin
23:                     led_on_off = 8'b1000_0001;
24:                 end else begin
25:                     led_on_off = (disp==2'b00) ? 8'b0001_1000 :
26:                                  (disp==2'b01) ? 8'b0010_0100 :
27:                                  (disp==2'b10) ? 8'b0100_0010 :
28:                                  (disp==2'b11) ? 8'b1000_0001 :
29:                                                  8'b0000_0000 ;
30:                 end
31:             end else begin
32:                 led_on_off = disp[0] ? 8'b0000_0000 : 8'b1000_0001;
33:             end
34:         end
35:
36:     endfunction
37:
38:     always @(posedge clock) begin
39:         disp <= disp + 1;
40:     end
41:
42:     assign led = led_on_off(disp, run_stop, fever);
43:
44: endmodule
```

このタイマをVerilog HDLで記述した例を**リスト9.5**に示します.

(6)ダイナミック点灯制御モジュール(dynamic)

ダイナミック点灯制御は,ダイナミック点灯用クロック(1 kHz)を使って3進カウンタを常時カウント動作させ,表示桁の選択と点灯指定信号(digit)の生成を行います.**リスト9.6**に,Verilog HDLによる記述例を示します.

(7)スロット・マシン本体モジュール(slot_body)

スロット・マシン本体を構成するモジュールは,内部に3個のカウンタとスタート/ストップ・シーケンサ,2個のタイマをインスタンス化しています.また,ゲームの状態を示す信号run_stopと全桁のカウンタの値が一致していることを示す信号feverも生成しています.

第9章　本格的な応用回路の記述と実装

リスト9.5　タイマ・モジュール(timer.v)

```
 1: /* ----------------------------------------------------
 2:  * start delay for slot machine game
 3:  *     (timer.v)          designed by Shinya KIMURA
 4:  * ---------------------------------------------------- */
 5:
 6: module timer(clock, reset_N, trigger, time_out);
 7:     input   clock, reset_N;
 8:     input   trigger;
 9:     output  time_out;
10:
11:     reg [2:0] t_count;
12:
13:     always @(posedge clock or negedge reset_N) begin
14:         if(!reset_N) begin
15:             t_count <= 0;
16:         end else if(trigger) begin
17:             t_count <= 1;
18:         end else if(t_count)begin
19:             t_count <= t_count + 1;
20:         end
21:     end
22:
23:     assign time_out = & t_count;
24:
25: endmodule
```

リスト9.6　ダイナミック点灯制御モジュール(dynamic.v)

```
 1: /* ----------------------------------------------------
 2:  * dynamic light on control for slot machine game system
 3:  *     (dynamic.v)          designed by Shinya KIMURA
 4:  * ---------------------------------------------------- */
 5:
 6: module dynamic(d_clock, left, middle, right, digit, d_dgt);
 7:     input       d_clock;
 8:     input   [2:0] left, middle, right;
 9:     output  [3:0] digit;
10:     output  [2:0] d_dgt;
11:
12:     reg     [1:0] d_count;
13:
14:     // 00->01->10->00 ... counter for dynamic light on control
15:     always @(posedge d_clock) begin
16:         if(d_count==2'b10) begin
17:             d_count <= 2'b00;
18:         end else begin
19:             d_count <= d_count + 1;
20:         end
21:     end
22:
23:     // digit select signal
24:     assign digit = (d_count==2'b00) ? 4'b0001 :
25:                    (d_count==2'b01) ? 4'b0010 :
26:                    (d_count==2'b10) ? 4'b0100 : 4'b0000;
27:
28:     // multiplexer
29:     assign d_dgt = (d_count==2'b00) ? right  :
30:                    (d_count==2'b01) ? middle :
31:                    (d_count==2'b10) ? left   : 3'b111;
32:
33: endmodule
```

その他，このモジュールではスタート信号の整形処理を行っています．このモジュールへ接続されるスタート信号startは，拡張ボード上のプッシュ・スイッチでチャタリングがあり，かつクロックに非同期な信号です．クロックに非同期で，ノイズがあるような信号を複数のモジュールに接続すると，モジュール間で信号の認識に差異が発生する可能性があります．つまり，一方のモジュールではスタートしたのにほかのモジュールではスタートを認識していないというようなことが発生し，誤動作する原因になります．

そこで，チャタリング除去とプッシュ・スイッチが押された直後の1クロック間だけパルスを発生する回路を経由してstart_trg信号を生成し，必要なモジュールに接続するようにしています(18～23行目)．リスト9.7に，Verilog HDLによる記述例を示します．

(8)スロット・マシン・システム・モジュール(system)

このモジュールは，スロット・マシン本体，パターン・デコーダ，フィーバ制御，ダイナミック点灯制御の四つのモジュールをインスタンス化してスロット・マシン・システム全体を構成するモジュ

リスト9.7 スロット・マシン本体モジュール(slot_body.v)

```
 1: /* --------------------------------------------------
 2:  *    slot machine game body
 3:  *       (slot_body.v)           designed by Shinya KIMURA
 4:  * -------------------------------------------------- */
 5:
 6: module slot_body(clock, reset_N, start, stop, left, middle, right, run_stop, fever);
 7:     input        clock, reset_N;
 8:     input        start;
 9:     input  [2:0] stop;
10:     output [2:0] left, middle, right;
11:     output       run_stop, fever;
12:
13:     wire         runL, runM, runR;
14:     wire         time_out1, time_out2;
15:     wire         start_trg;
16:     reg          start_d, start_dd;
17:
18:     always @(negedge clock) begin
19:         start_d  <= start;
20:         start_dd <= start_d;
21:     end
22:
23:     assign start_trg = start_d & ~start_dd;
24:
25:     count8    L (clock, reset_N, runL, left  );
26:     count8    M (clock, reset_N, runM, middle);
27:     count8    R (clock, reset_N, runR, right );
28:
29:     swr_state LS(clock, reset_N, start_trg, (~run_stop & start_trg), stop[2], runL);
30:     swr_state MS(clock, reset_N, start_trg, time_out1,               stop[1], runM);
31:     swr_state RS(clock, reset_N, start_trg, time_out2,               stop[0], runR);
32:
33:     timer     T1(clock, reset_N, (~run_stop & start_trg), time_out1);
34:     timer     T2(clock, reset_N, time_out1,              time_out2);
35:
36:     // fever check
37:     assign run_stop = runL | runM | runR;
38:     assign fever    = (left==middle) && (left==right);
39:
40: endmodule
```

第9章　本格的な応用回路の記述と実装

リスト9.8　スロット・マシン・システム・モジュール(`slot_sys.v`)

```verilog
 1: /* ---------------------------------------------------
 2:  * slot machine game system
 3:  *      (slot_sys.v)            designed by Shinya KIMURA
 4:  * --------------------------------------------------- */
 5:
 6: module system(clock, d_clock, reset_N, start, stop, digit, seg_led, led);
 7:     input       clock, d_clock, reset_N;
 8:     input       start;
 9:     input [2:0] stop;
10:     output [3:0] digit;
11:     output [7:0] seg_led;
12:     output [7:0] led;
13:
14:     wire [2:0] left, middle, right, d_dgt;
15:
16:     slot_body U0(clock, reset_N, start, stop, left, middle, right, run_stop, fever);
17:     fever_led U1(clock, run_stop, fever, led);
18:     pattern   U2(d_dgt, seg_led);
19:     dynamic   U3(d_clock, left, middle, right, digit, d_dgt);
20:
21: endmodule
```

リスト9.9　クロック分周モジュール(`clkgen.v`)

```verilog
 1: /* ---------------------------------------------------
 2:  * clock generator for slot machine game
 3:  *      (clkgen.v)              designed by Shinya KIMURA
 4:  * --------------------------------------------------- */
 5:
 6: module clock_gen(clk1MHz, clk1KHz, clk10Hz);
 7:     input  clk1MHz;
 8:     output clk1KHz, clk10Hz;
 9:
10:     wire   clk100KHz, clk10KHz;
11:
12:     clkdiv10 C1 ( clk1MHz,   clk100KHz);
13:     clkdiv10 C2 (clk100KHz,  clk10KHz);
14:     clkdiv10 C3 ( clk10KHz,  clk1KHz);
15:     clkdiv10 C4 ( clk1KHz,   clk100Hz);
16:     clkdiv10 C5 ( clk100Hz,  clk10Hz);
17: endmodule
18:
19:
20: module clkdiv10(orgclk, divedclk);
21:     input   orgclk;
22:     output  divedclk;
23:
24:     reg [2:0] count;
25:     reg       divedclk;
26:
27:     always @(posedge orgclk) begin
28:         if(count==3'b100) begin
29:             count <= 3'b000;
30:         end else begin
31:             count <= count + 1;
32:         end
33:     end
34:
35:     always @(posedge count[2]) begin
36:         divedclk <= ~divedclk;
37:     end
38:
39: endmodule
```

ールです.リスト 9.8 に,Verilog HDL による記述例を示します.
(9) クロック分周モジュール(clock_gen)
　これは,1 MHz の発振器の信号を分周して,1 kHz のダイナミック表示クロックと 10 Hz のゲーム用クロック信号を生成するモジュールです.図 9.1 では省略しています.リスト 9.9 に,Verilog HDL による記述例を示します.
(10) 最上位モジュール(XC95top)
　最上位モジュールでは,スロット・マシン・システム・モジュールとクロック分周モジュールをインスタンス化して実行可能なシステムを構成しています.リスト 9.10 に,リスト 7.1 の XC95top モジュールの変更部分のみを示します.

● テスト・ベンチとシミュレーション
　すでに説明しましたが,スロット・マシン全体をシミュレーションしようとすると,ダイナミック点灯制御部も含まれてしまうため,結果が膨大な量になってしまいます.そこで,slot_body モジュール以下を対象としてシミュレーションすることにします.リスト 9.11 に,テスト・ベンチの Verilog HDL による記述例を示します.
　テスト・ベクタの発生はゲームの進行に合わせる必要があり,クロック単位ごとに待ち合わせを記述するのもかなり大変な作業です.そこで,基本操作を三つのタスクとして用意することで記述量を減らし,可読性を向上させて柔軟に変更できるようにしています.
　最初のタスク wait_posedge_clk(46 行目)は,クロックの待ち合わせのためのものです.入力パラメータで指定された回数だけ,クロック信号のポジティブ・エッジの待ち合わせをします.
　2 番目のタスク stop_sw(58 行目)は,ストップ・スイッチをアクティブにするためのもので,スイッ

リスト 9.10　スロット・マシン最上位モジュール(リスト 7.1 からの変更部のみ,XC95top2001.v)

```
 1: /* -- Xilinx XC95108 論理合成用トップ・モジュール ----------------
 2:  * top module for slot machine
 3:  *     XC95top2001.v          designed by Shinya KIMURA
 4:  * ---------------------------------------------------- */
...
55:    // additional internal signals
56:      wire clk1KHz, clk10Hz;
...
79:    // core module instantiation and additional logic
80:      clock_gen S0(XTAL,        // 1[MHz] base clock
81:                   clk1KHz,     // 1[KHz] clock for 7-seg LED dynamic light on
82:                   clk10Hz);    // 10[Hz] clock for slot machine game
83:
84:      system    S1(clk10Hz,     // game clock
85:                   clk1KHz,     // dynamic light on clock
86:                   RESET_N,     // reset
87:                   ~PSHSW[3],   // game start switch
88:                   ~PSHSW[2:0], // stop switch for each digit
89:                   extsegsel,   // external segment LED select
90:                   extseg,      // external segment LED
91:                   extled[7:0]); // fever LED
92:
93: endmodule
```

第9章　本格的な応用回路の記述と実装

リスト9.11　スロット・マシン本体モジュール(slot_body)に対するテスト・ベンチ(slotsim.v)

```verilog
 1: /* -- シミュレーション環境 ---------------------------------
 2:  * slot machine game test bench (for slot_body)
 3:  *      (slotsim.v)              designed by Shinya KIMURA
 4:  * -------------------------------------------------- */
 5:
 6: module slotsim();
 7:     reg         clk, rst_N;
 8:     reg         start;
 9:     reg  [2:0]  stop;
10:
11:     wire [2:0]  left, middle, right;
12:     wire        run_stop, fever;
13:
14:     // 設計対象のインスタンス化
15:
16:     slot_body S0(clk, rst_N, start, stop, left, middle, right, run_stop, fever);
17:
18:     // 観測信号の指定
19:     initial begin
20:         $display("                           c r | s   s   |       | f |  t t         ");
21:         $display("                           l s | t   t   |       | e |  o o r r r   ");
22:         $display("                           o t | a   o   L M R | r v |  t u u  u u u  ");
23:         $display("                           c   | r   p   F D G | u e |  r t t  n n n  ");
24:         $display("                    TIME:  k N | t   210       T L T | n r | g12 LMR | LS MS RS");
25:         $display("---------------------+-+-+---------------+-----+---------+---------");
26:         $monitor("%t: %b %b | %b %b -> %d %d %d | %b %b | %b%b%b %b%b%b | %b %b %b",
27:                  $time, clk, rst_N, start, stop, left, middle, right, run_stop, fever,
28:                  S0.start_trg, S0.time_out1, S0.time_out2, S0.runL, S0.runM, S0.runR,
29:                  S0.LS.state, S0.MS.state, S0.RS.state, );
30:     end
31:
32:     // 信号初期化
33:     initial begin
34:         clk   <= 1'b0;
35:         rst_N <= 1'b0;
36:         start <= 1'b0;
37:         stop  <= 3'b000;
38:     end
39:
40:     // クロック発振
41:     always #50 begin
42:         clk <= !clk;
43:     end
44:
45:     // タスク
46:     task wait_posedge_clk;
47:         input   n;
48:         integer n;
49:
50:         begin
51:             for( n=n; n>0; n=n-1) begin
52:                 @(posedge clk)
53:                     ;   // empty
54:             end
55:         end
56:     endtask
57:
58:     task stop_sw;
59:         input   sw_no, width;
60:         integer sw_no, width;
61:
62:         begin
63:             @(posedge clk)
```

```verilog
 64:            stop[sw_no] = 1'b1;
 65:            wait_posedge_clk(width);
 66:            stop[sw_no] = 1'b0;
 67:        end
 68:    endtask
 69:
 70:    task start_sw;
 71:        input   width;
 72:        integer width;
 73:
 74:        begin
 75:            @(posedge clk)
 76:            start = 1'b1;
 77:            wait_posedge_clk(width);
 78:            start = 1'b0;
 79:        end
 80:    endtask
 81:
 82:
 83:    // テスト信号発生
 84:    initial begin
 85:        $write("Reset ----\n");
 86:        wait_posedge_clk(4);
 87:        rst_N <= 1'b1;              // リセット解除
 88:
 89:        $write("Game start ----\n");
 90:        wait_posedge_clk(5);
 91:        start_sw(4);                // スタート
 92:        wait_posedge_clk(25);
 93:
 94:        $write("Stop left side ----\n");
 95:        stop_sw(2, 2);              // ストップ2
 96:        wait_posedge_clk(2);
 97:
 98:        $write("Stop rigth side ----\n");
 99:        stop_sw(0, 2);              // ストップ0
100:        wait_posedge_clk(2);
101:
102:        $write("Stop middle side ----\n");
103:        stop_sw(1, 2);              // ストップ1
104:
105:        wait_posedge_clk(10);
106:        $write("Game start ----\n");
107:        start_sw(8);                // スタート
108:        wait_posedge_clk(25);
109:
110:        wait(right == 3'b000)    // パターン待ち & ストップ0
111:        $write("Stop right side ----\n");
112:        stop_sw(0, 1);
113:        wait_posedge_clk(4);
114:
115:        wait(left == 3'b000)     // パターン待ち & ストップ2
116:        $write("Stop left side ----\n");
117:        stop_sw(2, 2);
118:        wait_posedge_clk(4);
119:
120:        wait(middle == 3'b000)   // パターン待ち & ストップ1
121:        $write("Stop middle side ----\n");
122:        stop_sw(1, 3);
123:        wait_posedge_clk(10);
124:
125:        $finish;                    // シミュレーション終了
126:    end
127: endmodule
```

第9章　本格的な応用回路の記述と実装

チ番号とアクティブ期間の長さ(クロック単位)を入力パラメータで指定します．

最後のタスク start_sw(70行目)は，スタート・スイッチをアクティブにするためのもので，アクティブ期間の長さ(クロック単位)を入力パラメータで指定します．

以上のタスクを使って，リセット→スタート→ストップ(フィーバなし)→スタート→ストップ(フィーバあり)のためのテスト・ベクタ発生を行っています(84～123行目)．フィーバさせるためのストップ制御は，110，115，120行目にあるように wait を使用して特定のパターン待ちをした後，ストップ・スイッチの信号を発生させています．シミュレーション結果は省略します．

● **論理合成，配置配線，コンフィギュレーション，実装テスト**

論理合成からコンフィギュレーションまでは，とくに注意する点はありません．実装テストもゲームの進行にしたがってスイッチを操作するだけです．クロックが10Hzではなかなかフィーバが出ないので，速度を遅くして試すとよいでしょう．その際，スイッチは1クロック期間以上押し続ける必要があります．

9.2　ステッピング・モータの制御

これまで示してきた Verilog HDL による記述例は，並列動作でも同一の状態において複数のレジスタに個別の値を設定するような比較的単純なものでした．

そこで次に，独立したモジュールが並列に動作してシステム全体をコントロールするようなやや複雑な記述例として，ステッピング・モータの制御を取り上げます．

一般に，ソフトウェア制御とハードウェア制御の根本的な違いは，前者が逐次処理であるのに対して後者が並列処理であるという点です．もちろん，ハードウェアによる逐次処理も可能です．しかし，高速化を目的としたハードウェア制御では，「いかに並列化するか」がポイントになります．また，複数のシーケンサが並列処理を行うようなシステムでは，各シーケンサ間の状態の組み合わせが増加して複雑になるため，設計や検証が難しくなります．

ここで取り上げる例題は，シーケンサが2個あるという点で並列に動作していますが，逐次処理における共通部分をまとめてサブルーチン化して独立させたような構成になっています．そのため，並列動作をしているといっても，各シーケンサ間の状態の組み合わせの複雑さはほとんどありません．

● **ステッピング・モータ制御の仕様**

ステッピング・モータの内部には図9.4に示すようなコイルがあり，コイルに順次，電流を流し磁界を発生させることで，中央部のロータを回転させます．図9.4では，ロータは一度に90°回転することになりますが，実際のステッピング・モータでは1～数°となるようにロータにくふうがなされています．

ロータを回転させるための各コイルの励磁方式にはいろいろありますが，ここでは図9.5に示すようにもっとも単純な1相励磁方式とします．逆回転させたい場合は，逆のパターンで励磁すればよいわけです．

図9.4 ステッピング・モータの構造(模式図)

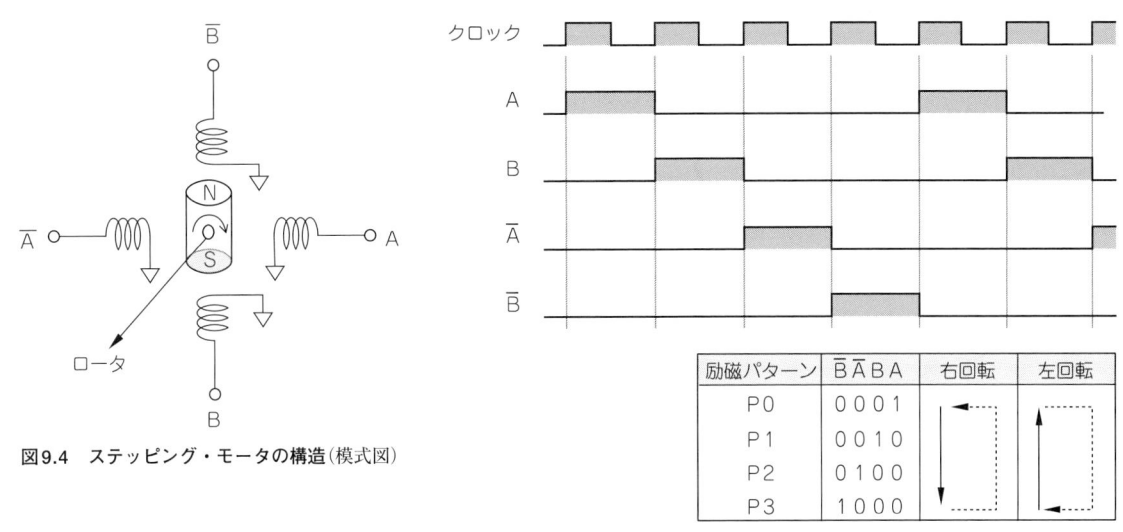

図9.5 ステッピング・モータの1相励磁方式の励磁パターン(パルス・パターン)

励磁パターン	$\overline{B}\overline{A}BA$	右回転	左回転
P0	0 0 0 1		
P1	0 0 1 0		
P2	0 1 0 0		
P3	1 0 0 0		

表9.3 ステッピング・モータ・コントローラの仕様

項 目		仕様/信号対応			
励磁方式		1相励磁			
クロック源		TGLSW[7]=0:MANCLK/1:10Hz			
コントロール		内部信号	端子信号	機 能	
	スタート/ストップ	start	TGLSW[0]	1:スタート　0:ストップ	
	回転方向	right	TGLSW[1]	1:右回転　0:左回転	
	回転速度	speed[1:0]	TGLSW[3:2]	00:基本速度	
				01:1/2	
				10:1/3	
				11:1/4	

図9.5に示すような励磁パターン(パルス・パターン)を発生させるには,0から3まで繰り返し数えるカウンタとカウント値に対応して励磁パターン信号に変換するデコーダがあればできあがります.

ここでは単に回転させるだけではなく,外部のスイッチ入力として,スタート/ストップ制御,回転方向制御,回転速度制御を用意してステッピング・モータをコントロールすることにします.表9.3に,ステッピング・モータ制御の仕様をまとめて示します.

回転速度制御は,2個のスイッチを用いて速度指定を行います.基本速度とその1/2,1/3,1/4の4種類の速度で回転させます.基本速度は,ステッピング・モータの最大回転速度をオーバしないように,メイン・ボードの水晶発振器を適当に分周したものを使用します.

● 二つのalways文による並列動作の記述

表9.3に示す仕様を元に単純に状態遷移を設計すると,各励磁パターンに対応する状態が4個と各状態における速度制御の待ち合わせに3状態が必要となり,合計16状態となります(図9.6).

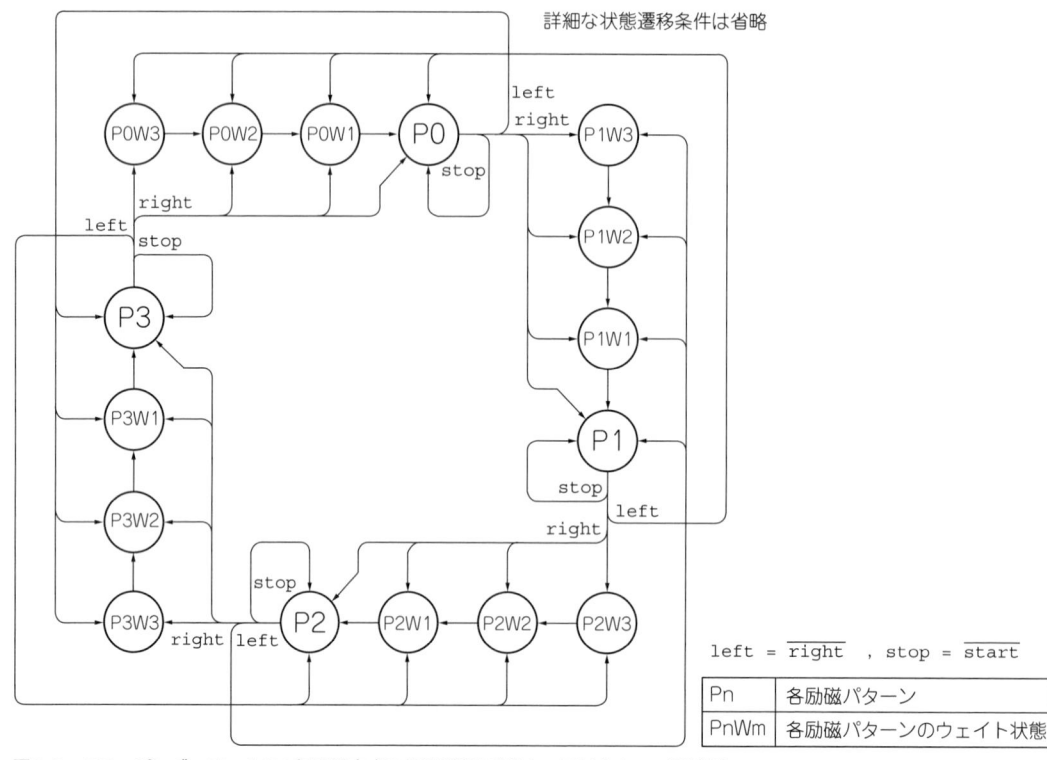

第9章　本格的な応用回路の記述と実装

図9.6 ステッピング・モータの1相励磁方式の状態遷移図(停止・回転方向・4速制御)

このままVerilog HDLによる記述を作成し，論理合成してハードウェアを完成させることは可能です．しかし，スピード制御をより細かくしたい場合や，励磁方式が変更されたりするとすべて設計し直すことになってしまいます．

そこでここでは，励磁パターンを制御する部分とスピードをコントロールする部分を分けて設計します．これは，ソフトウェア的に考えると，図9.6の速度制御の待ち合わせ状態を独立させ，サブルーチン化したようなイメージになります．

この考え方を図式化すると，図9.7に示すように2個のシーケンサが存在し，お互いに相手の状況をチェックしながら制御を行うという形になります．

このような構成にすることで，部分的な変更・修正が必要になった場合には，その部分のみ対応すれば済むことになります．

● 励磁パターン制御部

まず，励磁パターン制御部を検討してみます．これは，状態遷移条件が成立した時点で，現在の励磁パターンから次のパターンを発生する状態へと遷移します．ただし，次のパターンは回転方向によって異なります．

9.2 ステッピング・モータの制御

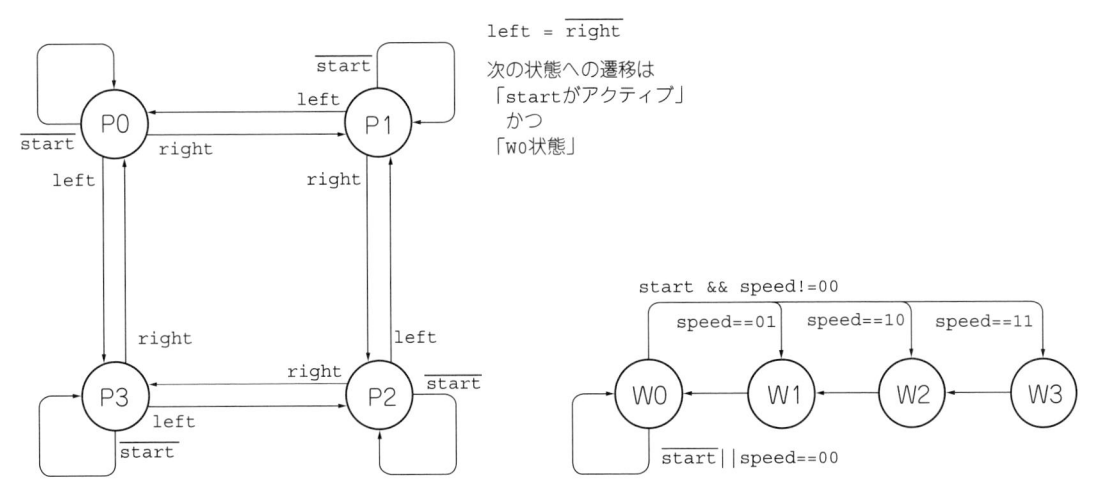

left = $\overline{\text{right}}$
次の状態への遷移は
「startがアクティブ」
かつ
「W0状態」

(a) 励磁パターン制御部の状態遷移

(b) スピード制御部の状態遷移

図9.7　励磁パターン制御部とスピード制御部を分離したステッピング・モータ制御の状態遷移図

励磁パターン制御の骨格

```
always @(posedge クロック) begin
  if(リセット) begin
    state <= 初期励磁パターン;
  end else if(状態遷移条件) begin
    if(right) begin
      state <= 次の励磁パターン;    // 右回り
    end else begin
      state <= 次の励磁パターン;    // 左回り
    end
  end
end
```

ここで，状態遷移は「状態遷移条件」と抽象的な表現になっていますが，実際には，「start信号がアクティブ」かつ「スピード制御部からの待ち合わせ完了」によって成立することになります．

● スピード制御部

では次に，回転速度の制御について検討します．回転速度は，外部からのspeed[1:0]信号で指定できます．そこで，speed[1:0]信号で指定される値を初期値として順にカウント・ダウンするタイマ用のカウンタ(wait_state)を用意します．そして，新たな励磁パターンに推移した時点からspeed[1:0]信号で指定された分のクロック・パルスをカウント・ダウンし，ゼロになった時点で次の励磁パターンへ推移するように制御します．

第9章　本格的な応用回路の記述と実装

スピード制御部の骨格
```verilog
always @(posedge クロック) begin
  if(リセット) begin
    wait_state <= 0;                    // カウント・リセット
  end else if(カウント値ロード条件) begin
    wait_state <= speed[1:0];           // カウント値の設定
  end else if(wait_state != 0) begin
    wait_state <= wait_state - 1;       // カウント・ダウン
  end
end
```

　ここで，「カウント値ロード条件」は，「start信号がアクティブ」かつ「カウント値がゼロ」であることが条件となります．これは，励磁パターン制御部の状態遷移条件と一致します．

　他方，カウント・ダウンは，スタート/ストップ信号（start信号）と無関係に行うことにします．もちろん，ストップ信号の場合にカウントを停止することも可能ですが，ここではスタート/ストップ信号の切り替わり時間は回転速度カウントより十分に長いものと仮定しています．

● 励磁パターン制御部とスピード制御部を一つのモジュールで記述

　以上，励磁パターン制御部とスピード制御部に分けて設計を進めてきました．ここで，両者を合わせて一つのモジュールにまとめたVerilog HDLによる記述例を**リスト9.12**に示します．

　レジスタは，状態信号をそのまま励磁パターンにできるように4ビットのレジスタstateとタイマ用2ビット・カウンタwait_stateの2種類を定義しています（17，18行目）．また，各励磁パターン（状態信号）は，`define文でP0state～P3stateと命名しています（7～10行目）．

　励磁パターン制御部（21～45行目）では，まずリセット時に状態を`P0stateに設定しています（22，23行目）．次に，start信号がアクティブとなり，かつwait_stateが2'b00となった時点で次の励磁パターンへと遷移しています．ここで注意してほしい点は，start信号がアクティブでもwait_stateが2'b00以外の値だとそのままの状態を保つことです〔25行目のifに対して条件不成立の場合の動作（41～43行目）．ただし，このelse節は省略可能〕．

　次に，スピード制御部（48～56行目）ですが，リセット時にはタイマ用カウンタwait_stateを2'b00に設定しています（49，50行目）．タイマ用カウンタへのカウント値の設定は，「start信号がアクティブであり，かつwait_stateが2'b00」の場合に行っています．これは，励磁パターン制御部の状態遷移条件と同じです．つまり，励磁パターン制御部が新しい励磁パターンを出力すると同時に，タイマ用カウンタにspeed[1:0]の値を設定しています（51，52行目）．一度，タイマ用カウンタに値が設定されると，2'b00になるまでクロックごとにカウント・ダウンし（53～54行目），励磁パターン制御部に状態遷移の待ち合わせをさせています．

　リスト9.12では，励磁パターン制御部とスピード制御部を分離して二つのalways @()構文で別々に記述しましたが，ここでとくに注意してほしい点があります．第8章の8.1項でも解説したように，

リスト9.12 二つのalways文によるステッピング・モータ制御のVerilog HDLによる記述例(`stepmtcnt1.v`)

```verilog
 1: /* ---------------------------------------------------
 2:  *    stepping motor controller ( 2 always @() version)
 3:  *       (stepmtcnt1.v)          designed by Shinya KIMURA
 4:  * --------------------------------------------------- */
 5:
 6: // phase pulse pattern definition
 7: `define P0state 4'b0001
 8: `define P1state 4'b0100
 9: `define P2state 4'b0010
10: `define P3state 4'b1000
11:
12: module stepmtsw(clock, reset_N, start, right, speed, state);
13:    input       clock, reset_N, start, right;
14:    input [1:0] speed;
15:    output [3:0] state;
16:
17:    reg   [3:0] state;
18:    reg   [1:0] wait_state;
19:
20:    // state sequencer
21:    always @(posedge clock or negedge reset_N) begin
22:        if(!reset_N) begin
23:            state <= `P0state;
24:        end else begin
25:            if(start && (wait_state==2'b00)) begin
26:                if(right) begin
27:                    case(state)
28:                        `P0state: state <= `P1state;
29:                        `P1state: state <= `P2state;
30:                        `P2state: state <= `P3state;
31:                        `P3state: state <= `P0state;
32:                    endcase
33:                end else begin
34:                    case(state)
35:                        `P0state: state <= `P3state;
36:                        `P1state: state <= `P0state;
37:                        `P2state: state <= `P1state;
38:                        `P3state: state <= `P2state;
39:                    endcase
40:                end
41:            end else begin
42:                state <= state;
43:            end
44:        end
45:    end
46:
47:    // rotation speed control
48:    always @(posedge clock or negedge reset_N) begin
49:        if(!reset_N) begin
50:            wait_state <= 2'b00;
51:        end else if((wait_state==2'b00) && start) begin
52:            wait_state <= speed;
53:        end else if( wait_state!=2'b00) begin
54:            wait_state <= wait_state - 1;
55:        end
56:    end
57:
58: endmodule
```

第9章　本格的な応用回路の記述と実装

同じレジスタへの代入を複数のalways @()構文で行ってはいけないということです．ここでは，reg型信号stateとwait_stateへの値の設定をそれぞれ別々のalways @()構文で記述しています．安易に修正を加えていくと，気づかないうちに同じレジスタへの代入を複数のalways @()構文で記述してしまうことがあります．十分に気を付けてください．

● 二つのalways文を別モジュールに分割

次に，励磁パターン制御部とスピード制御部の独立性をより高めた記述をします．具体的には，**リスト9.12**で二つあったalways @()構文を個別にモジュール化します．

単純に分離すると，スピード制御部のタイマ用カウンタの信号を励磁パターン制御部へ伝達することになります．しかし，これではスピード制御部の仕様が変更(たとえばspeed信号が3ビットになり，8段階の速度制御をする)になった場合に，励磁パターン制御部も変更しなければなりません．

励磁パターン制御部では，タイマ用カウンタがゼロになったことが通知されればよいわけです．そこで，次の励磁パターンへの進行信号(go_ahead)を用意し，両モジュール間を接続することにします．

リスト9.13に，励磁パターン制御部とスピード制御部をモジュール化したVerilog HDLによる記述例を示します．

励磁パターン制御部とスピード制御部を独立したモジュールにしたことで，両者と統合するモジュールstepmtswを用意し，全体を一つのモジュールにまとめます(14～24行目)．

モジュールspeedcontの72行目において，go_ahead信号を生成しています．この信号を受け取り，モジュールstepmtseqでは39行目においてスタート信号startとgo_ahead信号を判定し，次の励磁パターンへ推移しています．

● テスト・ベンチとシミュレーション

それでは，ステッピング・モータ・コントローラをシミュレーションして動作を検証します．テスト・ベンチは，とくに説明する必要のないシンプルな記述になっています．

クロック信号を適当な周期で発振させ，シミュレーション開始直後にリセット信号を供給し，適当にstart信号，right信号，speed信号を設定しています．

リスト9.14は，観測する信号の関係で**リスト9.13**(2モジュール版)用のテスト・ベンチとなっています．シミュレーション結果は省略します．

● 実装テスト

ステッピング・モータ・コントローラを，メイン・ボードと拡張ボードに実装し動作させてみます．CPLDの端子に流すことができる電流では，直接ステッピング・モータを駆動することはできません．そのため，拡張ボード上にあるドライバ回路を経由してステッピング・モータを駆動します．**図9.8**に，ドライバ周辺回路を示します．拡張ボードがなければ，簡単に自作することもできます．なお，LEDは信号確認用なので，モータの駆動には直接関係ありません．

励磁パターン信号は，いったん，CMOSのバッファ回路を経由してNチャネルのパワーMOS FET

リスト9.13 モジュール分割したステッピング・モータ制御のVerilog HDLによる記述例(`stepmtcnt2.v`)

```verilog
 1: /* ----------------------------------------------------
 2:  *  stepping motor controller (separate module version)
 3:  *      (stepmtcnt2.v)        designed by Shinya KIMURA
 4:  * ---------------------------------------------------- */
 5:
 6: // phase pulse pattern definition
 7: `define P0state 4'b0001
 8: `define P1state 4'b0100
 9: `define P2state 4'b0010
10: `define P3state 4'b1000
11:
12: // stepping motor module integration
13: //
14: module stepmtsw(clock, reset_N, start, right, speed, state);
15:     input       clock, reset_N, start, right;
16:     input  [1:0] speed;
17:     output [3:0] state;
18:
19:     wire        go_ahead;
20:
21:     stepmtseq stepmtseq(clock, reset_N, start, right, go_ahead, state);
22:     speedcont speedcont(clock, reset_N, start, speed, go_ahead);
23:
24: endmodule
25:
26:
27: // state sequencer module
28: //
29: module stepmtseq(clock, reset_N, start, right, go_ahead, state);
30:     input       clock, reset_N, start, right, go_ahead;
31:     output [3:0] state;
32:
33:     reg    [3:0] state;
34:
35:     always @(posedge clock or negedge reset_N) begin
36:         if(!reset_N) begin
37:             state <= `P0state;
38:         end else begin
39:             if(start && go_ahead) begin
40:                 if(right) begin
41:                     case(state)
42:                         `P0state: state <= `P1state;
43:                         `P1state: state <= `P2state;
44:                         `P2state: state <= `P3state;
45:                         `P3state: state <= `P0state;
46:                     endcase
47:                 end else begin
48:                     case(state)
49:                         `P0state: state <= `P3state;
50:                         `P1state: state <= `P0state;
51:                         `P2state: state <= `P1state;
52:                         `P3state: state <= `P2state;
53:                     endcase
54:                 end
55:             end else begin
56:                 state <= state;
57:             end
58:         end
59:     end
60: endmodule
61:
62:
63: // rotation speed control module
64: //
65: module speedcont(clock, reset_N, start, speed, go_ahead);
66:     input       clock, reset_N, start;
67:     input  [1:0] speed;
68:     output      go_ahead;
69:
70:     reg    [1:0] wait_state;
71:
72:     assign go_ahead = (wait_state==2'b00)? 1 : 0;
73:
74:     always @(posedge clock or negedge reset_N) begin
75:         if(!reset_N) begin
76:             wait_state <= 2'b00;
77:         end else if((wait_state==2'b00) && start) begin
78:             wait_state <= speed;
79:         end else if(wait_state!=2'b00) begin
80:             wait_state <= wait_state - 1;
81:         end
82:     end
83: endmodule
```

リスト9.14　ステッピング・モータ・コントローラ(リスト9.13)用テスト・ベンチ(stepmt2sim.v)

```verilog
 1: /* -- シミュレーション環境 ----------------------------------
 2:  * setepping motor controller (2 module version) test bench
 3:  *     (stepmt2sim.v)          designed by Shinya KIMURA
 4:  * ------------------------------------------------------ */
 5:
 6: module stepmt2sim();
 7:    reg       clk, rst_N;
 8:    reg       start, right;
 9:    reg [1:0] speed;
10:    wire [3:0] state;
11:
12:    // 設計対象のインスタンス化
13:    stepmtsw stepmtsw(clk, rst_N, start, right, speed, state);
14:
15:    // 観測信号の指定
16:    initial begin
17:       $display("                     c   r  s r s    a       s   ");
18:       $display("                     l   e  t i p    h       t w ");
19:       $display("                     o   s  a g e    e       a a ");
20:       $display("                     c   e  r h a    t       t i ");
21:       $display("               TIME: k   t  t t d    d       e t ");
22:       $display(" -------------------+----+--------+---+------+----");
23:
24:       $monitor("%t: %b %b | %b %b %b | %b | %b | %b",
25:                $time, clk, rst_N, start, right, speed,
26:                stepmtsw.go_ahead, state, stepmtsw.speedcont.wait_state);
27:    end
28:
29:    // 信号初期化
30:    initial begin
31:       clk   <= 1'b0;
32:       rst_N <= 1'b0;
33:       #500
34:       rst_N <= 1'b1;
35:       #20000
36:       $finish;
37:    end
38:
39:    // クロック発振
40:    always #100 begin
41:       clk <= !clk;
42:    end
43:
44:    // テスト信号発生
45:    initial begin
46:       start = 0; right = 0; speed = 1;
47:       #1000
48:       start = 1; right = 1; speed = 0;
49:       #1000
50:       start = 1; right = 0; speed = 1;
51:       #2000
52:       start = 1; right = 0; speed = 2;
53:       #3000
54:       start = 1; right = 1; speed = 3;
55:       #4000
56:       start = 0; right = 0; speed = 3;
57:       #1000
58:       start = 1; right = 1; speed = 1;
59:       $finish;                        // シミュレーション終了
60:    end
61: endmodule
```

のゲートに伝達され，FETのON/OFF制御を行います．FETのゲートが"H"レベルになると，ソース-ドレイン間がONになってステッピング・モータを駆動する電流が流れます．
　リスト9.15に，ステッピング・モータ・コントローラの最上位モジュールのVerilog HDLによる記述例を示します．コントローラ本体のVerilog HDLによる記述は，**リスト9.12**または**リスト9.13**のいずれでもよく，最上位モジュールは共通になっています．

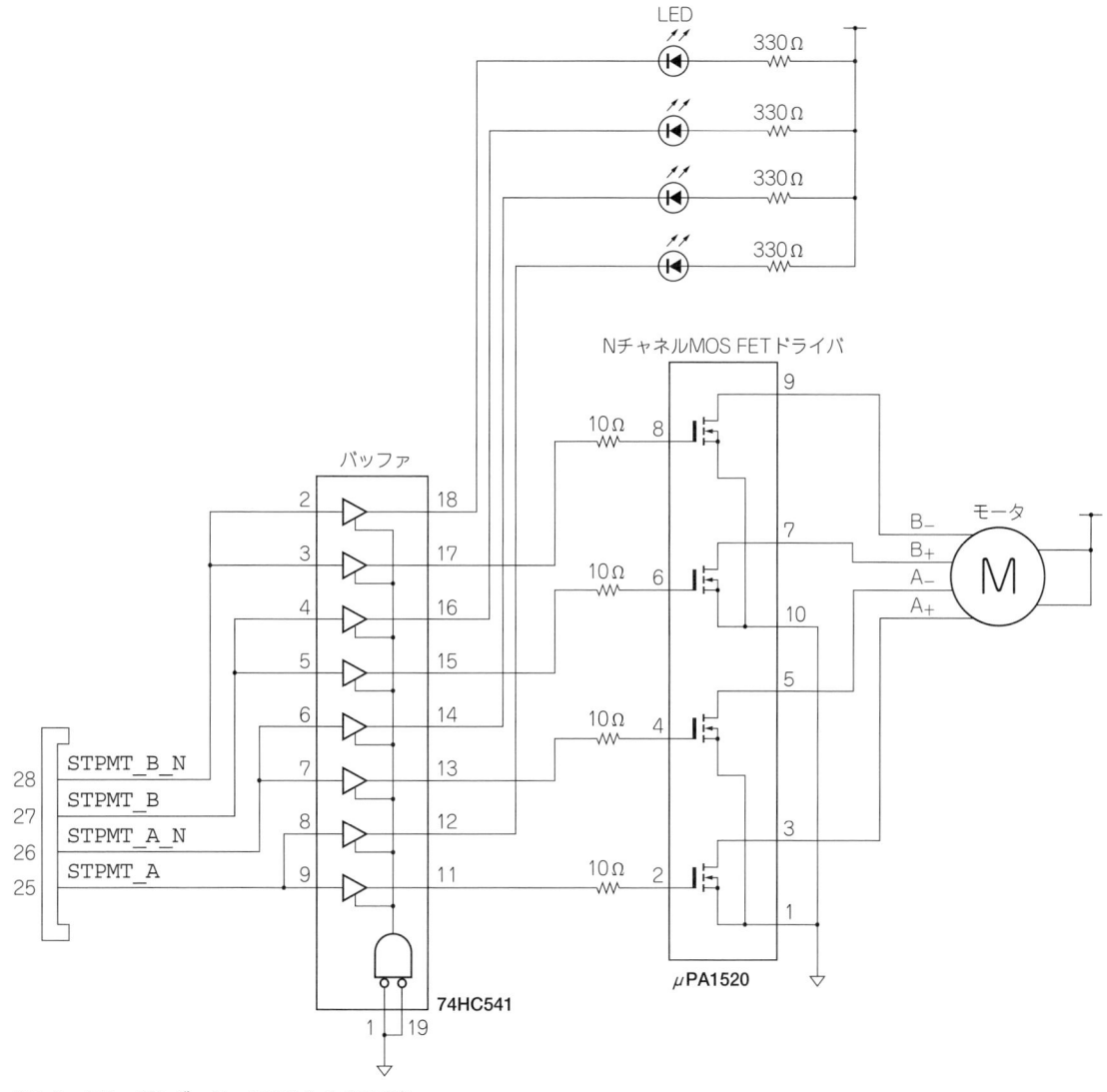

図9.8　ステッピング・モータ用ドライバの回路

第9章 本格的な応用回路の記述と実装

リスト 9.15 ステッピング・モータ・コントローラ最上位モジュール（リスト7.1 からの変更部のみ，XC95top2001.v）

```
 1: /* -- Xilinx XC95108 論理合成用トップ・モジュール -----------------
 2:  *  top module for step motor contorl (2 always @() version)
 3:  *     XC95top2001.v           designed by Shinya KIMURA
 4:  * -------------------------------------------------- */
...
55:   // additional internal signals
56:   wire [3:0] stpmtdvr;
57:   wire       clock, clk1KHz, clk10Hz;
...
80:   // core module instantiation and additional logic
81:   stepmtsw stepmtsw (clock,          // clock
82:                     RESET_N,         // reset_N
83:                     TGLSW[0],        // start
84:                     TGLSW[1],        // right
85:                     TGLSW[3:2],      // speed
86:                     stpmtdvr);       // state
87:
88:   assign {STPMT_A, STPMT_A_N, STPMT_B, STPMT_B_N} = stpmtdvr;
89:
90:   // clock signal select
91:   assign clock    = TGLSW[7] ? clk10Hz : MANCLK;
92:
93:   // Xtal OSC divider
94:   clock_gen clk_gen(XTAL,            // 1[MHz] input
95:                    clk1KHz,          // 1[KHz] output
96:                    clk10Hz);         // 10[Hz] output
97:
98: endmodule
```

● ソフトウェア制御との比較

　ここで，同じ動作をソフトウェアで行うとしたらどのようなプログラムになるか検討してみます．ソフトウェアによるタイマ制御には，ソフトウェア・タイマやモータ制御用クロック信号をポーリングで行う方法と割り込み機能を使う方法があります．

　前者の場合には，図9.6に示した状態遷移図を基本にプログラムを作成することになります．この場合，状態変数を用意しタイマで規定時間を経過させた後，新たな状態へ遷移し，必要に応じてスイッチ信号を入力してその状態における動作を行うようなプログラム構成になります．

　タイマ制御を割り込みで行う場合も，状態変数を用意しておき，割り込みごとに新たな状態へ遷移し，その状態における動作を行うようなプログラム構成になります．

　同じ仕様で，モータ制御用クロック信号をポーリングによりソフトウェア制御する場合のC言語によるプログラムの例を，**リスト 9.16**に示します．

　C言語で記述した場合，**リスト 9.13**のVerilog HDLによる記述例とよく似た内容になっています．

　Verilog HDLにより逐次制御スタイルで記述した場合，図9.6に示した状態を用意して状態ごとに動作を記述することになり，非常に記述量が増えて難解なものとなります．

　ステッピング・モータ制御の場合，「駆動パルスの発生」と「時間待ち合わせ」という二つの機能があり，それぞれを独立させて動作させるという考え方により，並列動作の記述ができたわけです．その結果，シンプルなVerilog HDLによる記述ができました．

　実際にステッピング・モータを制御する場合，ソフトウェアとハードウェアのどちらを選択すべき

9.2 ステッピング・モータの制御

リスト9.16 C言語によるステッピング・モータ制御(stepmtcnt.c)

```
 6: #include <??.h>
 7:
 8: /* external I/O port address */
 9: #define SWITCH_PORT 0x??
10: #define CLOCK_POERT 0x??
11: #define STEPMT_PORT 0x??
12:
13: /* control switch signal */
14: #define reset (sw & 0x80)
15: #define start (sw & 0x08)
16: #define right (sw & 0x04)
17: #define speed (sw & 0x03)
18:
19: /* pulse pattern */
20: #define P0state 0x01
21: #define P0state 0x04
22: #define P0state 0x02
23: #define P0state 0x08
24:
25: main()
26: {
27:     int sw, state;
28:
29:     state = P0state;
30:     while(1) {
31:         sw = inportb(SWITCH_PORT);              /* switch signal input */
32:         if(reset){
33:             state = P0state;
34:             outportb(STEPMT_PORT, state);       /* drive pulse output  */
35:         } else if(start){
36:             if(right){                          /* right rotation */
37:                 switch (state) {
38:                     case P0state: state = P1state; break;
39:                     case P1state: state = P2state; break;
40:                     case P2state: state = P3state; break;
41:                     case P3state: state = P0state; break;
42:                     default     :                           ;
43:                 }
44:             } else {                            /* left rotation */
45:                 switch (state) {
46:                     case P0state: state = P3state; break;
47:                     case P1state: state = P0state; break;
48:                     case P2state: state = P1state; break;
49:                     case P3state: state = P2state; break;
50:                     default     :                           ;
51:                 }
52:             }
53:             outportb(STEPMT_PORT, state);       /* drive pulse output  */
54:             wait(speed);
55:         } else {
56:             /* stop */
57:         }
58:     }
59: }
60:
61: void wait(int speed)
62: {
63:     switch (speed) {
64:         case 3 : while((inportb(CLOCK_PORT)&(0x01) == 1); /* clock input */
65:                  while((inportb(CLOCK_PORT)&(0x01) == 0);
66:         case 2 : while((inportb(CLOCK_PORT)&(0x01) == 1);
67:                  while((inportb(CLOCK_PORT)&(0x01) == 0);
68:         case 1 : while((inportb(CLOCK_PORT)&(0x01) == 1);
69:                  while((inportb(CLOCK_PORT)&(0x01) == 0);
70:         case 0 : while((inportb(CLOCK_PORT)&(0x01) == 1);
71:                  while((inportb(CLOCK_PORT)&(0x01) == 0); break;
72:         default:                                               ;
73:     }
74: }
```

かは，さまざまな要因があるので簡単に判断するわけにはいきません．

ここでは，ソフトウェアによる逐次制御をそのままHDLで記述するのではなく，並列動作を考慮してHDLで記述することで，シンプルに記述できる例もあることを示しました．

9.3 赤外線通信

赤外線通信は，家電製品のリモコンに広く応用されています．そのほかにも，遠隔操縦の玩具やロボットとコントローラ間の通信などにも利用されています．

● 赤外線通信のデータ・フォーマット

赤外線を使った通信の基本は，いわゆるシリアル通信です．パソコンのシリアル・ポート（RS232C）と同様の考え方で，通信経路が有線（電圧や電流）から赤外線（光）に変わっただけです．

光で通信するためには，光の有/無を論理の1/0に対応させることになります．ただし，これでは外乱の影響を受けやすいので，もう少し安定に通信できるように光に変調（モジュレーション）をかけています．つまり，発光していない期間と一定周期で点滅を繰り返している期間を"0"と"1"に対応させます．

シリアル通信ではクロック信号やハンドシェイク信号などがなく，データ信号のみとなるので，データ情報以外に制御情報を付加する必要があります．

データ以外に必要となる制御情報には，送信開始を示すスタート・ビットと送信終了を示すストップ・ビットの情報があります．また，エラーを確認するためのパリティ情報もシリアル通信では付加されています．さらに今回は，送信先（受信側）が複数ある場合に対応できるように，受信者を指定するIDコードも付加します．

これらをまとめると，1個のデータのフォーマットは図9.9のようになります．

図9.9において，最初は無送信状態で送信データは"0"（無発光）とします．送信開始時に"1"（発光）となり，スタートを示します．続いて，IDコード（4ビット）をMSBから順に送信し，データ（8ビット）

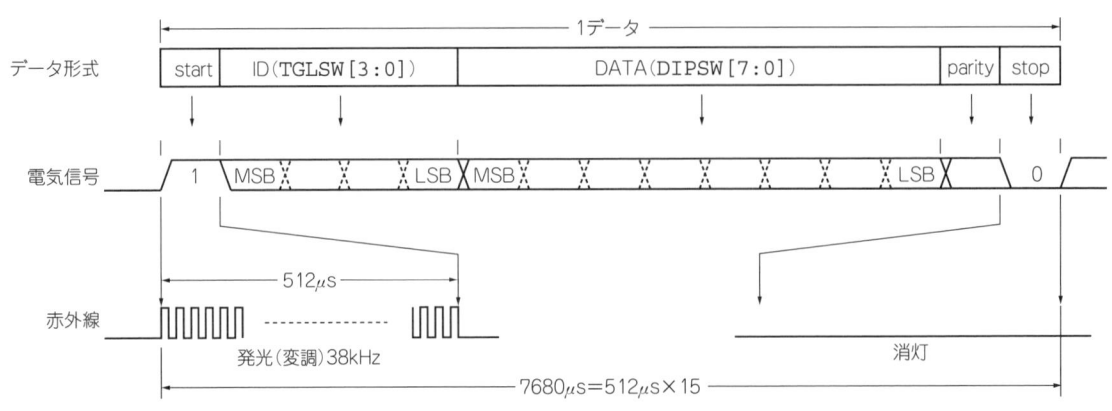

図9.9 赤外線通信のデータ・フォーマット

をMSBから順に送信します．最後に，パリティ・ビット(奇数パリティ)，ストップ・ビットとして"0"(無発光)を送り終了となります．

連続してデータを送信する場合は，直ちに"1"(スタート・ビット)になり，送信を休止する場合は"0"が続きます．

● 赤外線の発光と受光モジュール

赤外線を発光させるには，赤外線発光ダイオード[注2]を使用します．使い方は可視光LEDと同様で，規定の順方向電流を流すだけです．ただし，流す電流の量が若干多めです．

赤外線の受光回路は，専用の受光モジュール[注2]を使用すると簡単にできます．赤外線受光モジュールはピン・フォト・ダイオード，アンプ，フィルタ，復調器(デモジュレータ)を内蔵しており，変調された赤外線を受け，復調して1/0信号を出力します．変調周波数に対応してさまざまな部品(秋葉原あたりで入手可能なものはほとんどが38 kHzのタイプ)があります．

シリアル・データ1ビット分の周期は，赤外線受光モジュールの仕様から変調周期の10倍(10/38000 = 263.2 μs)以上となっており，今回は512 μsとしています(図9.9)．

また，受光モジュールと赤外線発光ダイオードの赤外線の波長を合わせる必要があります．

● 赤外線送信部の仕様

送信部は，パラレル・イン/シリアル・アウト型のシフト・レジスタです．送信データはDIPスイッチで，IDはトグル・スイッチで設定します．また，マニュアル・クロック・スイッチを押すことにより送信を開始することにします．

```
─ 赤外線通信送信側インターフェース仕様 ─────────────
    基本クロック    XTAL …………水晶発振器(1 MHz)
    リセット       RESET_N ………リセット・スイッチ
    送信開始       MANCLK…………マニュアル・クロック・スイッチ
    送信データ     DIPSW[7:0] …DIPスイッチ
    IDコード       TGLSW[3:0] …トグル・スイッチ
```

CPLD論理回路実習システムには赤外線発光ダイオードはないので，外付け回路になります．遠距離の通信を可能にするためには，赤外線発光ダイオードに大きな電流を流す必要があります．そのため，図9.10に示すようにCPLDの3個の端子を接続して72 mA程度まで電流を流せるようにしてあります．

また，赤外線は人間の目では検知できません．そこで，可視光のLEDも付けておき，動作の確認ができるようにしてあります[注3]．

注2：赤外線発光ダイオードは，東芝のTLN105B，赤外線受光モジュールはBISHAY社のTSOP1738(秋月電子でCRVP1738として売られている)を使用．
注3：赤外線は目に見えないので回路動作を確認するのが難しいが，ディジタル・カメラ(携帯電話に付属しているものでも可)のモニタ画面で点灯を確認することができる．

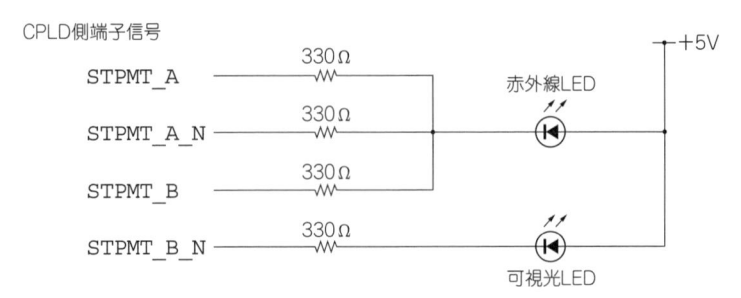

第9章 本格的な応用回路の記述と実装

図9.10 赤外線送信部の付加回路

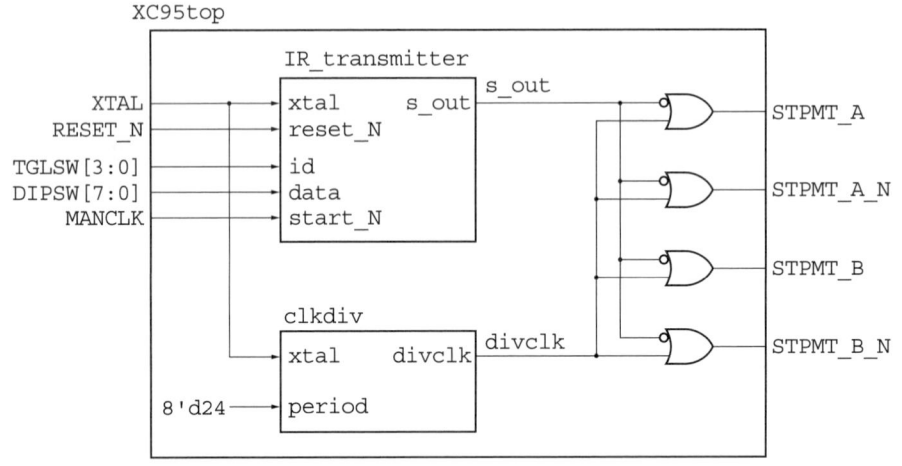

図9.11 赤外線送信部のモジュール構成

● 赤外線送信部のモジュール構成

図9.11に，赤外線送信部全体のモジュール構成と接続信号の関係を示します．送信部は，転送データの形式を整えてシリアルに出力するモジュール IR_transmitter と変調用パルスを発生するモジュール clkdiv で構成されます．

(1) 変調用クロック発生モジュール (clkdiv)

赤外線を変調するためのクロックを発生するモジュールです．リスト9.17にVerilog HDLによる記述例を示します．今回の場合，38 kHz固定の変調ですが，8ビットの信号(period)によって周波数の設定ができるようにしてあります．periodで指定した値を+2した値の分周を行い，clkdiv信号として出力します．したがって，periodが"0"で1/2に分周します．また，clkdivのデューティ比(1周期に対する"1"の割合)がほぼ50%になるように記述しています．

変調用クロックは，基本クロック(xtal)からperiod倍の周期のクロック信号divclkを発生します．実際の回路では，基本クロックが1 MHz(=1 μs)で38 kHz(=26.3 μs)のパルスを発生するため，periodに24(=26-2)をインスタンス化する側で設定します．

リスト9.17 赤外線変調用クロック発生モジュール(`clkdiv.v`)

```verilog
 1: /* ---------------------------------------------------
 2:  *  clock divider (1/2 .. 1/257)
 3:  *
 4:  *     xtal frequency      = X[MHz]
 5:  *            base period  = 1/X[us]
 6:  *     period parameter    = N (2nd signal of port list)
 7:  *     output clock period = (1/X) * (N+2)
 8:  *     duty (nearly 50%)
 9:  *            LOW : HIGH = (N/2 + 1) : (N/2 + 1 + N[0])
10:  *
11:  *     (clkdiv.v)             designed by Shinya KIMURA
12:  * --------------------------------------------------- */
13:
14: module clkdiv(xtal, period, divclk);
15:     input        xtal;          // 1[MHz]
16:     input  [7:0] period;        // osc peirod [us]
17:     output       divclk;        // divided clock
18:
19:     reg [7:0] count;
20:     reg       divclk;
21:
22:     always @(posedge xtal) begin
23:         if(!divclk) begin
24:             if(count == period[7:1]) begin
25:                 count  <= 0;
26:                 divclk <= 1;
27:             end else begin
28:                 count <= count + 1;
29:             end
30:         end else begin
31:             if(count == period[7:1]+period[0]) begin
32:                 count  <= 0;
33:                 divclk <= 0;
34:             end else begin
35:                 count <= count + 1;
36:             end
37:         end
38:     end
39:
40: endmodule
```

(2) 送信モジュール(`IR_transmitter`)

送信モジュールのVerilog HDLによる記述例を**リスト9.18**に示します．送信モジュールには，二つの状態IDLEとTXがあります．IDLE状態においてスタート信号を受けると，スタート・ビット，ID，データ，パリティ・ビット，ストップ・ビットをレジスタbufferにセットし，カウンタcountに"0"を設定してTX状態へ遷移します(37～40行目)．

TX状態では，クロックごとにbufferをシフトします．シフトは，countが4'b1110になるまで繰り返します(41～46行目)．シリアル出力は，レジスタbufferのMSBになります(31行目)．ストップ・ビットを送出したら，次のスタート信号を待つ状態に戻ります．したがって，スタート信号が連続で"1"の場合は，次のデータ送信開始(スタート・ビット)までに1クロックの空きが生じます．

送信クロックは，1ビット当たりの時間(周期)が512 μsであることから，CPLD論理回路実習システムでは1MHzの水晶発振器(周期1 μs)をCPLDへ入力し，512分周して得られるクロック信号を必要とします．そのためのモジュールがclkdiv512です(**リスト9.19**参照)．

第9章 本格的な応用回路の記述と実装

リスト9.18 送信モジュール(tx.v)

```verilog
 1: /* ---------------------------------------------------
 2:  * IR Transmitter module
 3:  *
 4:  *    Tx buffer ( <-shift out )
 5:  *       |1|         |       | |0|
 6:  *       | +--- +------- | |
 7:  *       | |    |          | stop bit
 8:  *       | |    |           odd parity
 9:  *       | |    data[7:0]
10:  *       | id code[3:0]
11:  *      start bit
12:  *
13:  *   (tx.v)         designed by Shinya KIMURA
14:  * --------------------------------------------------- */
15:
16: `define IDLE 1'b0
17: `define TX   1'b1
18:
19: module IR_transmitter(clock, reset_N, start_N, id, data, s_out);
20:     input           clock;          // 1/512 [MHz] = 1.953[KHz]
21:     input           reset_N;        // reset (active low)
22:     input           start_N;        // start (active low)
23:     input  [3:0]    id;             // identify code
24:     input  [7:0]    data;           // transmition data
25:     output          s_out;          // serial output data
26:
27:     reg [14:0] buffer;              // serial out data
28:     reg [ 3:0] count;               // shift out count
29:     reg        state;               // state
30:
31:     assign s_out = buffer[14];
32:
33:     always @(posedge clock or negedge reset_N) begin
34:         if(!reset_N) begin
35:             state  <= `IDLE;
36:             buffer <= 15'h0000;
37:         end else if((state==`IDLE) && !start_N) begin
38:             state  <= `TX;
39:             count  <= 4'b0000;
40:             buffer <= {1'b1, id, data, ~^{id, data}, 1'b0};
41:         end else if(state==`TX) begin
42:             buffer <= {buffer[13:0], 1'b0};
43:             count  <= count + 1;
44:             if(count == 4'b1110) begin
45:                 state <= `IDLE; // wait until next start
46:             end
47:         end
48:     end
49:
50: endmodule
```

このモジュールでは9ビット・カウンタを用意して入力信号をカウント（分周）し，最上位桁の信号を出力しています．

(3) トップ・モジュール

リスト9.20にトップ・モジュールを示します．トップ・モジュールでは，送信モジュール（85～90行目），送信モジュール用クロック発生モジュール（83行目）と変調用クロック発生モジュール（93行目）をインスタンス化しています．送信モジュールからのシリアル・データが"0"の場合には発光せず，

9.3 赤外線通信

リスト9.19 送信モジュール用クロック発生モジュール(clkdiv512.v)

```verilog
 1: /* ---------------------------------------------------
 2:  * clock divider (1/512 fix)
 3:  *     (clkdiv512.v)          designed by Shinya KIMURA
 4:  * --------------------------------------------------- */
 5:
 6: module clkdiv512(xtal, clock);
 7:     input       xtal;           // 1[MHz]
 8:     output      clock;          // 1/512 [MHz] = 1.953[KHz]
 9:
10:     reg [8:0] clkdiv;           // clock divider
11:
12:     always @(posedge xtal) begin
13:         clkdiv <= clkdiv + 1;
14:     end
15:
16:     assign clock = clkdiv[8];   // 1/512 [MHz] = 1.953[KHz]
17: endmodule
```

リスト9.20 赤外線送信部最上位モジュール(リスト7.1からの変更部, XC95top2001.v)

```verilog
  1: /* -- Xilinx XC95108 論理合成用トップ・モジュール ----------------
  2:  * Infrared Rays Transmitter
  3:  *    XTAL = 1[MHz]
  4:  *    XC95top2001.v           designed by Shinya KIMURA
  5:  * --------------------------------------------------- */
...
 56:     // additional internal signals
 57:     wire        s_out;              // serial out
 58:     wire        clock;              // clock for IR_transmitter module
 59:     wire        modclk;             // modulation osc.
...
 82:     // core module instantiation and additional logic
 83:     clkdiv512 clkdiv512(XTAL, clock);
 84:
 85:     IR_transmitter IR(clock,        // 1/512[MHz] clock
 86:                       RESET_N,      // reset_N
 87:                       MANCLK,       // start_N
 88:                       TGLSW[3:0],   // id
 89:                       DIPSW,        // data
 90:                       s_out);       // s_out
 91:
 92:     // modclk = 1/(1us * (24+2)) = 38.5[KHz]
 93:     clkdiv clkdiv(XTAL, 8'd24, modclk);
 94:
 95:     assign STPMT_A    = ~s_out | modclk;
 96:     assign STPMT_A_N  = ~s_out | modclk;
 97:     assign STPMT_B    = ~s_out | modclk;
 98:     assign STPMT_B_N  = ~s_out | modclk;
 99:
100: endmodule
```

"1"の場合には変調用クロックに合わせて発光させます．赤外線発光ダイオードを駆動する信号はSTPMT_A, STPMT_A_N, STPMT_Bの3本で，可視光LEDの駆動信号はSTPMT_B_Nとしています．

● 赤外線受信部の仕様

受信部は赤外線受光モジュールからのシリアル・データを受信し，LEDに表示しています．応用が容易なように，他モジュールとのインターフェース信号として，データの受信完了を示すデータ・フ

ル・フラグ信号(data_full)とデータの読み出し信号(rd_stb)を用意しています．

　CPLD論理回路実習システムに付加する回路を**図9.12**に示します．赤外線受光モジュールからの出力信号は，CPLDのPSHSW[3]端子に接続します．赤外線受光モジュールは受光時に"0"，非受光時に"1"を出力します．

　受信動作の流れは，次のようになります．なお，シリアル入力端子は，受光時を"1"としているので注意してください．

```
受信動作フロー（リスト9.21対応行）
　①スタート・ビットの検出待ち …………………………………(79行目)
　　　シリアル入力端子が"1"になるまでこの状態で待つ
　②1/2ビット周期分の待ち
　③スタート・ビットの再確認 ……………………………………(86行目)
　　　再度，シリアル入力端子をサンプルしチェックする
　　　"1"ならスタート・ビット確認→④へ
　　　"0"ならノイズと判断→①へ ……………………………(91行目)
　④1ビット周期分の待ち …………………………………………(99行目)
　⑤IDのビットを受信 ……………………………………………(100行目)
　　　④⑤を合計4回繰り返し，IDの4ビットを受信する
　⑥1ビット周期分の待ち …………………………………………(113行目)
　⑦データのビットを受信 …………………………………………(114行目)
　　　⑥⑦を合計8回繰り返し，データの8ビットを受信
　⑧1ビット周期分の待ち …………………………………………(126行目)
　⑨パリティ・ビットを受信 ………………………………………(127行目)
　　　奇数パリティになっていれば正常
　　　そうでなければパリティ・エラー
　⑩1ビット周期分の待ち …………………………………………(135行目)
　⑪ストップ・ビットの受信 ………………………………………(136行目)
　　　"0"なら正常
　　　"1"ならフレーム・エラー
```

　受信動作のタイミングを，**図9.13**に示します．

● 赤外線受信部のモジュール構成

　図9.14に，受信側のモジュール構成を示します．受光モジュールからのシリアル信号(PSHSW[3])はNOTゲートを通して反転し，送信側のモジュールとアクティブ・レベルを同じにしています．

　受信側のID設定は，送信側と同じようにTGLSW[3:0]を割り当てています．通信実験にあたっては，両者でIDを一致させる必要があります．

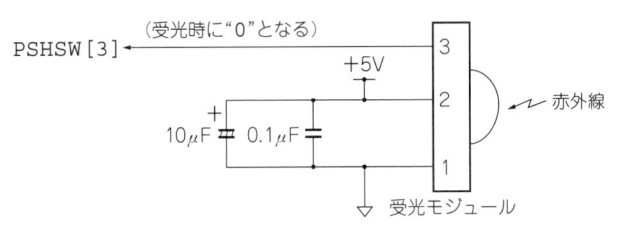

図9.12 赤外線受光部の付加回路

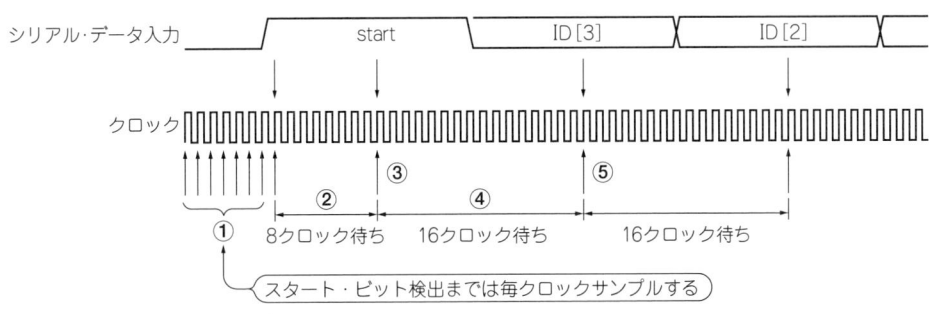

図9.13 受信動作のタイミング

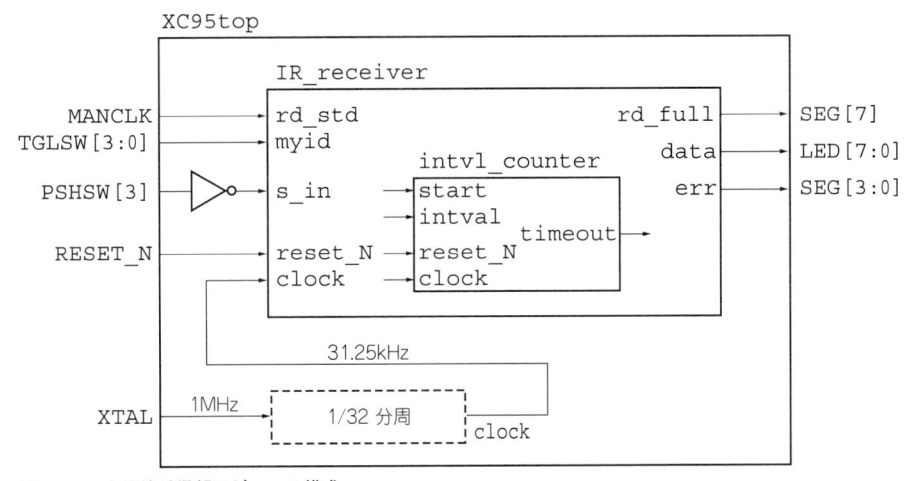

図9.14 赤外線受信部モジュール構成

　受信完了後のデータの読み出し信号rd_stbは，マニュアル・クロック・スイッチを割り当てています．レバーを押した状態でリードとなります．レバーを離すと，rd_stbがインアクティブ（"0"）になります．

　また，各種のエラー情報は7セグメントLEDに表示するようにしています．**表**9.4に示すように，オーバ・ランがセグメント"a"，パリティ・エラーがセグメント"b"，フレーム・エラーがセグメント"c"，IDエラーがセグメント"d"に表示されます．

　各モジュールは，31.25 kHzのクロックで動作させます．この値は，シリアル・データ1ビット分の

第9章　本格的な応用回路の記述と実装

周期である512μsの1/16の周期に相当します．このクロック周波数があまり低い(極端な場合，1ビット分と同じ周期)場合，データの取りこぼしが発生する可能性があります．逆に，あまり高い周波数では，待ちのための多ビット長のカウンタが必要になるなど，回路や消費電力がむだに増加する要因になります．

(1) 受信モジュール

受信モジュールは，赤外線受光モジュールからシリアル信号を受け，IDやデータの分離と各種のエラーの検出を行い，このモジュールを利用する上位モジュールへ受信状況を伝えます．上位モジュールからは受信したデータの読み出し信号(rd_stb)を受け，上位モジュールが受信データを引き取ったことを認識します．

受信シーケンスは，7状態で制御しています(**表9.5**)．また，**表9.4**に示す4種類のエラー検出を用意しています．

シリアル・データを受信するための各状態における主要な処理は，次の3点になります．

- データ・サンプル間隔待ち(1ビット分あるいはその1/2の時間待ち)
- 連続処理のためのループ判定(ID受信とデータ受信の場合)
- 受信処理(受信ビットを各レジスタへセット)

受信モジュールの記述スタイルは，拡張状態遷移記述になっています．状態信号stateがどの状態であるかを判定し，該当状態でまずインターバル・カウンタのタイム・アウトをチェックします．新たな状態に遷移した直後はタイム・アウト前になるので，即座にインターバル・カウンタの起動信号startをオフにします．その後，タイム・アウトになるまで待ってからシリアル・データをサンプルし，所定の動作をします．最後に，次のデータをサンプルするまでのインターバル・カウンタのセットを行います．もし，次の状態がIDやデータのサンプルの場合は，ループ回数の設定(bcount)も行います．

表9.4　エラー検出項目

エラーの種類	内容	表示セグメント
オーバ・ラン	受信したデータを上位モジュールが読み出す前に次のデータを受信してしまった場合	a
パリティ・エラー	パリティが不正の場合	b
フレーム・エラー	ストップ・ビットが検出されなかった場合	c
IDエラー	設定されているIDと受信したIDが異なる場合	d

表9.5　受信シーケンスの状態

状態名	状態	主な処理
IDLE	アイドル	スタート・ビットの検出
START	スタート	スタート・ビット検出後の再確認
ID	ID受信	ID(4ビット)を受信
DATA	データ受信	データ(8ビット)を受信
PARITY	パリティ受信	パリティ・ビットを受信
STOP	ストップ	ストップ・ビットを受信
RECOVER	リカバリ	"0"(ストップ・ビット)を受信するまで待機

以上の流れをVerilog HDLの制御構造で示すと，次のようになります．

受信シーケンサの状態記述基本スタイル
```
  if(state==特定の状態) begin
    if(タイム・アウト) begin
        受信処理
        インターバル設定
        インターバル・カウンタ起動信号ON
        if(ループ中)begin            // 単ビット受信の場合はelse部のみになる
            ループ・カウンタ・デクリメント
        end else begin                // ループ終了
          state <= 次の状態
          次の状態がループ処理ならループ・カウンタを設定
        end
    end else begin
        タイマ起動信号OFF
    end
  end else if(state==次の状態) begin .... 次の状態の記述
```

リスト9.21に，受信モジュールのVerilog HDLによる記述例を示します．

受信シーケンスは，74～152行目にあります．それぞれの状態が，上記の受信シーケンサの状態を記述する基本スタイルになっていることがわかると思います．

前半の47～55行目は，受信したデータがあることを示すフル・フラグ rd_full 信号を生成している部分です[注4]．受信完了を示す rx_end 信号（生成は68～69行目で1クロック間のみ有効になる）を検知してセットし，外部モジュールからのデータ読み出し信号 rd_stb によってリセットしています．

エラー・フラグは，58～71行目にわたって記述しています．受信完了信号 rx_end を検知して，各エラー情報をエラー・フラグ err に設定しています．各エラー情報は，受信シーケンスの中で判定しています．なお，フル・フラグをセットするときにすでにセットされている（前のデータがリードされていない）と，オーバ・ランをセットするようにしています（70行目の rd_full_d 信号）．

(2) インターバル・カウンタ

インターバル・カウンタは，シリアル・データ1ビット分あるいはその半分の時間をカウントするタイマ機能のモジュールです．使用するにあたり，起動時に1クロック，終了信号通知に1クロックの遅れが発生するため，必要な待ち合わせのクロック数から2を引いた値を設定します．赤外線受信専用であれば，14と6の2種類の区別ができれば十分ですが，汎用性を考えて2～257クロックまでの任意の値のタイマとして使用できるように記述しています．

注4：本来は，IDの違うデータは受信したことにせず，フル・フラグをOFFのままにしておくべきだが，それでは受信の確認が困難なので，フル・フラグをセットして，IDエラーを表示するようにした．実際の応用では，変更すべき点である．

第9章　本格的な応用回路の記述と実装

リスト9.21　受信モジュール(rx.v)

```verilog
 1: /* ------------------------------------------------------
 2:  * IR Receiver module
 3:  *       (rx.v)                designed by Shinya KIMURA
 4:  * ------------------------------------------------------ */
 5:
 6: `include "my_const.v"
 7:
 8: `define IDLE     3'b000
 9: `define START    3'b001
10: `define ID       3'b010
11: `define DATA     3'b011
12: `define PARITY   3'b100
13: `define STOP     3'b101
14: `define RECOVER  3'b110
15:
16: `define BIT_CLK  8'd14
17: `define HBIT_CLK 8'd6
18:
19: module IR_receiver(clock, reset_N, s_in, myid, rd_stb, rd_full, data, err);
20:     input          clock;        // 31.25[KHz] == bit-rate * 16
21:     input          reset_N;      // active low reset
22:     input          s_in;         // serial input data
23:     input   [3:0]  myid;         // assigned id code for this module
24:     input          rd_stb;       // data read strobe from external
25:     output         rd_full;      // receive data full flag
26:     output  [7:0]  data;         // received data
27:     output  [3:0]  err;          // {IDerr, PARITYerr, FRAMEerr, OVERRUNerr}
28:
29:     wire    timeout;
30:
31:     reg  [2:0] state;
32:     reg  [3:0] id;               // ID signal
33:     reg  [7:0] data;             // DATA signal
34:     reg  [3:0] bcount;           // bit counter
35:     reg        rd_full;
36:     reg        rd_full_d;
37:     reg        start;
38:     reg  [3:0] err;              // error flags
39:     reg        parity;
40:     reg        IDerr, PARITYerr, FRAMEerr;
41:     reg        rx_end;
42:     reg  [7:0] intval;
43:
44:     intvl_counter intvlc(clock, reset_N, start, intval, timeout);
45:
46:     // receive data full flag
47:     always @(posedge clock or negedge reset_N) begin
48:         if(!reset_N) begin
49:             rd_full <= `OFF;
50:         end else if(rx_end) begin
51:             rd_full <= `ON;
52:         end else if(rd_stb) begin
53:             rd_full <= `OFF;
54:         end
55:     end
56:
57:     // error flags
58:     always @(posedge clock or negedge reset_N) begin
59:         if(!reset_N) begin
60:             err <= {`OFF, `OFF, `OFF, `OFF};
61:         end else if(rx_end) begin
62:             err <= {IDerr, PARITYerr, FRAMEerr, rd_full_d};
63:         end else if(rd_stb) begin
```

my_const.vにおいて
ONを1'b1, OFFを1'b0と定義

```verilog
 64:            err <= {`OFF, `OFF, `OFF, `OFF};
 65:        end
 66:    end
 67:
 68:    always @(posedge clock) begin
 69:        rx_end    <= (state==`STOP) && timeout;
 70:        rd_full_d <= rd_full;
 71:    end
 72:
 73:    // sequence control
 74:    always @(posedge clock or negedge reset_N) begin
 75:        if(!reset_N) begin
 76:            state <= `IDLE;
 77:            {IDerr, PARITYerr, FRAMEerr} <= {`OFF, `OFF, `OFF};
 78:        end else if(state==`IDLE) begin
 79:            if(s_in) begin
 80:                start  <= `ON;
 81:                intval <= `HBIT_CLK;
 82:                state  <= `START;
 83:            end
 84:        end else if(state==`START) begin // start check
 85:            if(timeout) begin
 86:                if(s_in) begin
 87:                    start  <= `ON;
 88:                    intval <= `BIT_CLK;
 89:                    bcount <= 4'd3;
 90:                    state  <= `ID;
 91:                end else begin          // it is noise
 92:                    start  <= `OFF;
 93:                    state  <= `IDLE;
 94:                end
 95:            end else begin
 96:                start <= `OFF;
 97:            end
 98:        end else if(state==`ID) begin    // ID stream
 99:            if(timeout) begin
100:                id[bcount] <= s_in;
101:                start  <= `ON;
102:                intval <= `BIT_CLK;
103:                if(bcount) begin
104:                    bcount <= bcount - 1;
105:                end else begin
106:                    bcount <= 4'd7;
107:                    state  <= `DATA;
108:                end
109:            end else begin
110:                start <= `OFF;
111:            end
112:        end else if(state==`DATA) begin  // data stream
113:            if(timeout) begin
114:                data[bcount] <= s_in;
115:                start  <= `ON;
116:                intval <= `BIT_CLK;
117:                if(bcount) begin
118:                    bcount <= bcount - 1;
119:                end else begin
120:                    state <= `PARITY;
121:                end
122:            end else begin
123:                start <= `OFF;
124:            end
125:        end else if(state==`PARITY) begin
126:            if(timeout) begin
127:                parity <= s_in;
128:                start  <= `ON;
129:                intval <= `BIT_CLK;
130:                state  <= `STOP;
131:            end else begin
132:                start <= `OFF;
133:            end
134:        end else if(state==`STOP) begin
135:            if(timeout) begin
136:                if(s_in) begin   // stop bit error
137:                    FRAMEerr <= `ON;
138:                    state <= `RECOVER;
139:                end else begin
140:                    PARITYerr <= ~^{parity, id, data};
141:                    IDerr     <= (id==myid) ? `OFF : `ON;
142:                    state <= `IDLE;
143:                end
144:            end else begin
145:                start <= `OFF;
146:            end
147:        end else if(state==`RECOVER) begin
148:            if(!s_in) begin
149:                state <= `IDLE;
150:            end
151:        end
152:    end
153:
154: endmodule
```

第9章 本格的な応用回路の記述と実装

また，インターバル・カウンタを起動する側において，起動後の次の状態でタイム・アウトをチェックできるように，インターバル・カウンタの動作はクロックの立ち下がりエッジで行っています．図9.15に，インターバル・カウンタの起動側との関係をタイミング図で示します．リスト9.22に，インターバル・カウンタのVerilog HDLによる記述例を示します．

(3) トップ・モジュール

トップ・モジュール(リスト9.23)では，受信モジュール(82～89行目)と受信モジュール用クロック発生モジュール(80行目)のインスタンス化を行っています．

赤外線受信モジュールからの出力信号は，変調のかかった赤外線を検知すると"0"になります．そ

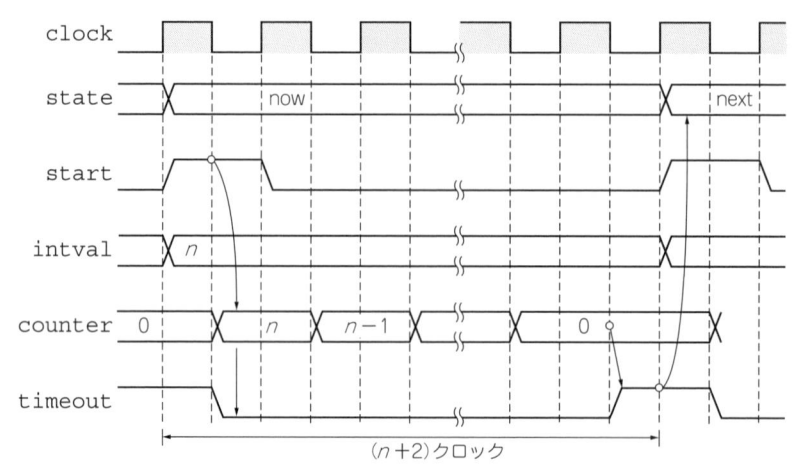

(a) インターバル・カウンタのセットとタイム・アウト

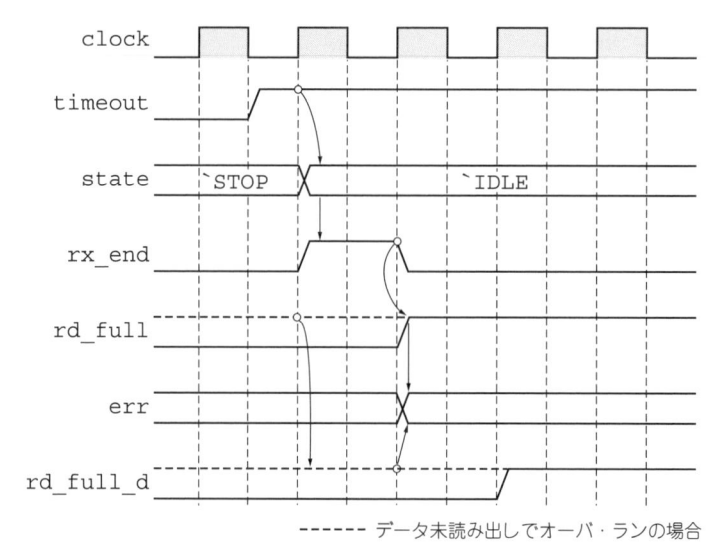

(b) ストップ・ビット受信とフラグの設定タイミング

図9.15 インターバル・カウンタと起動側のタイミング関係

9.3 赤外線通信

リスト9.22 インターバル・カウンタ(intvl_counter.v)

```verilog
 1: /* -----------------------------------------------------
 2:  *   interval counter
 3:  *       (intvl_counter.v)       designed by Shinya KIMURA
 4:  * ----------------------------------------------- */
 5:
 6: `include "my_const.v"        ← my_const.vにおいて
 7:                                ONを1'b1, OFFを1'b0と定義
 8: module intvl_counter(clock, reset_N, start, intval, timeout);
 9:     input          clock;
10:     input          reset_N;
11:     input          start;
12:     input    [7:0] intval;
13:     output         timeout;
14:
15:     reg [7:0] counter;
16:     reg       timeout;
17:
18:     always @(negedge clock or negedge reset_N) begin
19:         if(!reset_N) begin
20:             counter <= 0;
21:             timeout <= `ON;
22:         end else if(timeout && start) begin
23:             counter <= intval;
24:             timeout <= `OFF;
25:         end else if(!timeout) begin
26:             counter <= counter - 1;
27:             if(counter==0) begin
28:                 timeout <= `ON;
29:             end
30:         end
31:     end
32:
33: endmodule
```

リスト9.23 赤外線受信部最上位モジュール(リスト7.1からの変更部のみ, XC95top2001.v)

```verilog
 1: /* -- Xilinx XC95108 論理合成用トップ・モジュール -------
 2:  *   Infrared Rays Receiver
 3:  *       XC95top2001.v   designed by Shinya KIMURA
 4:  * ----------------------------------------------- */
...
55:     // additional internal signals
56:     wire       clock;
...
79:     // core module instantiation and additional logic
80:     clkdiv32 clkdiv32(XTAL, clock);
81:
82:     IR_receiver IR(clock,      // clock (31.25[KHz])
83:                    RESET_N,    // reset_N
84:                    ~PSHSW[3],  // s_in
85:                    TGLSW[3:0], // myid
86:                    ~MANCLK,    // rd_stb
87:                    seg[7],     // rd_full
88:                    led[7:0],   // data
89:                    seg[3:0]);  // err
90:
91:     assign segsel[0] = 1'b1;   // to light on 7seg LED
92:
93: endmodule
```

リスト9.24 受信モジュール用クロック発生モジュール(clkdiv32.v)

```verilog
 1: /* -----------------------------------------------------
 2:  *   clock divider (1/32 fix)
 3:  *       (clkdiv32.v)        designed by Shinya KIMURA
 4:  * ----------------------------------------------- */
 5:
 6: module clkdiv32(xtal, clock);
 7:     input     xtal;          // 1[MHz]
 8:     output    clock;         // 1/32 [MHz] = 31.25[KHz]
 9:
10:     reg [4:0] clkdiv;        // clock divider
11:
12:     always @(posedge xtal) begin
13:         clkdiv <= clkdiv + 1;
14:     end
15:
16:     assign clock = clkdiv[4]; // 1/32 [MHz] = 31.25[KHz]
17: endmodule
```

れ以外のときは"1"になります．この信号の入力端子はPSHSW[3]に対応しており，トップ・モジュールで反転(NOT)して受信モジュールに接続しています．

　一つのデータを受信すると，7セグメントLEDの小数点が点灯し，受信完了を示します．マニュアル・クロック・スイッチを操作すると読み出したことになり，小数点が消灯します．また，エラーが発生した場合は，7セグメントLEDの"a"～"d"が点灯します(**表9.4**参照)．

　受信モジュール用クロック発生モジュール(clkdiv32)は31.25 kHzのクロック信号の発生を行うもので，送信側のクロック発生モジュールと同様にカウンタで1 MHzを1/32に分周している単純な回路です(**リスト9.24**)．

9.4 TVゲーム──セルフ・スカッシュ

　今から約30年ほど前に，General Instruments(GI)社からTVゲーム用のIC(AY-3-8500-1)[注5]が発売されたのが最初で，それ以後TVゲームを簡単に自作できるようになりました．かく言う筆者も，秋葉原で部品セットを見つけ飛びついた一人です．その後，8ビット・マイクロプロセッサでソフトウェア制御されたインベーダ・ゲームへと進化しました．その頃から思うと，現在のTVゲームの進化には目をみはるものがあります．

　ここでは，30年前のレトロなTVゲームに近いセルフ・スカッシュ・ゲームをCPLDを使って再現してみます．ゲームの画面のようすを，**写真9.1**に示します．

　このゲームは，ボールをラケットで打ち返すという単純なものです．テレビ画面の上下左右に壁があり，ボールは壁にぶつかると跳ね返ります．ラケットの移動は水平方向のみで，ゲームのプレーヤがコントローラを操作して移動させます．ゲームの得点表示や終了はなく，「一人でスカッシュを練習する」というゲームです．

　なお，今回は簡単化のため，画面表示はモノクロとします．

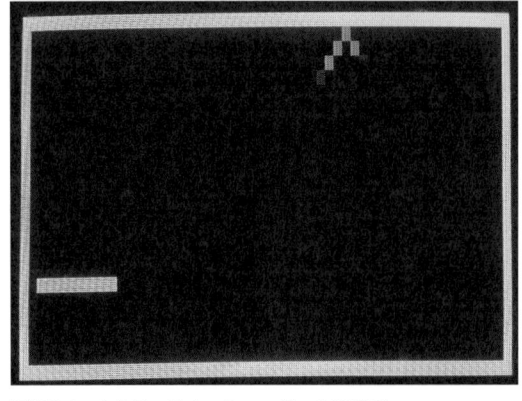

写真9.1 セルフ・スカッシュ・ゲームの画面

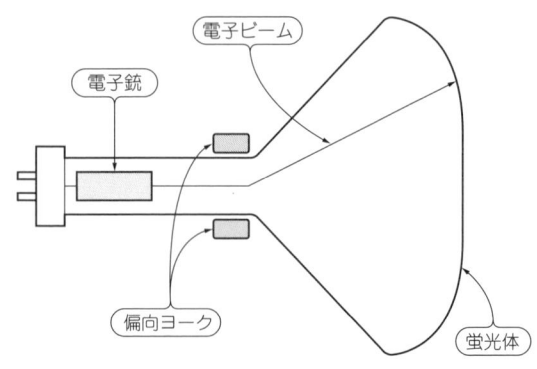

図9.16 ブラウン管の構造

注5：このICのことや当時のTVゲームのようすは，http://www.pong-story.com/gi.htmで詳しく紹介されている．

9.4 TVゲーム——セルフ・スカッシュ

● テレビの原理

　テレビには，長年にわたってブラウン管と呼ばれる画像表示用の部品が使われてきました．ブラウン管は図9.16に示すような構造をしており，その原理は表示部の後方にある電子銃から電子ビームを発射し，その進行方向を電磁石（偏向ヨーク）で偏向してブラウン管正面に照射し，電子ビームの当たったところが発色するというものです．ブラウン管面の明るい/暗いは，電子ビームの強/弱によって制御します．

▶テレビに画像を表示するには

　テレビのブラウン管は，電子銃から発射された電子ビームの進行方向を電磁石によって制御し，ブラウン管面の左上から水平方向に電子ビームが照射される位置を移動（走査）します．この走査線をラインあるいはHという言い方で表現しています．走査の中で，白にしたい場合には電子ビームを強く照射し，黒にしたいときは電子ビームを止めます．電子ビームの強弱は，輝度信号と呼んでいる信号で制御します．

　右端まで到達したら，再度左端から走査を繰り返しますが，そのとき前のスタート位置より少しだけ下から始めます．3回目も同様に，2回目より少しだけ下から走査を始めます．このような水平方向の走査を繰り返し，ブラウン管正面の下まで到達することで一画面分の描画が完了します．

　水平方向の走査を開始するには，「水平同期信号」と呼ばれる周期 $63.492\,\mu s$ （15.75 kHz）のパルス信号を与える必要があります．水平線の数は525本と決まっており，一画面の描画が終わったところで，次の画面を描画するため，電子ビームの当たる位置を左上へ戻す必要があります．そのきっかけになる信号が，垂直同期信号です．

　一画面を描画するのに必要な時間は，水平の一走査にかかる時間 $63.492\,\mu s$ に一画面分の走査線数525をかけた値である $33.333\,ms$ となり，1秒あたりに換算すると30枚の画像が描画されることになります．

　1秒間に30枚の画面を表示するわけですが，映画フィルムのように一瞬で新しい画面に切り替わるわけではなく，走査という方法で描画しているのでちらつきが発生します．そこで，実際のテレビでは，1回目の走査で一本ずつ水平ラインを間引いてラインを描き，2回目にその間引いたラインを走査する方式をとっています．この方式をインターレースと呼んでいます．このようにすることで，1秒間に60枚の画像が表示され，ちらつきが軽減します．

　インターレース方式は，水平同期信号と垂直同期信号の生成がやや複雑です．今回のTVゲームではこの方式をとらず，同期信号を発生させるのに走査線を半分に間引いたままの画像を繰り返し表示する方法をとります．

　これは本来の規格とは異なるものですが，ほとんどのテレビで問題なく表示できます[注6]．

▶ゲーム回路における水平同期信号

　現行のテレビの規格はNTSC方式と呼ばれており，カラー映像を表示するための仕様など複雑になっていますが，ここではゲーム回路を作成するのに必要な部分に限定して説明します．

注6：筆者の手元にあるテレビに対応したパソコン用液晶モニタではうまく表示できなかった．ブラウン管式テレビでは問題なく表示でき，ビデオ・プロジェクタでも表示できることを確認している．プログレッシブ方式の場合，うまく映らない可能性がある．

まず，水平同期信号と1ライン分の輝度信号の関係を図9.17に示します．1ライン分の信号は，水平ブランク期間と映像期間の二つに分けられます．水平同期信号は，水平ブランク期間の中にある負のパルスの部分になります．

図9.17に示したように，水平同期信号は周期が約63.5 μsで，パルス幅が4.7 μsの信号です．Verilog HDLで水平同期信号を発生する回路を記述するには，基本のクロック信号をカウントし，所定のカウント数でパルスのON/OFFを制御するだけでできてしまいます．

映像期間は，水平ブランクの終了から次の水平ブランクの開始までの期間になりますが，ブラウン管上ではフルに表示されるわけではなく，左右の若干の期間は表示されません．そこで，このゲームでは14.4 μsから60.0 μsの期間をゲーム・エリアとして表示期間をとることにします．このゲーム・エリアは，表示するテレビによっては表示期間外になってしまうこともあります．そのような場合，テレビ側で調整するかVerilog HDLの記述の関連部分を修正することで対応します．

▶ゲーム回路における垂直同期信号

図9.18に，垂直同期信号のタイミングを示します．一画面はラインの集合になるので，1ラインの時

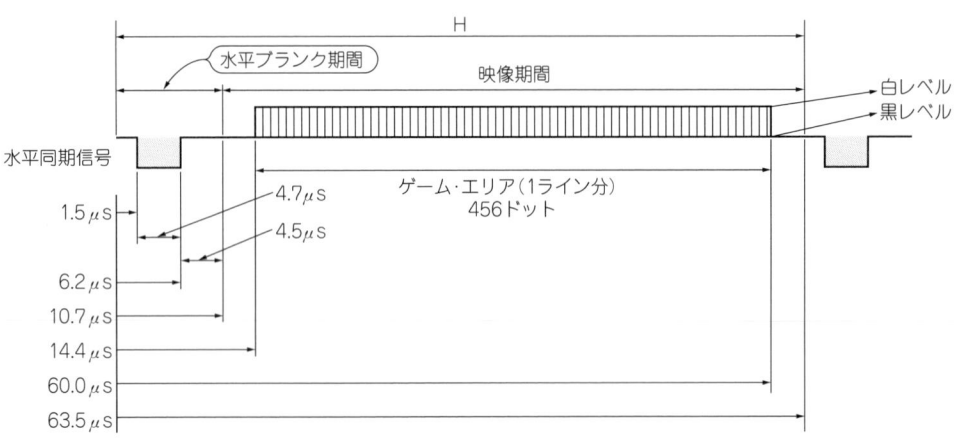

図9.17 水平同期信号とゲーム・エリアのタイミング

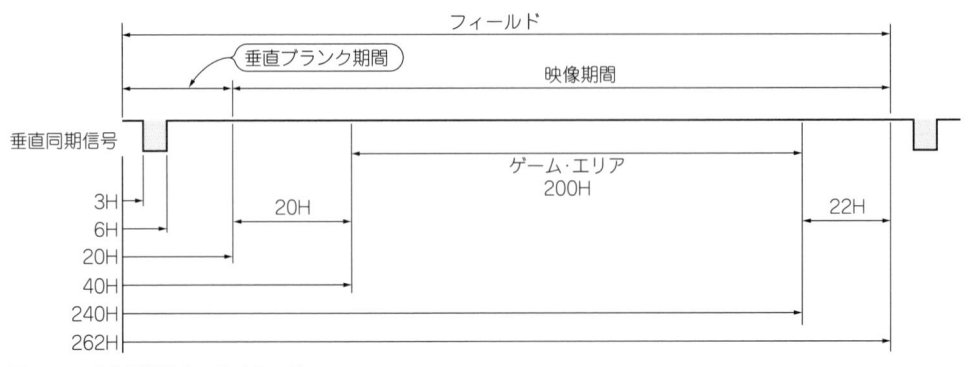

図9.18 垂直同期信号のタイミング

9.4 TVゲーム──セルフ・スカッシュ

間が基準になり，1水平期間（H）で規定することができます．また，一つの画面をフィールドと呼んでおり，今回のゲームでは262ライン期間（262 H）に相当します．

図9.18に示すように，1フィールドは垂直ブランク期間と映像期間から成り立っています．垂直ブランク期間は20ライン分（20 H）あり，その中に3ライン分（3 H）の垂直同期信号があります．

また，水平方向の場合と同様に，上下の若干のラインは表示されません．そこで，上20ライン（20 H），下22ライン（22 H）を除外した200ライン（200 H）期間をゲーム・エリアとします．

前述しましたが，ここで示したタイミングは正規の規格と比べ，かなり簡略化したものになっています．実際のテレビの場合は，上で説明したようにインターレース方式をとっており，またカラー化のために必要な複雑な仕様があります．

▶同期信号のミックス

これまで，水平同期信号と垂直同期信号を別々に説明しましたが，実際には**図9.19**に示すような混成された信号になります．

図9.19にあるように，垂直同期信号の期間に水平同期信号が混入している信号になります．これは，垂直同期期間中でも水平同期回路を安定に動作させるため，水平同期信号を入れているわけです（垂直同期期間中の水平同期信号は極性が逆になり，垂直同期期間の前後で欠けが生じていますが）．

回路的には，水平同期信号と垂直同期信号の排他的論理和のNOTをとった信号が混成同期信号になります．

▶NTSCコンポジット・ビデオ信号の電気的規格と生成回路

以上，テレビに画像を表示するために必要な基本信号を説明しました．実際には，水平同期信号，垂直同期信号，輝度信号を独立してテレビに供給するのではなく，混成された信号としてテレビのビデオ入力端子に接続します．これをNTSCコンポジット・ビデオ信号（以下NTSC信号）と呼んでいます．**図9.20**に，NTSC信号の電気的な規格を示します．

CPLDでは，このようなレベルの信号を直接，出力させることはできません．そこで，CPLDからは混成した同期信号と輝度信号の2本の信号を出力させて，外付け回路でNTSC信号を生成します．**図9.21**に，NTSC信号を生成する回路を示します．

上記の回路で実測してみると，黒レベルを0Vとして同期信号レベルがほぼ－280 mV，白レベルが560 mVとなります．実際には，少々規格から外れていても問題なく映ります．

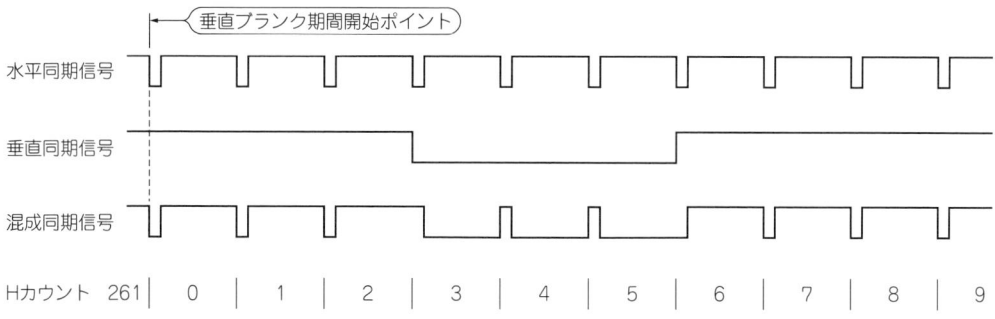

図9.19 ゲーム回路における実際の同期信号（垂直同期付近）

第9章　本格的な応用回路の記述と実装

● 基本クロックと同期信号の発生

　先に説明したゲーム用同期信号の仕様に沿って，水平同期信号と垂直同期信号を生成します．同期信号は一定周期のパルスを発生するだけなので，基本的にはカウンタ回路を記述します．

　そこで，まずCPLDに供給する基本クロック信号の周波数を決めておく必要があります．同期信号やゲーム・アイテム（壁やボール，ラケット）の関係から最適な周波数を決定することができますが，ここでは修正・調整・計算が簡単にできるように10MHzの信号をクロックとして使用することにします．

　表9.6に，同期信号発生モジュールsyncgenのポート信号の一覧を示します．入力信号はクロック信号とリセット信号のみで，リセット後に連続して同期信号を発生します．出力信号は，同期信号3本（水平，垂直，水平垂直混成）と表示領域中の電子ビーム座標を示す信号2セット（水平方向，垂直方向），電子ビームがゲーム領域内にあることを示す信号が2本（水平方向，垂直方向）あります．

　リスト9.25に，同期信号発生モジュールのVerilog HDLによる記述例を示します．記述の内容は，大きく二つの部分に分けられます．一つは水平同期関係の部分（46～80行目）で，もう一つは垂直同期関係の部分（84～126行目）です．

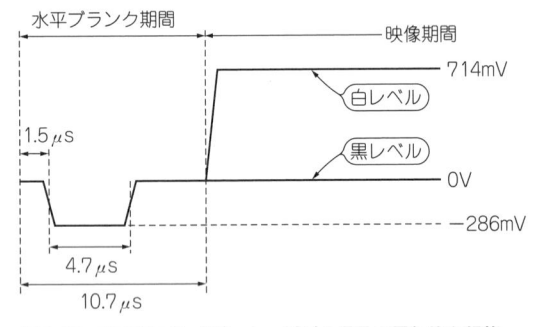

図9.20　NTSCコンポジット・ビデオ信号の電気的な規格

表9.6　同期信号発生モジュール(syncgen)のインターフェース信号

入出力	ポート信号名	機能
入力	xtal	クロック(10MHz)
	reset_N	リセット
出力	Sync	混成同期信号
	H_sync	水平同期信号
	V_sync	垂直同期信号
	x_count[8:0]	水平方向電子ビーム座標
	y_count[7:0]	垂直方向電子ビーム座標
	x_disp	水平方向表示エリア・フラグ
	y_disp	垂直方向表示エリア・フラグ

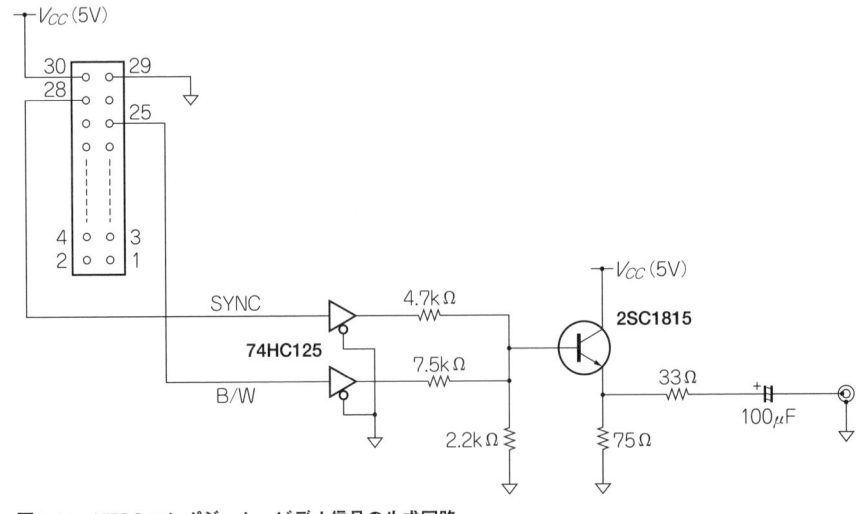

図9.21　NTSCコンポジット・ビデオ信号の生成回路

水平同期関連部分は，1水平期間をカウントする水平カウンタ部，水平同期信号発生部，水平表示エリアの電子ビーム座標を示す電子ビームX座標生成部，電子ビームが水平方向でゲーム・エリア内にあることを示す水平表示エリア・フラグ部からなります．

水平カウンタは，各種信号を生成する元になるカウンタです．1水平期間が63.492 μsなので，近似値として63.5 μs，つまり100 ns周期のクロックで0から634までカウントすることにします．**リスト9.25**では，46〜54行目にあるalways @()構文で水平カウンタclk_countを記述しています．

水平同期信号H_syncは，**図9.17**に示すように水平カウンタの値で15から62までの間発生するパルスになります．**リスト9.25**では，60〜68行目にあるalways @()構文でH_syncを記述しています．なお，このモジュールでは，H_syncをアクティブ・ハイ信号としています．

電子ビームX座標生成部は，ブラウン管に表示されるゲーム・エリア内の水平方向の座標を示す信号x_countを生成する部分で，水平カウンタの値clk_countからゲーム・エリアの開始時点の水平カウンタの値に相当する144(`H_DSP_BGN+1)を引いたものになります．**リスト9.25**では，57行目にあるassign文で生成しています．ただし，これでは表示エリアの最終座標(右端)を越えてもカウントが続行します．そのため，水平表示エリア・フラグx_disp信号が必要になります．

図9.17に示したように，水平同期信号のスタートから14.4 μs後から60.0 μsまでの間をゲーム・エリアとしたので，この間だけ"1"になるフリップフロップを用意して，水平表示エリア・フラグとしています(**リスト9.25**の71〜80行目)．つまり，このフラグがセットされている期間が，水平方向のゲーム・エリアになります．

次に，垂直同期関係部分ですが，ライン数をカウントする垂直カウンタ部，垂直同期信号発生部，垂直方向の電子ビーム座標を示す電子ビームY座標生成部，電子ビームが垂直方向でゲーム・エリア内にあることを示す垂直表示エリア・フラグ部からなります．

垂直カウンタは，垂直関係の各種信号の生成元になるものです．一画面(フィールド)のライン数を262ラインとしたので，垂直カウンタは0〜261までカウントするカウンタになります(84〜94行目)．このカウンタは，10 MHzのクロックのポジティブ・エッジで動作するように記述しており(84行目)，水平同期信号H_sync信号が"0"から"1"に変化した時点をとらえてカウント動作をするようにしています(87行目)．

垂直同期信号V_syncは，**図9.18**に示すタイミングで発生します(100〜108行目)．V_syncもH_syncと同様にアクティブ・ハイ信号としています．

電子ビームY座標生成部は，ブラウン管に表示される垂直方向の座標を示す信号y_countを生成する部分で，垂直カウンタの値h_countから表示エリアの開始ライン番号の値に相当する40(`V_DSP_BGN+1)を引いたものになります．**リスト9.25**では，97行目にあるassign文で求めています．x_countと同様に，y_countは表示エリアの最終座標(下端)を越えてもカウントが続行します．そのため，垂直表示エリア・フラグy_disp信号が必要になります．

垂直表示エリア・フラグy_disp信号は，水平同期信号の"0"から"1"への変化点をとらえ，40ライン目からから240ライン目までの間アクティブになる信号です(111〜126行目)．このフラグがセットされている期間が，垂直方向のゲーム・エリアになります．

第9章 本格的な応用回路の記述と実装

リスト9.25　同期信号発生モジュール（syncgen.v）

```verilog
 1: /* --------------------------------------------------
 2:  *   NTSC video synchronous signal generator
 3:  *      (syncgen.v)          designed by Shinya KIMURA
 4:  * -------------------------------------------------- */
 5:
 6: //   base clock = 10[MHz]
 7:
 8: `include "my_const.v"       ← my_const.vにおいて
 9:                               ONを1'b1, OFFを1'b0と定義
10: `define H_PERIOD   634
11: `define V_PERIOD   261
12: `define HSYNC_BGN   14
13: `define HSYNC_END   61
14: `define VSYNC_BGN    2
15: `define VSYNC_END    5
16:
17:
18: `define H_DSP_BGN 143
19: `define H_DSP_END 599
20: `define V_DSP_BGN  39
21: `define V_DSP_END 239
22:
23:
24: module syncgen(xtal, reset_N, Sync, H_sync, V_sync,
25:                                x_count, y_count, x_disp, y_disp);
26:     input        xtal;         // 10[MHz] clock
27:     input        reset_N;      // active low reset
28:     output       Sync;         // sync signal
29:     output       H_sync;       // horizontal sync signal
30:     output       V_sync;       // vertical   sync signal
31:     output [8:0] x_count;      // horizontal position (0..455)
32:     output [7:0] y_count;      // virtical   position (0..199)
33:     output       x_disp;       // horizontal display area
34:     output       y_disp;       // virtical   display area
35:
36:     wire [8:0] x_count;
37:     wire [7:0] y_count;
38:
39:     reg        Sync, H_sync, V_sync;
40:     reg        x_disp, y_disp, H_syncd;
41:     reg [9:0] clk_count;       // horizontal clock count
42:     reg [7:0] h_count;         // virtical   clock count
43:
44: // horizontal sync and x axis counter
45:     // basic counter
46:     always @(posedge xtal or negedge reset_N) begin
47:         if(!reset_N) begin
48:             clk_count <= 0;
49:         end else if(clk_count==`H_PERIOD) begin
50:             clk_count <= 0;
51:         end else begin
52:             clk_count <= clk_count + 1;
53:         end
54:     end
55:
56:     // X posotion count ... x_count = clk_count - `H_DSP_BGN(143) + 1
57:     assign x_count = {(clk_count[8:4] - 5'b01001), clk_count[3:0]};
58:
59:     // Hsync generator
60:     always @(posedge xtal or negedge reset_N) begin
61:         if(!reset_N) begin
62:             H_sync <= `OFF;
63:         end else if(clk_count==`HSYNC_BGN) begin
64:             H_sync <= `ON;
65:         end else if(clk_count==`HSYNC_END) begin
66:             H_sync <= `OFF;
67:         end
```

```
 68:        end
 69:
 70:    // horizontal display area signal
 71:    always @(posedge xtal or negedge reset_N) begin
 72:        if(!reset_N) begin
 73:            x_disp   <= `OFF;
 74:        end else if(clk_count==`H_DSP_BGN) begin
 75:            x_disp   <= `ON;
 76:        end else if(clk_count==`H_DSP_END) begin
 77:            x_disp   <= `OFF;
 78:        end else begin
 79:        end
 80:    end
 81:
 82: // virtical sync and y axis counter
 83:    // basic counter
 84:    always @(posedge xtal or negedge reset_N) begin
 85:        if(!reset_N) begin
 86:            h_count <= 0;
 87:        end else if(H_sync & ~H_syncd) begin
 88:            if(h_count==`V_PERIOD) begin
 89:                h_count <= 0;
 90:            end else begin
 91:                h_count <= h_count + 1;
 92:            end
 93:        end
 94:    end
 95:
 96:    // Y posotion count ... y_count = h_count - `V_DSP_BGN(39) + 1
 97:    assign y_count = {(h_count[7:3] - 5'b00101), h_count[2:0]};
 98:
 99:    // Vsync generator
100:    always @(posedge xtal or negedge reset_N) begin
101:        if(!reset_N) begin
102:            V_sync <= `OFF;
103:        end else if(h_count==`VSYNC_BGN) begin
104:            V_sync <= `ON;
105:        end else if(h_count==`VSYNC_END) begin
106:            V_sync <= `OFF;
107:        end
108:    end
109:
110:    // vertical display area signal
111:    always @(posedge xtal) begin
112:        H_syncd <= H_sync;
113:    end
114:
115:    always @(posedge xtal or negedge reset_N) begin
116:        if(!reset_N) begin
117:            y_disp   <= `OFF;
118:        end else if(H_sync & ~H_syncd) begin
119:            if(h_count==`V_DSP_BGN) begin
120:                y_disp   <= `ON;
121:            end else if(h_count==`V_DSP_END) begin
122:                y_disp   <= `OFF;
123:            end else begin
124:            end
125:        end
126:    end
127:
128: // sync mixer
129:    always @(posedge xtal) begin
130:        Sync <= H_sync ~^ V_sync;
131:    end
132:
133: endmodule
```

第9章　本格的な応用回路の記述と実装

水平同期信号と垂直同期信号の混成は，129から131行目にあります．両同期信号の排他的論理和のNOTをとった信号（一致回路）ですが，クロックごとにレジスタに記憶することで遅れのない信号にしています．h_syncとv_syncとは1クロック分の遅れがあるので，両者を使って別の信号を作る場合には注意が必要です．

● ゲーム・エリアと表示要素の関係

　ゲーム・エリア，つまりx_disp信号とy_disp信号で規定される範囲は，水平方向が456ドット,垂直方向が200ドットのサイズになります．ゲーム回路で，これらすべての点（91200ドット）を個別に制御すると相当大きな規模になり，XC95108で実装できる回路規模を大幅にオーバしてしまいます．

　そこで，ゲームにおける表示要素である「壁」，「ボール」，「ラケット」を，8×8ドット・サイズを基本（ゲーム・ドット）とする図形とすることにより，図9.22に示すようにゲーム・エリアを57×25サイズに縮小することができます．つまり，電子ビームのポジションで，8×8サイズのエリアがゲーム・エリアの1ドットに相当することになります．

　この対応は，x_disp信号とy_disp信号の下位3ビットを無視するだけで，特別な回路は必要ありません．

　図9.22に示すように，壁はゲーム・エリアの上下左右の端にします．ボールは，ゲーム・エリアの1ゲーム・ドット・サイズとし，移動方向は斜め4方向（45，135，225，315度方向）とします．ボールが壁やラケットに当たると，その方向が変わります．ラケットは18行目（垂直位置の最上位を0とする）に配置し，幅を9ゲーム・ドットとして水平移動のみにします．

● ゲーム・コア部（squash）のVerilog HDLによる記述

　ゲーム・コア部として必要な機能は，次の4項目になります．
- ゲーム速度の制御

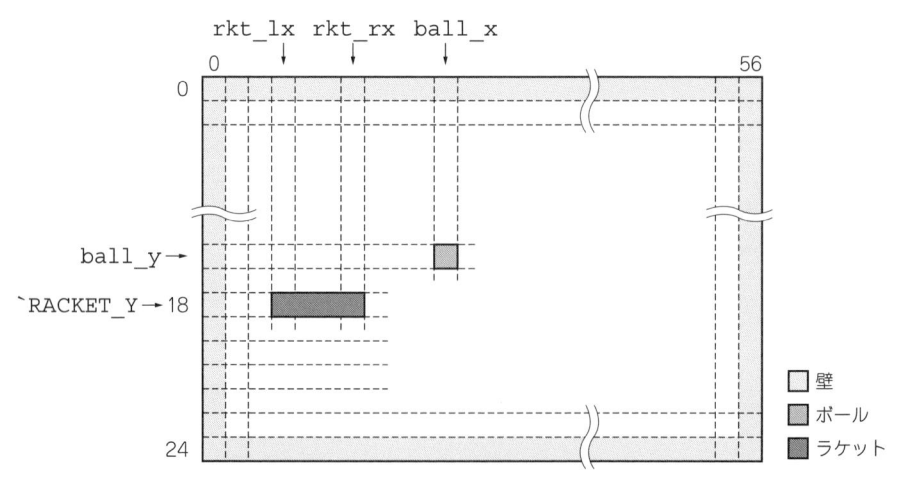

図9.22　ゲーム・エリアと表示要素の関係

- ラケットの動きの制御
- ボールの動きの制御
- 壁，ラケット，ボールの表示判定

表9.7に，ゲーム・コア部のモジュールsquashのインターフェース信号を示します．ゲーム・コア部のVerilog HDLによる記述例を**リスト9.26**に示します．

(1) ゲームの進行速度とゲーム・クロックの生成

ゲームの進行速度とはボールの移動速度のことですが，簡単のためボールの移動を一画面あたり1斜め方向とします．ただし，この速度ではやや速いため，トグル・スイッチTGLSW[0]の切り替えで速度を1/2にも指定できるようにします．

そこで，**リスト9.26**の67～73行目に記述したようにball_speed(TGLSW[0])で1ビットのカウンタv_countを用意します．ただし，ball_speedが"0"の場合には，v_countは常に"0"です．

ゲームの進行をつかさどるクロックv_clockは，垂直同期信号のアクティブ・エッジをとらえ，かつ先のv_countが"0"の場合にアクティブになる幅100μsの信号を発生させます(76～79行目)．さらにゲーム速度を遅くしたい場合は，このv_clockの周期を長くすればよいわけです．

(2) ラケットの動作制御

もっとも簡単にラケットを操作する方法はスイッチを2個用意し，一方を右方向移動指定に，他方を左方向移動指定に対応させ，ゲーム・プレーヤがスイッチを操作してラケットを左右に動かす方法です．しかし，スイッチのON/OFFではラケットの移動方向は指定できますが，移動速度は固定にせざるをえません．そのため，ゲームのおもしろさという点では難があります．

手動操作の速度をラケットの移動速度に反映させるためには，アナログ的な値を量子化(ディジタル化)する必要があります．たとえば，可変抵抗(いわゆるボリューム)を使って手操作により電圧を変化させ，A-D変換回路によって数値に変換してCPLDに取り込むような方法が考えられます．また，別の方法として，可変抵抗の抵抗値を時間に対応させ，それを数値に変換する方法もあります．というと難しそうに聞こえますが，要は抵抗とコンデンサで積分回路を構成し，パルスを発生させてその幅をラケットの位置に対応させようということです．

表9.7 ゲーム・コア部モジュール(squash)のインターフェース信号

入出力	ポート信号名	機能
入力	xtal	クロック(10MHz)
	reset_N	リセット
	V_sync	垂直同期信号
	x_count[8:0]	水平方向電子ビーム座標
	y_count[7:0]	垂直方向電子ビーム座標
	x_disp	水平方向表示エリア・フラグ
	y_disp	垂直方向表示エリア・フラグ
	ball_speed	ボール・スピード切り替え
	rkt_pulse	ラケット位置パルス
出力	rkt_trg	ラケット位置パルス・トリガ
	video_date	ビデオ輝度信号

第9章　本格的な応用回路の記述と実装

　ここでは後者の方法を採用し，安定した回路になるようにワンショット・マルチバイブレータを使用することにします．ワンショット・マルチバイブレータとは，トリガ信号を与えると一定幅のパルスを発生する部品です．発生するパルス幅は，外付けの抵抗とコンデンサで調整することができます．つまり，抵抗部を可変抵抗器にしてゲーム・プレーヤが調整することでパルス幅が変わるので，そのパルス幅を計測（時間をカウント）してラケットの移動制御に使おうということです．ワンショット・マルチバイブレータは，TTLの74ファミリにある74LS123を使用します（**図9.23**）．

　CPLD内部における制御は，以下のようになります．まず，適当な周期でワンショット・マルチバイブレータのトリガ信号を発生します．そのトリガに合わせてカウンタを起動し，ワンショット・マルチバイブレータの出力信号がインアクティブになるまでカウント動作をさせます．こうして得られたカウント値をラケットの位置に対応させます．

　図9.23の回路で得られるパルス幅を計測すると，約400〜4300μsの範囲にあります．これは，水平

リスト9.26　ゲーム・コア部モジュール(squash.v)

```verilog
1: /* --------------------------------------------------
2:  *  self squash game module
3:  *      (squash.v)              designed by Shinya KIMURA
4:  * -------------------------------------------------- */
5:
6: // base clock = 10[MHz]
7:
8: `include "my_const.v"
9:
10: `define RIGHT 1'b1
11: `define LEFT  1'b0
12: `define UP    1'b1
13: `define DOWN  1'b0
14:
15: `define RACKET_Y    18
16: `define RKT_WIDTH    8
17: `define RKT_P_MDFY  32
18:
19: `define BALL_X_INIT  7
20: `define BALL_Y_INIT 11
21:
22: `define WALL_LEFT      6'b000000
23: `define WALL_RIGHT     6'b111000
24: `define WALL_TOP       5'b00000
25: `define WALL_BOTTOM    5'b11000
26:
27: `define AREA_L_END     6'b000001
28: `define AREA_R_END     6'b110111
29: `define AREA_T_END     5'b00001
30: `define AREA_B_END     5'b10111
31:
32: `define AREA_L_END_P1 6'b000010
33: `define AREA_R_END_M1 6'b110110
34: `define AREA_T_END_P1 5'b00010
35: `define AREA_B_END_M1 5'b10110
36:
37: module squash(xtal, reset_N, V_sync, x_count, y_count,
38:               x_disp, y_disp, ball_speed, video_data,
39:               rkt_trg, rkt_pulse);
40:     input       xtal;         // 10[MHz] clock
41:     input       reset_N;      // active low reset
```

9.4 TVゲーム──セルフ・スカッシュ

同期信号の数に対応させるとおよそ6〜67の範囲の値に相当します．水平方向のゲーム・ドット数が57なので，ちょうどよい範囲に相当します．そこで，1画面ごと（垂直同期信号ごと）にワンショット・マルチバイブレータにトリガ信号を与え，その出力パルスがインアクティブになった時点までの水平同期信号の数を取得し，ラケットのポジションにすることができます．

水平同期信号の数はsyncgenモジュールのh_countに相当しますが，squashモジュールには接続していません．そこで，水平方向電子ビーム座標同期信号y_countの値を使います．ただし，y_countは水平ブランク期間のスタート時点からみると−40の補正がされているため，もとに戻す必要があります．さらに，ワンショット・マルチバイブレータの最小パルス幅の分として6カウントされるので，その分も含め+32（=40−6に近い値で加算回路が簡単になる値）を補正値（`RKT_P_MDFY）とします．細かい位置調整は，回路にある半固定抵抗で行います．

リスト9.26では，ワンショット・マルチバイブレータのトリガ信号rkt_trgの記述が83行目にあり

```
42:    input            V_sync;         // vertical   sync signal
43:    input    [8:0]   x_count;        // horizontal position (0..511)
44:    input    [7:0]   y_count;        // virtical   position (0..191)
45:    input            x_disp;         // horizontal display area
46:    input            y_disp;         // virtical   display area
47:    input            ball_speed;     // ball movemnt speed (TGLSW[0])
48:    output           video_data;     // video data
49:    output           rkt_trg;        // racket position one-shot trigger
50:    input            rkt_pulse;      // racket position pulse
51:
52:    reg              v_clock, vsyncd;
53:    reg              v_count;
54:    reg              object, disp_area;
55:    reg      [5:0]   ball_x;
56:    reg      [4:0]   ball_y;
57:    reg              dir_x, dir_y;
58:    reg      [5:0]   rkt_lx;
59:    wire     [5:0]   rkt_rx;
60:    reg              rp_d, rp_dd;    // delay of racket position pulse
61:
62:    wire             wall, ball, racket;
63:    wire             video_data;
64:
65:    // game speed control (tglsw==1 -> low  speed,
66:    //                            ==0 -> high speed)
67:    always @(posedge xtal or negedge reset_N) begin
68:        if(!reset_N) begin
69:            v_count <= 0;
70:        end else if(V_sync & ~vsyncd) begin
71:            v_count <= v_count ^ ball_speed;
72:        end
73:    end
74:
75:    // game basic clock generator
76:    always @(posedge xtal) begin
77:        vsyncd   <= V_sync;
78:        v_clock  <= V_sync & ~vsyncd & ~v_count;
79:    end
80:
81:    // racket control
82:    // racket pulse trigger and pluse width detection
```

第9章 本格的な応用回路の記述と実装

ます．単に，V_syncをrkt_trgにしているだけです．次に，85～90行目でワンショット・マルチバイブレータからのパルスの終焉("1"→"0")を示す信号rkt_pls_endを生成しています．

ラケットの位置情報ですが，まず左端のX座標はレジスタrkt_lxに保持するようにしています．リストの93～99行目で，水平方向電子ビーム座標信号y_countに補正値を加えた値をrkt_lxに保持しています．これに対して，右端のX座標rkt_rxはレジスタrkt_lxにラケットの長さ分を加えることで求めています(102行目)．

(3) ボールの動作制御

ゲーム・コア部でもっとも複雑な制御の必要な部分は，ボールの動作制御部になります．ボールの位置制御は，現在のボールの座標(ball_xとball_y)と移動方向を示す信号(dir_xとdir_y)によって制御します．つまり，ボールの周りに何もない場合は，現在のボール座標に移動方向に応じて±1を加えることで，次のボールの位置を求めることができます．ボールがラケットや壁に当たった場合に

リスト9.26 ゲーム・コア部モジュール(squash.v，つづき)

```
 83:     assign rkt_trg = V_sync;
 84:
 85:     always @(posedge xtal) begin
 86:         rp_d  <= rkt_pulse;
 87:         rp_dd <= rp_d;
 88:     end
 89:
 90:     assign rkt_pls_end = ~rp_d & rp_dd;
 91:
 92:     // racket left side position
 93:     always @(posedge xtal or negedge reset_N) begin
 94:         if(!reset_N) begin
 95:             rkt_lx <= 6'b000000;
 96:         end else if(rkt_pls_end) begin
 97:             rkt_lx <= y_count[5:0] + `RKT_P_MDFY;
 98:         end
 99:     end
100:
101:     // racket right side position
102:     assign rkt_rx = rkt_lx + `RKT_WIDTH;
103:
104:     // ball movement control
105:     always @(posedge v_clock or negedge reset_N) begin
106:         if(!reset_N) begin
107:             ball_x <= `BALL_X_INIT;
108:             ball_y <= `BALL_Y_INIT;
109:             dir_x  <= `RIGHT;
110:             dir_y  <= `DOWN;
111:         end else begin
112:             // racket and ball relation check
113:             if((rkt_lx<=ball_x) && (ball_x<=rkt_rx)) begin
114:                 if(ball_y==`RACKET_Y-1 && dir_y==`DOWN) begin
115:                     dir_y <= `UP;
116:                 end else if(ball_y==`RACKET_Y+1 && dir_y==`UP) begin
117:                     dir_y <= `DOWN;
118:                 end
119:             end
120:             // left and right side wall relation check
121:             if(ball_x==`AREA_L_END && dir_x==`LEFT) begin
122:                 ball_x <= `AREA_L_END_P1;
123:                 dir_x  <=`RIGHT;
```

9.4 TVゲーム——セルフ・スカッシュ

は，ボールの移動方向を変更します．**リスト9.26**では，105〜141行目にあります．

まず，105行目にある`always @()`構文でゲーム・クロックごとに動作するよう規定しており，次の106〜111行目でリセット動作を記述しています．リセット時には，ボールの位置が(7, 11)で移動する方向が右下方向になります．

次に，ボールとラケット関係について説明します．ボールの反射は，ラケットの上面と下面の両方で起こることにします．そこで，ボールのX座標がラケットの範囲に入っているかチェックし(113行目)，その場合にはさらにボールのY座標がラケットのY座標である18の上部(17)で，かつ下方向の移動中(dir_yが`DOWN)か，ボールのY座標がラケットのY座標の下部(19)で，かつ上方向の移動中(dir_yが`UP)かを判定し，dir_yの値を変更しています．

この段階では，ボールの移動自体は記述していません．ボールの座標の更新は，128行目と138行目にあります．このため，ボールは今までの方向に一つ進むのと同時に移動方向が変わることになり，

```
124:            end else if(ball_x==`AREA_R_END && dir_x==`RIGHT) begin
125:                ball_x <= `AREA_R_END_M1;
126:                dir_x  <= `LEFT;
127:            end else begin
128:                ball_x <= ball_x + ((dir_x==`RIGHT) ? 1: -1);
129:            end
130:            // top and bottom side wall relation check
131:            if(ball_y==`AREA_T_END && dir_y==`UP) begin
132:                ball_y <= `AREA_T_END_P1;
133:                dir_y  <= `DOWN;
134:            end else if(ball_y==`AREA_B_END && dir_y==`DOWN) begin
135:                ball_y <= `AREA_B_END_M1;
136:                dir_y  <= `UP;
137:            end else begin
138:                ball_y <= ball_y + ((dir_y==`DOWN) ? 1: -1);
139:            end
140:        end
141:    end
142:
143:    // video signal
144:    // video signal of ball
145:    assign ball = (x_count[8:3]==ball_x) && (y_count[7:3]==ball_y) ;
146:
147:    // video signal of racket
148:    assign racket = ((rkt_lx<=x_count[8:3]) && (x_count[8:3]<=rkt_rx) &&
149:                     (y_count[7:3]==`RACKET_Y)) ;
150:
151:    // video signal of wall
152:    assign wall = (x_count[8:3]==`WALL_LEFT) || (x_count[8:3]==`WALL_RIGHT) ||
153:                  (y_count[7:3]==`WALL_TOP ) || (y_count[7:3]==`WALL_BOTTOM   );
154:
155:    // video signal mixer
156:    always @(posedge xtal) begin
157:        object   = wall | ball | racket;
158:        disp_area = x_disp & y_disp;
159:    end
160:
161:    assign video_data = object & disp_area;
162:
163: endmodule
```

第9章　本格的な応用回路の記述と実装

一度ラケットにめり込んでから反射することになります．ただし，実際のテレビの映像を見ていると，とくに不自然なことはありません．

また，図9.24に示すようなボールとラケットの位置関係にある場合は，ボールとラケットが接触しているとは判定されないため，次の画面においてボールがラケットの端を通過することになります．多少不自然ですが，これ以上判定を複雑にすると実装ができなくなるため，このままにしています．

次に，ボールと壁の関係ですが，こちらはボールが壁にめり込むことがないように記述しています．ボールが左右の壁にぶつかった場合(121，124行目)，ボールの移動方向が反転する(123，126行目)と同時に，ボールの位置を移動(122，125行目)させています．

同時に，ボールが上下の壁にぶつかった場合(131，134行目)，ボールの移動方向が反転する(133，136行目)と同時に，ボールの位置を移動(132，135行目)させています．

これらの条件が満たされない場合は，ボールの座標を移動方向に応じて±1しています(128，138行目)．

(4) 壁，ラケット，ボールの表示

壁やラケット，ボールなどのゲーム・アイテムの表示は，電子ビームのポジションと各ゲーム・ア

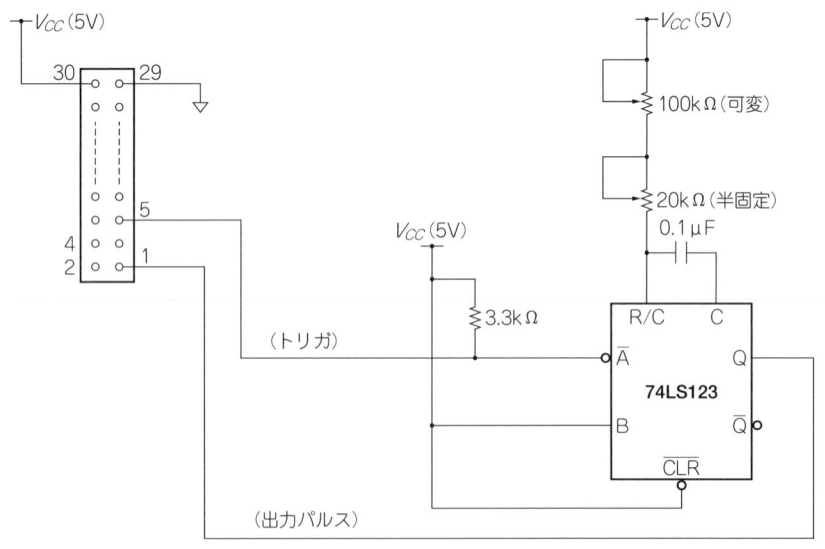

図9.23　ワンショット・マルチバイブレータを使用したゲーム・コントローラ回路

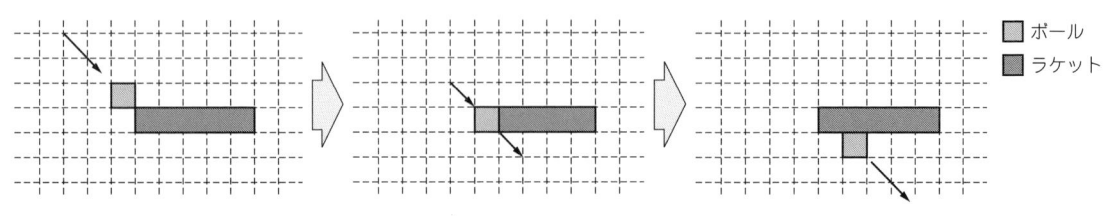

図9.24　不自然なボールの動き

イテムのポジションの一致を検出して"1"にするだけの回路（組み合わせ回路）になります．**リスト 9.26**では，145〜153行目で判定を行っています．関係演算子（<=），等号演算子（==），論理演算子（&&と||）を用いて記述していますが，結果は成立すると1'b1，不成立の場合は1'b0となります．

これらの信号のORがビデオの輝度信号になるわけですが，複雑な組み合わせ回路になるため，信号の遅延が大きくなることが予想されます．そこで，156〜159行目でゲーム・アイテムとゲーム・エリアの信号を基本クロックの立ち上がりエッジごとに記憶させることでこの遅延を除いています．これにより，基本クロック（100 ns）分の遅れが生じますが，同期信号も同じだけ遅らせているので（**リスト 9.25**の129〜131行目），ちょうど一致します．最後の161行目でゲーム・エリア外は"0"になるように，disp_area信号でマスクしています．

● TVゲームのトップ・モジュール

TVゲームのトップ・モジュールは，同期信号発生モジュールsyncgenとゲーム本体のモジュールsquashをインスタンス化し，必要な信号を端子に接続している簡単な記述だけです．**表9.8**に端子機能を示します．また，**リスト9.27**にトップ・モジュールのVerilog HDLによる記述例を示します．

リスト9.27の87〜108行目が，サブ・モジュールをインスタンス化しているところです．**図9.21**に示したNTSC信号の生成回路と**図9.23**に示したゲーム・コントローラ回路にあるインターフェース信号は，スイッチやLEDの信号と接続する記述になっています．これは，端子制約ファイルをそのまま利用できるようにしたためです．

● 論理合成と配置配線

このTVゲーム回路をXC95108に実装するには，回路規模がぎりぎりで論理合成や配置配線処理においてオプションが必要になります．次に，そのオプションを示します．

TVゲーム回路をXC95108に実装するとき必要になるツールのオプション

ISE WebPACK 8.1i(SP2)で論理合成・配置配線した場合のオプション指定は，以下のとおり．
```
Synthesize
  Optimeization Goal      Area
  Optimeization Effort    Normal
  Keep hierarchy          Soft
Fit
  Implementation Template  Optimize Density
  Logic Optimization       Density
  Collapsing Input Limit   36
  Collapsing Pterm Limit   90
```
異なる設定にすると，実装できない可能性が高い．

第9章　本格的な応用回路の記述と実装

● ゲーム機能の拡張

現在のゲーム仕様による回路は，XC95108に実装できる規模のほぼ限界に達しています．そのため，機能を限定して簡略化しています．

当初，このゲームの原型をFPGAに実装していました．本書の執筆を始めてからVerilog HDLの記

リスト9.27　TVゲームのトップ・モジュール（リスト7.1からの変更部のみ，XC95top2001.v）

```verilog
 1: /* -- Xilinx XC95108 論理合成用トップ・モジュール ----------------
 2:  *   top mudule for TV game
 3:  *       XC95top2001.v          designed by Shinya KIMURA
 4:  * ------------------------------------------------- */
...
55:    // additional internal signals
56:    wire       H_sync;          // horizontal sync. signal
57:    wire       V_sync;          // vertical   sync. signal
58:    wire [8:0] x_count;         // horizontal position (0..511)
59:    wire [7:0] y_count;         // virtical   position (0..191)
60:    wire       x_disp;          // horizontal display area
61:    wire       y_disp;          // virtical   display area
...
84:    // core module instantiation and additional logic
85:
86:    // NTSC video sync. signal module
87:    syncgen syncgen(XTAL,
88:                    RESET_N,
89:                    STPMT_B_N,        // sync
90:                    H_sync,
91:                    V_sync,
92:                    x_count,
93:                    y_count,
94:                    x_disp,
95:                    y_disp);
96:
97:    // game controller
98:    squash squash(  XTAL,
99:                    RESET_N,
100:                   V_sync,
101:                   x_count,
102:                   y_count,
103:                   x_disp,
104:                   y_disp,
105:                   TGLSW[0],         // ball_speed
106:                   STPMT_A,          // bw
107:                   extled[0],        // rkt_trg
108:                   TGLCFSW[0]);      // rkt_pulse
109:
110: endmodule
```

表9.8　TVゲームのトップ・モジュールの端子機能

入出力	ポート信号名	機　　能
入力	XTAL	クロック（10MHz）
	RESET_N	リセット
	TGLSW[0]	ボール・スピード切り替え　　（ball_speed）
	TGLCFSW[0]	ラケット位置パルス　　　　　（rkt_pulse）
出力	EXTLED [0]	ラケット位置パルス・トリガ　（~rkt_trg）
	STPMT_B_N	混成同期信号　　　　　　　　（Sync）
	STPMT_A	ビデオ輝度信号　　　　　　　（video_data）

274

述例として使えるかどうかをXC95108で試してみたところ，回路規模がオーバしていることがわかりました．ネックになっていたのはレジスタの個数であることが論理合成結果のレポートからわかったので，できるだけ減らすように記述を修正してどうにか実装できました．

当初の記述では，水平方向の電子ビーム座標をカウンタで構成していました．そこで，水平カウンタと一定の差があるだけで，同じクロックでカウントするカウンタですから水平カウンタの値から差を減算することで求めるようにしました．演算回路はビット幅が増えると時間がかかるので，どの程度影響が出るか心配したのですが，テレビに表示してみるととくに問題はありませんでした．同様に，垂直方向の電子ビーム座標信号も変更しています．その他にも，細かい修正が多数必要でした．

小規模なCPLDやFPGAを使った場合，予想より回路規模が増えてしまい予定したデバイスに納まらないことがあります．サイズの大きなチップを採用しなければならないこともありますが，多少のオーバであれば論理合成の結果から何が問題かを把握し，Verilog HDLの記述を再検討することで解決できることもあります．エンジニアの腕の見せ所ともいえます．

最後に，このTVゲームの改良点をあげておきます．より大規模な回路を実装できるデバイスを使用する場合には，チャレンジしてみてください．

(1) 点数表示

もっとも欲しい機能は，点数表示ではないかと思います．ボールがラケットの水平位置を通過したこと，あるいは打ち返したことを判定する部分を追加して，得点のカウントを行います．

得点を表示する方法には，電子ビームのドット単位で数字を表示する方法とゲーム・ドット単位で大きな数字を表示する方法があります．いずれにしても，0～9のフォント・データが必要になります．電子ビームの位置座標が得点表示エリアと一致したら，得点カウンタの値とフォント・データの情報を元に，輝度信号を"1"にする機能をvideo_data信号に追加します．

(2) 2人対戦化

ゲームを2人で対戦させるのは，比較的簡単に行えます．コントローラをもう一つ用意し，ラケット・ポジション・レジスタ(rkt_1xに相当)を追加します．後は，ボールの移動制御に，もう一つのラケットとの位置関係の判定を追加します．

(3) カラー化

カラー化するためには，光の三原色RGBに対応した信号を発生させ，NTSCのカラー規格の信号を発生させるための回路を追加する必要があります．この回路には，カラー・バースト信号の生成と位相調整部が必要になり，少々複雑な回路になります．簡単に作るためには，カラー・エンコーダIC[注7]を使うとよいでしょう．CPLDで同期信号とRGB信号を発生し，カラー・エンコーダICに接続するだけでカラー用NTSC信号に変換してくれます．

注7：たとえば，CXA1645P(SONY)など．

参考・関連文献

● 参考・関連文献

(1) VDEC監修，浅田邦博編，越智裕之，池田誠，小林和淑著；ディジタル集積回路の設計と試作，培風館，2000年．
(2) Jayaram Bhasker著，佐々木尚訳；Verilog HDL論理合成入門，Design Wave Books，CQ出版社，2001年．
(3) 鳥海佳孝，田原迫仁治，横溝憲治著；実用HDLサンプル記述集，Design Wave Books，CQ出版社，2002年．
(4) （株）半導体理工学研究センター　設計技術開発部 IP技術開発室；RTL設計スタイルガイド Verilog-HDL編，（株）半導体理工学研究センター，2003年．
(5) 小林優著；改訂・入門Verilog HDL記述，Design Wave Basic，CQ出版社，2004年．
(6) 大串哲弘，小川丈博，木津眞，高島史明著；特集 新人ハード設計者のための「失敗」の研究 第2章 HDL設計 トラブル・シューティング，Design Wave Magazine，2001年5月号，CQ出版社．
(7) 佐藤竜一，いけだやすし，野村直著；Cygwin+CygwinJE―Windowsで動かすUNIX環境，（株）アスキー，2003年．
(8) 岸哲夫著；Cygwinのインストールとセットアップ，Interface，2006年4月号，pp.44-47，CQ出版社．
(9) 樋口龍雄監修，木村真也，鹿股昭雄著；コンピュータの原理と設計，原理がわかる工学選書 コンピュータ回路工学編，日刊工業新聞社，1996年．

● 設計ツール関連URL

(1) Pragmatic C Software Corporation，シミュレータ GPL Cver，
 http://www.pragmatic-c.com/gpl-cver/
(2) 菅原システムズ，シミュレータ Veritak，
 http://japanese.sugawara-systems.com/index.htm
(3) ザイリンクス(株)，XILINX ISE WebPACK，
 http://www.xilinx.co.jp/index.shtml
(4) Verilog関連フリー・ツール・リンク，
 http://www.verilog.net/free.html
(5) オン・ラインVerilog HDLクイック・リファレンス・ガイド，
 http://www.sutherland-hdl.com/on-line_ref_guide/vlog_ref_top.html
(6) Sutherland HDL, Inc.（上記リファレンス・ガイド提供会社），
 http://www.sutherland-hdl.com/index.html

● 本書のサポート・サイト

 http://verilogician.net

索引

───── 数字 ─────

10進2桁のアップ/ダウン・カウンタ ………160
1状態1フリップフロップ法 …………96, 100
3ステート・バッファ ……………52, 213
7セグメントLEDデコーダ ………35, 155, 191

───── 記号 ─────

! == …………………………………………200
"0" 拡張 ……………………………………200
……………………………135, 147, 148, 208
$display …………………………………152
$fclose …………………………………155
$fdisplay ………………………………155
$finish …………………………………147
$fmonitor ………………………………155
$fopen …………………………………155
$fwrite …………………………………155
$monitor ………………………………147
$readmemb ……………………………152
$readmemh ……………………………152
$stime …………………………………147
$time ……………………………………147
$write ……………………………………152
%b …………………………………………147
%d …………………………………………147
%h …………………………………………147
%o …………………………………………147
%t …………………………………………147
? ……………………………………………43
@ …………………………………135, 154
@ ( ) ……………………………………165
@ ( ) 文 …………………………………151
`default_nettype ………………………126
`define …………………………………120
`define 文 ………………………………96
`else ……………………………………121
`endif ……………………………………121
`ifdef ……………………………………121
`include …………………………………120
`timescale ………………………………148
<= …………………………………………80
= ……………………………………………80
= = = ……………………………………200

───── アルファベット ─────

A ALU ……………………………………52
　　always ……………………………………150

A always @ ( ) 構文 ………………………57
　　always @* …………………………………78
　　ANSI C形式 ………………………………125
　　assign 文 …………………………………29
B begin ……………………………………34
C casex 文 …………………………42, 200
　　casez 文 …………………………………200
　　case 文 ……………………………34, 41, 201
　　CPLD ……………………………………178
D default ……………………………………42
　　default 節 ………………………………201
　　Dフリップフロップ ………………………58
E else 節 ………………………………41, 201
　　end ………………………………………34
　　endfunction ……………………………34
　　endgenerate ……………………………128
　　endmodule ………………………………23
　　endtask …………………………………136
F for 文 ……………………………………46
G generate 文 ……………………………128
　　genvar …………………………………131
I if 文 …………………………34, 39, 201
　　initial 文 ………………………………147
　　inout ……………………………………23
　　input ……………………………………23
　　integer ……………………………46, 155
　　integer 型 ………………………………127
　　ISE WebPACK …………………………183
J JKフリップフロップ ……………………58
　　JTAG ……………………………………183
M module …………………………………23
N negedge ……………………………60, 65
　　NTSCコンポジット・ビデオ信号 ………261
　　NTSC方式 ………………………………259
O or …………………………………………60
　　output ……………………………………23
P PLI ………………………………………155
　　posedge …………………………………58
R real ………………………………………127
　　reg ………………………………………18
　　reg 宣言 …………………………………34
　　repeat 文 …………………………46, 47
　　ROM ……………………………………132
　　RTL記述 ………………………………213
S signed ……………………………17, 18
　　SRフリップフロップ ……………………58
T task ……………………………………136
　　TVゲーム ………………………………258

索　引

T	Tフリップフロップ	58
V	VPI	155
W	wait文	135
	while文	46
	wire	16
X	x	15, 43
	X	15, 149
	XC9500ファミリ	182
Z	z	15, 43
	Z	15

───── あ・ア行 ─────

- アリスメティック・ロジック・ユニット ……… 52
- イベント式 ……… 60
- イン・システム・プログラミング機能 ……… 183
- インスタンシェーション ……… 114
- インスタンス化 ……… 114, 146
- インスタンスの配列 ……… 131
- インスタンス名 ……… 115, 146
- インターレース方式 ……… 259
- エッジ・トリガ型レジスタ ……… 61
- エラー・メッセージ ……… 190
- 演算子 ……… 18

───── か・カ行 ─────

- 階層構成 ……… 23
- 回路規模 ……… 211
- カウンタ ……… 67
- カウント・イネーブル付き同期式カウンタ ……… 69
- 拡張シーケンサ記述 ……… 104
- 拡張有限状態機械 ……… 107
- 加算回路 ……… 158, 188
- 可変長符号デコーダ ……… 94, 165, 194, 195
- 関係演算子 ……… 20
- 完全クロック同期式 ……… 69, 202
- 基数 ……… 15
- 輝度信号 ……… 259
- 組み合わせ回路 ……… 26, 27, 88
- 継続代入文 ……… 29
- 降順 ……… 17
- コメント ……… 22
- 混成同期信号 ……… 261
- コンフィギュレーション ……… 183

───── さ・サ行 ─────

- 算術演算 ……… 20
- 算術シフト演算 ……… 20
- 識別子 ……… 11
- システム・タスク ……… 147
- シフト演算子 ……… 20
- シフトレジスタ ……… 84
- シミュレーション ……… 141
- シミュレーション環境 ……… 142
- 受信動作フロー ……… 250
- 順序回路 ……… 88
- 条件演算子 ……… 22
- 乗算 ……… 20
- 乗算回路 ……… 172, 195
- 昇順 ……… 17
- 剰余 ……… 20
- ショート・コメント ……… 22
- 除算 ……… 20
- 書式 ……… 22
- 水平同期信号 ……… 259
- 数値表現 ……… 15
- スコープ・ルール ……… 118
- スタート・ビット ……… 244, 250
- ステッピング・モータ ……… 232
- ストップ・ビット ……… 244, 250
- スロット・マシン ……… 218
- 赤外線受光モジュール ……… 245
- 赤外線通信 ……… 244
- 赤外線発光ダイオード ……… 245
- セットアップ・タイム ……… 71
- セルフ・スカッシュ・ゲーム ……… 258
- 走査 ……… 259

───── た・タ行 ─────

- ダイナミック点灯制御 ……… 192, 225
- ダイナミック点灯方式 ……… 188
- 多次元配列 ……… 126
- タスク ……… 135, 158
- 端子 ……… 208
- 端子制約ファイル ……… 185
- 端子設定ファイル ……… 191
- 単相クロック完全同期式順序回路 ……… 65
- 逐次処理 ……… 232
- 抽象データ型 ……… 16
- テスト記述 ……… 142
- テスト・パターン ……… 143
- テスト・フィクスチャ ……… 142
- テスト・ベクタ ……… 143
- テスト・ベンチ ……… 142
- デフォルト・ネット・タイプ ……… 126
- 電子ビーム ……… 259
- 同期式アップ/ダウン・カウンタ ……… 73
- 同期式順序回路 ……… 89
- 同期リセット ……… 57

同期リセット付きエッジ・トリガ型レジスタ …61
等号 ……………………………………………20
動作速度 ……………………………………211
トップ・モジュール ………………………184
ドライバ回路 ………………………………238
トランスペアレント・ラッチ ………………57
ドント・ケア …………………………………42

─────── な・ナ行 ───────

内部状態 ………………………………………88
ネガティブ・エッジ・トリガ型 ……………56
ネット型 …………………………………16, 199
ネット・リスト記述 ………………………213
ノン・ブロッキング代入 ………80, 83, 203
ノン・ブロッキング代入文 ………………148

─────── は・ハ行 ───────

ハイ・インピーダンス値 ………………15, 200
バス ……………………………………55, 213
パラメータ化 ………………………………122
パリティ …………………………………244, 250
パルス・パターン …………………………233
バレル・シフタ ………………………………48
バレル・ローテータ ……………………48, 131
ビット演算子 …………………………………20
ビット幅 ………………………………………17
ビット・ベクタ ………………………………17
ビット・ベクタ信号 ………………………131
非同期式順序回路 ……………………………89
非同期リセット ………………………………57
非同期リセット/書き込みイネーブル付きエッジ・
　トリガ型レジスタ …………………………65
非同期リセット付きエッジ・トリガ型レジスタ…64
非同期リセット/非同期プリセット付きエッジ・
　トリガ型レジスタ …………………………66
ファイル・ポインタ ……………………127, 155
ファンクション ………………………………31
ファンクション化 ……………………………87
符号拡張 ……………………………………201
符号付き ………………………………15, 17
物理データ型 …………………………………16
不定値 …………………………15, 199, 200
不等号 ………………………………………20
ブラウン管 …………………………………259
フリップフロップ ……………………………56
ブロッキング代入 …………………80, 203
ブロッキング代入文 ………………………148
分割構成 ……………………………………23
並列化 ………………………………………232

並列処理 ……………………………………232
べき乗 ………………………………………20
ポート・リスト ……………………………23, 117
ホールド・タイム ……………………………71
ポジティブ・エッジ・トリガ型 ……………56

─────── ま・マ行 ───────

マルチプレクサ …………………………29, 215
ミーリ・タイプ ………………………………91
未使用出力 …………………………………188
未使用入力 …………………………………188
ムーア・タイプ ………………………………91
モジュール …………………………………23
モジュール内の信号の観測 ………………149

─────── や・ヤ行 ───────

予約語 ………………………………………14

─────── ら・ラ行 ───────

ライン ………………………………………259
ラベル ………………………………………129
リセット付きアップ・カウンタ ……………67
リダクション演算子 …………………………21
ループ文 ……………………………………45
ループ変数 …………………………………131
励磁パターン ………………………………233
レジスタ型 ……………………………17, 199
レジスタ・トランスファ ……………………60
レジスタ・トランスファ・オペレーション ……104
レジスタ・レコーダ法 ……………………101
レベル・センシティブ型 ……………………57
レベル・トリガ型レジスタ …………………65
連結演算子 …………………………………21
レンジ ………………………………………17
ローカル信号 ………………………………118
ローダブル・カウンタ …………………158, 191
ローダブル同期式カウンタ …………………72
ロング・コメント ……………………………22
論理演算子 …………………………………20
論理積 ………………………………………20
論理値 ………………………………………15
論理否定 ……………………………………20
論理和 ………………………………………20

─────── わ・ワ行 ───────

ワーニング・メッセージ …………………190
ワンショット・マルチバイブレータ ………268
ワン・ホット法 ………………………………96

| 著 | 者 | 略 | 歴 |

木村 真也
(きむら しんや)

- 1977年 函館工業高等専門学校 電気工学科卒業.
- 1982年 豊橋技術科学大学 大学院修士課程 情報工学専攻修了.
- 1982年 日本電気(株)入社. 同社にてVシリーズ・マイクロプロセッサ(V20, V30, V33, V60, V70, V80)の開発に従事.
- 1988年 群馬工業高等専門学校 電子情報工学科教員として勤務.
- 2022年 群馬工業高等専門学校 定年退職.
- 2023年 コンピュータ工学教育研究所 所長. コンピュータ工学教育用のハードウェア, ソフトウェア, コンテンツ教材の開発を開始.

● 本書記載の社名, 製品名について ── 本書に記載されている社名および製品名は, 一般に開発メーカの登録商標です. なお, 本文中では™, ®, ©の各表示を明記していません.
● 本書掲載記事の利用についてのご注意 ── 本書掲載記事は著作権法により保護され, また産業財産権が確立されている場合があります. したがって, 記事として掲載された技術情報をもとに製品化をするには, 著作権者および産業財産権者の許可が必要です. また, 掲載された技術情報を利用することにより発生した損害などに関して, CQ出版社および著作権者ならびに産業財産権者は責任を負いかねますのでご了承ください.
● 本書に関するご質問について ── 文章, 数式などの記述上の不明点についてのご質問は, 必ず往復はがきか返信用封筒を同封した封書でお願いいたします. ご質問は著者に回送し直接回答していただきますので, 多少時間がかかります. また, 本書の記載範囲を越えるご質問には応じられませんので, ご了承ください.
● 本書の複製等について ── 本書のコピー, スキャン, デジタル化等の無断複製は著作権法上での例外を除き禁じられています. 本書を代行業者等の第三者に依頼してスキャンやデジタル化することは, たとえ個人や家庭内の利用でも認められておりません.

[JCOPY]〈出版者著作権管理機構委託出版物〉
本書の全部または一部を無断で複写複製(コピー)することは, 著作権法上での例外を除き, 禁じられています. 本書からの複製を希望される場合は, 出版者著作権管理機構(TEL：03-5244-5088)にご連絡ください.

文法の基礎から論理回路設計, 論理合成, 実装まで
改訂新版 わかる Verilog HDL 入門

著 者 木村 真也
発行人 櫻田 洋一
発行所 CQ出版株式会社
        〒112-8619 東京都文京区千石4-29-14
電 話 編集 03-5395-2121
        販売 03-5395-2141

2006年7月1日 初 版 発行
2023年6月1日 第11版発行

©CQ出版株式会社 2006
（無断転載を禁じます）

定価は裏表紙に表示してあります
乱丁, 落丁はお取り替えします

DTP・印刷・製本 三晃印刷株式会社
Printed in Japan
ISBN978-4-7898-3756-9